JN094731

ヒトは〈家畜化〉して進化した

私たちはなぜ寛容で残酷な生き物になったのか

SURVIVAL OF THE FRIENDLIEST

Understanding Our Origins and Rediscovering Our Common Humanity

ブライアン・ヘア Brian Hare
ヴァネッサ・ウッズ Vanessa Woods
藤原多伽夫［訳］ Takao Fujiwara

すべての人間のために

E pluribus unum

多数から成る一つ

目次

本文中の［　］は著者による補足、〔　〕は訳者による訳注。
既訳書からの引用は、本文中に出典を明記した。

はじめに

それは一九七一年のことだった。学校で黒人と白人の学生を分離することはアメリカ合衆国憲法に違反するという「ブラウン対教育委員会裁判」の判決が下されてから一七年たっていたにもかかわらず、全米の学校では依然として騒ぎが続いていた。

マイノリティ（社会的少数派）の多くの生徒は、町の端から端までバスで通学しなければならず、白人の生徒より二時間も早く起床する必要があった。経済的に余裕のある白人世帯は子どもを私立学校に入れていたため、公立学校には白人でも貧しい子どもたちだけが通っているという状況だった。教室では人種間の対立があまりにも多く、生徒には学習するエネルギーがほとんど残っていなかった。教育者、親、政策立案者、公民権の活動家、ソーシャルワーカーは懸念を抱きながら事態を注視していた。

その頃、テキサス州オースティンの公立学校に、カルロス*という五年生がいた。彼にとって英語は第二言語だった。質問に答えるときにどもる癖があり、ほかの生徒にそれをまねされると、どもりはひどくなる。カルロスは無口になり、ほとんどしゃべらなくなった。

多くの社会学者は、学校での人種差別撤廃は大きな成果を上げると予測していた。教室ですべての生徒が対等な立場になれば、白人の子どもは学校を卒業したときに、同窓の有色人種の生徒だけでなく、その後の人生で出会う有色人種の人々に対しても差別的な考えや態度をあまり示さないようになるだろう。そして、マイノリティの子どもは第一級の教育が受けられ、その後も順調にキャリアを形成していけるだろうと考えられた。

しかし、心理学者のエリオット・アロンソンがカルロスとそのクラスメートの様子を観察すると、重大な問題が見つかった。その教室では、すべての生徒が対等な立場にあるわけではなかった。白人の生徒のほうが授業の準備が整い、持っている道具もそろっていて、十分な休息をとっていたのだ。多くの教師はそれまでマイノリティの生徒を教えた経験がなく、彼らにどう接するべきか戸惑っていた。それは白人の生徒たちも同じだった。担任の教師はカルロスがひどくからかわれているのを見て、それ以上困らせないように、授業でカルロスを当てないようにした。それがかえってカルロスを孤立させることになった。ほかの教師たちはマイノリティの生徒を受け持ちたがらなかった。教師は白人の生徒による容赦ないからかいをあおることまではしなくても、それを止める対策をとることもなかった。

従来型の教室では、生徒は教師に認められようとして常に競い合う。そのせいで、一人の生徒が成果を上げると別の生徒が成果を上げにくくなるという図式が生まれ、そうした対立が不快な学習環境を生むおそれがある。さまざまな人種の生徒が同じ教室で学ぶことによって、この問題が悪化した。白人の生徒の多くは以前からその学校に通っていた。彼らにとって、マイノリティの生徒は侵略者であり、しかも自分より劣っている存在だった。そして当然ながら、マイノリティの子どもたちはそうした敵意を恐ろしく感じていた。

アロンソンはカルロスの担任教師を説得して、新たな手法を試してもらうことにした。教師がクラスの中心になって質問をし、一部の生徒だけを当てて、ほかの生徒を無視するのではなく、それぞれの生徒に知識を小分けにして学ばせ、それに伴う権限も与えてはどうかと、アロンソンは提案したのだ。

カルロスのクラスでは、ジャーナリストのジョセフ・ピュリツァーについて学んでいた。そこで、アロンソンはクラスを六人一組のグループに分けた。カルロスのグループのメンバーはそれぞれピュリツァーの生涯の一時期を担当して調べることになり、課題の最後にピュリツァーの生涯全体に関する試験を受ける。カルロスはピュリツァーの中年期を担当した。学んだことを発表する番になると、カルロスはいつものようにどもり、ほかの生徒にからかわれた。そのときアロ

＊彼の本名ではない。

ンソンの助手が、さりげなくこう言う。「そういうことを言いたかったら言ってもいいけれど、そんなことをしていたらジョセフ・ピュリツァーの中年期について学べないよ。あと二〇分もしたら、ピュリツァーの生涯についての試験をやるんだからね」

カルロスと張り合っている場合ではない、彼が必要なのだと、生徒たちはすぐに気づいた。緊張させれば、カルロスは学んだ知識を説明しにくくなる。だから、グループのメンバーは親身になってカルロスの話を聞き、彼の知っていることを注意深く聞き出すようになった。さまざまな課題でこうした手法を何週間か続けた結果、カルロスはほかの子どもたちと打ち解け、仲良くなっていった。

アロンソンが取り入れた手法は「ジグソー法」として知られている。グループ内のそれぞれの子どもは断片的な知識を学び、それぞれの断片を役立てながら全体的な知識を学ぶという手法だ。(1) 週に数時間行なっただけでも、大きな効果があった。アロンソンが調べたところ、ジグソー法を取り入れてからわずか六週間で、白人とマイノリティの生徒は人種にかかわらず、同じグループの生徒をクラスのほかのグループの生徒よりも好きになったことがわかった。生徒たちは以前よりも学校が好きになり、自尊心も向上した。ジグソー法を経験した生徒は他人に共感しやすくなり、従来型の競い合う授業を受けた生徒よりもよい学習成績を上げた。最も大きな改善が見られたのは、マイノリティの生徒だった。協働学習の手法は全米の何千という教室で実施され、何百種類もの学習で似たような成果を上げた。(2-5)

適者生存

協力するという行為は私たちが種として存続するための鍵だ。それは進化におけるフィットネス（適応度）を高めるからだが、「フィットネス」という英単語はいつしか「体力」という意味でも使われるようになった。自然界では体が大きくて好戦的であるほど、ほかの個体が手を出しにくくなり、生存や繁殖の点で有利になるという理屈で、体力と適応度が結びつけられたのだ。そうした個体は最高の食物を独占でき、最も魅力的な交尾相手を見つけられ、どの個体よりも多くの子を授かることができるというわけだ。おそらく、人間の本性にまつわる俗説のなかで何よりも大きい害をもたらしている（あるいは、大きく誤解されている）のは「適者生存」という概念だろう。過去一五〇年以上にわたり、この概念にもとづいて社会運動が繰り広げられ、企業が再建され、自由市場に対する極端な見方が形成されてきた。適者生存の概念は政府の廃止を求める主張に利用されてきたほか、特定の人々の集団を劣っていると判定したり、結果として起きた残虐行為を正当化したりするためにも使われてきた。しかし、ダーウィンや現代の生物学者にとって、「適者生存」とは「みずからが生き残って生存可能な子孫を残す能力」という意味でしかなく、それ以上の何かを意味するものではない。

強くて無慈悲な者が生き残り、弱い者が死んでいくという考えが一般の人々に定着したのは、ダーウィンの『種の起源』の第五版が出版された一八六九年前後だ。この第五版でダーウィンは

「自然淘汰（自然選択）」に代わる用語として、「適者生存のほうが正確であり、場合によっては同じくらい適切」と書いている。

ダーウィンは自然のなかで観察した親切や協力行動にたびたび感銘を受け、「最も共感的な個体を最も多く有する集団が最も栄え、より多くの子どもをあとに残したに違いない」（『人間の由来』長谷川眞理子訳（講談社））と書いている。[6] ダーウィンと彼の後に続く生物学者が記録してきたように、進化の競争で勝つための理想的な方法とは、できるだけ友好的になって積極的に協力することなのだ。[7-9]

一般の人が思い描く「適者生存」からは、悲惨な生存戦略が生まれかねない。研究によれば、最も体が大きく、最も強くて不親切な動物はストレスに満ちた一生を送るおそれがあるという。[10] 社会的なストレスにさらされるせいで体内に蓄えられたエネルギーが消費され、免疫系の機能が低下して、授かる子の数も少なくなる。[11] 同じく攻撃的な性質も代償が大きい。戦うことで負傷だけでなく死亡のリスクも高まるからだ。[12・13] したがって、体力に物を言わせて集団で最上位に立つことはできるが、それと同時に「つらく残忍でみじかい」（ホッブズ『リヴァイアサン』水田洋訳（岩波書店））生涯を送るおそれがある。[14-16] 一方、友好的な性質（大まかに定義するなら、意図的もしくは意図的でない何らかの協力行動、あるいは他者に対して肯定的な行動をとることで、「友好性」とも呼ぶ）は自然界で非常によく見られる。それは絶大な効果をもっているからだ。人間の場合、誰かに近づいて交流したいという単純な行動もあれば、他者の心を読みながら力を合わせて共通の目標を達成するといった複雑な行動もある。[7]

これは大昔からある戦略だ。太古の昔、ミトコンドリアは自由に動ける細菌だったが、やがて自身より大きな細胞の中に入り込んだ。ミトコンドリアと大きな細胞は協力関係を築き、動物の細胞内でエネルギーを生産する電池の役割を果たすようになった。[17] ヒトの体内で食物の消化やビタミンの合成、臓器の発達をつかさどるマイクロバイオーム（微生物叢）も、微生物と身体の互恵的な協力関係の結果として生まれたものだ。[18] 花を咲かせる植物は植物界ではかなり遅く出現したが、受粉を助ける昆虫と互恵的な協力関係を築いたことが大いに功を奏し、今や植物界を席巻することになった。[19] アリの生物量は、ほかの陸上動物をすべて足した生物量の五分の一に相当すると推定されている。アリは最大で五〇〇〇万匹もの個体が集まって、一つの社会単位として機能する「超個体」を形成することができる。[20]

私*は毎年、進化論を用いて世界の問題を解決せよという課題を学生たちに出している。この本では、自分自身に対して同じ課題を出した。本書は友好性と、それがどのようにして有利な進化戦略となったかについて述べたものであり、動物を理解することについての本でもある（そこではイヌが主要な役割を果たしている）。そうすることが、人間自身をより深く理解することにつ

＊本書を執筆するうえでブライアンとヴァネッサの貢献度は同等ではあるが、中心となるテーマはブライアンの研究であるため、本書では「私」はブライアンのことを指す。

ながるからだ。この本ではまた、友好性のもう一つの面についても解説する。それは、友人でない人々には残酷になれるという性質だ。この二面性がどのように発達したかをより深く理解できれば、世界中の自由民主主義を脅かす社会や政治の二極化に対処する有効な新しい手立てを見つけられるだろう。

最も友好的な人類

私たちは進化を創造神話として考えがちだ。大昔に一度起きた何らかの出来事が、直線的に続いているという考えである。しかし、進化とはそれほど単純ではなく、生物がホモ・サピエンスという「完成形」に向けて一直線に進んでいくといったものではない。ヒトよりも成功している種はたくさんいる。そうした生物は、ヒトより何百万年も前から命をつなぎ続けてきただけでなく、現存するほかの種を何十も生み出してきた。

人類がおよそ六〇〇万～九〇〇万年前にボノボとチンパンジーとの共通祖先から枝分かれして以来、ホモ（ヒト）属では多様な種が進化してきた。化石やDNAの証拠から、ホモ・サピエンスが存在していた過去二〇万～三〇万年ほどの大部分で、少なくとも四種のほかの人類と地球上で共存していたことがわかっている。[21] そうした人類のなかには、私たちヒトと同じぐらいの大きさの脳、あるいはヒトより大きな脳をもっていたものもいる。種として繁栄していく主要な必要条件が脳の大きさだとすれば、ほかの人類もヒトと同じように生き延びて繁栄できたはずだ。しかし、その人口は比較的少なく、道具や技術はヒト以外の生物と比べれば目を見張るものではあったが、それほど高度ではなかった。そして、どこかの時点でほかの人類はすべて絶滅してしまった。

　ヒトが大きな脳をもつ唯一の人類であったとしても、ヒトが化石記録に出現してから、人口の爆発的増加や文化の急発展が起きるまでに少なくとも一五万年かかった理由はまだ説明できていない。ほかの人類と異なる身体的な特徴は進化の初期に形成されたとはいえ、ヒトはアフリカで出現してから少なくとも一〇万年は文化的に未熟なままだった。左右対称になるように丹念に加工された鋭利な尖頭器、赤い色素で着色された物体、骨や貝殻でできたペンダントといった、後に有名になる技術の興味深い片鱗は見られるものの、何千年ものあいだ、そうした革新的な技術はときおり生じても消え去り、定着することはなかった[22-24]。

　一〇万年前に人類のどの種が最後に生き残るかを賭けたとしたら、ヒトは本命ではなかっただろう。それよりも有力だったのは、ホモ・エレクトスではないだろうか。遅くとも一八〇万年前にアフリカを出て、当時の地球上で最も広範囲に拡散した種となった。ホモ・エレクトスは探検家であり、サバイバーであり、戦士だった。地球上の大部分の地域に進出し、その過程で火の操り方を学び、火を使って暖をとり、身を守り、調理をした。

　ホモ・エレクトスは高度な石器を使いこなした最初の人類だ。たとえば、アシュール文化のハンドアックス（握斧）は、石英や花崗岩、玄武岩でできていた。[25・26] 使われている岩石の種類によって製作方法（打ち欠くか、剝片にするか）は異なる。そうやってできた切れ味鋭い涙滴形の石器は、あまりにも見事に作られていたため、何千年も後にそれを見つけた人々は、その石器に超自然的な力が宿っていると考えた。ホモ・エレクトスはほかの人類の栄枯盛衰を目の当たりにし、私たちヒトも含め、ほかの人類よりも長い期間、地球上に存在した。

一〇〇万年前のヒトは、彼らが出現する一五〇万年も前にホモ・エレクトスが考案したものと同じハンドアックスを依然として使っていた。遺伝的な証拠から、人口は絶滅寸前まで減少していた可能性が示唆されている。[27−29] ホモ・エレクトスはおそらくヒトのことを、更新世に出現した短命の新参者にすぎないと思っていたことだろう。

時代は飛んで七万五〇〇〇年前。ホモ・エレクトスはまだ健在だったものの、その技術はそれほど進歩していなかった。当時、繁栄していた人類と言えば、ネアンデルタール人だろう。ネアンデルタール人の脳はヒトと同じか、それより大きかった。身長は同じくらいだったが、体重は私たちより重い。重い分の大半は筋肉だ。ネアンデルタール人は氷河時代の支配者だった。厳密に言えば雑食性なのだが、肉食を好む傾向にあった。これはつまり、彼らは有能なハンターでなければならないということだ。ネアンデルタール人の主な武器は、至近距離で獲物を突き刺すように作られた、長くて重い槍だった。肉食動物は通常、自分よりも小さな動物を狩るのだが、ネアンデルタール人は氷河時代のあらゆる大型草食動物を獲物にした。狩猟の対象は主にアカシカやトナカイ、ウマ、ウシの仲間だが、マンモスを狙うこともあった。どれも人類よりはるかに力が強い動物だ[23]。

ネアンデルタール人は決して、うなり声しか上げられない原始人などではなかった。ヒトとネアンデルタール人はどちらも、発話に必要な運動筋肉の細かな動きをつかさどるFOXP2遺伝子のバリアントをもっている[30]。ネアンデルタール人は死者を埋葬し、病人やけが人の世話をするし、自分の体に色素を塗り、貝殻や羽根、骨でできた装身具でみずからを飾る。ネアンデルタール人のある男性は動物の皮でできた衣服を身にまとって埋葬されていた。その衣服は巧みに伸ばした皮を縫い合わせてできており、三〇〇〇個近くの真珠で飾られていた[31]。ネアンデルタール人が洞窟に残した壁画には、架空の生き物が描かれている。ネアンデルタール人は、彼らの時代の終盤には、ヒトが使っていた道具の多くを手にしていた[23]。

ホモ・サピエンスが初めてネアンデルタール人と出会ったとき、ネアンデルタール人の数は最大に達していた。寒冷地に適応していたネアンデルタール人は、ホモ・サピエンスが迫りくる氷河を逃れてヨーロッパから脱出したときに、ヨーロッパに進出した。七万五〇〇〇年前に、どの人類がその後の不確かな気候のもとで生き残れるかについて賭けをしたなら、ネアンデルタール人が本命だっただろう。

しかし、五万年前までに情勢はヒトに有利なほうへ傾いた。アシュール文化のハンドアックスは一〇〇万年以上もあらゆる人類に活用されていたが、ヒトはそれよりはるかに複雑な道具類を考案した。ネアンデルタール人は木製の槍を手で持って突き刺すだけだったが、ヒトはそれを改良して、投射する武器を開発したのだ。それは長さ六〇センチほどの木製の投槍器で、長さおよそ一・八メートルの矢のような槍を投げる。槍は鋭くとがらせた石か骨を穂先に取り付けることが多く、反対側の末端にはくぼみを作り、木製の投槍器の突起にはめる。[32] これは、愛犬家がボールを投げるときに使う「チャキット」という製品と同じ原理だ。強肩の持ち主であっても、標準的な槍を手で投げると短い距離しか飛ばせない。しかし、投槍器を使うと、柄に蓄えられたエネルギーによって、槍を時速一六〇キロ以上の速さで九〇メートル以上も飛ばすことができる。投槍器は狩猟に革命をもたらした。人間と同じくらいの大きさの草食動物だけでなく、飛んだり、泳いだり、木に登ったりする獲物も狩ることができるようになったのだ。マンモスを捕らえるときも、足で踏みつけられたり、牙で突き刺されたりする心配がなくなった。投槍器の登場で身の守り方も一変した。襲ってくるサーベルタイガーや敵の人間に向けて安全な場所から槍を投げて、重傷を負わせることもできるようになった。武器に使う鋭い穂先、石器を作る道具、切断用の刃、穴を開ける錐も作り出した。骨で作った銛、漁に使う網や罠、そして、鳥や小型の哺乳類を捕らえるための罠も生み出した。ネアンデルタール人は狩猟の能力は優れていたが、捕食者としては並の域を出ることはなかった。一方、新たな技術をつくり出したホモ・サピエンスは究極の捕食者となり、ほかの生き物に捕食されることは少なくなった。

　ヒトはアフリカを出てから、あっという間にユーラシア大陸全域に拡散した。数千年のうちに、オーストラリア大陸まで到達したとの説もある。大海原を渡る困難な冒険に挑むためには、いつ終わるとも知れない旅に向けての計画と食料の荷造りが必要だ。さらには、想定外の損傷を修復する道具や見たこともない獲物でも捕獲できる道具を準備しなければならないし、海上で飲み水を補給するなど、旅の途中で起こりうる問題を解決する必要もある。こうした旅に挑んだ当時の船乗りは、仲間と細かくコミュニケーションをとらなければならない。このことから、ヒトはその頃にはすでに成熟した言語を使っていたと考える人類学者もいる[33]。

　ここで特に注目したいのは、船乗りたちは水平線の向こうに何かがあると推測しなければならないという点だ。ひょっとして渡り鳥の行動パターンを調べたのか、それとも、はるか遠くで自然に起きた森林火災の煙が見えたのか。仮にそうだったとしても、向かうべき土地があると想像しなければならない。

　二万五〇〇〇年前までには、状況は明らかにヒトに有利になっていた。移動し続ける遊牧民として生きていくのではなく、野営地に数百人が集まって定住するようになった。野営地は用途に応じて分けられ、動物の解体場、調理場、寝る場所、ごみ捨て場はそれぞれ別個の区画に設けられた。全員に食料が行き渡り、食材をひいたりすりつぶしたりする道具も考案されて、生のままでは食べられない食材のほか、有毒な食材でさえも加工して食べるようになった。調理用の炉や、パンを焼く竈（かまど）も作り出し、食料が手に入りにくい時期のために食料を保存する方法も考え出した[33]。

　骨製の細い針が考案されたことで、毛皮で体を覆ったり、毛皮をゆるく縛ったりして身につけるのではなく、衣服らしい衣服を作れるようになった。体にぴったり合った防寒着を身にまとえば、ネアンデルタール人のように多くのカロリーを必要とする体を進化させなくとも、寒さに耐えられる[34]。こうした装備を得たことによって、極寒の氷河時代にも北方へ進出でき、最終的にアメリカ大陸に足を踏み入れることができた。その旅は人類史上初の快挙だ。

それは後期旧石器時代と呼ばれる時代のことだった。この時代には武器や住環境が進歩したが、目を見張るのはそれだけではない[35]。ヒトはこの時代に独特な認知能力、特に社会的ネットワークの拡大を示す痕跡を残し始めたのだ[36]。たとえば、貝殻でできた装飾品が、海から何百キロも離れた内陸で見つかっている。これは、実用的な価値がない物体が、遠く離れた場所から運んでくるだけの価値をもっていたか、あるいは最初期の交易路を旅した誰かから入手したということを暗に示すものだ[37・38]。

岩壁に描かれた動物の絵はじつに巧みで、岩の起伏が動物の体の下で波打っていて、三次元の世界を見ているようだ。ある岩絵に描かれた八本脚のバイソンは火明かりに照らされるとギャロップしているように見え、原初の映画の誕生とも思えるほど生き生きしている。さらには、口を開けていないなくウマや、雄叫びを上げるライオン、角どうしが激突した音が聞こえてきそうなほど頭を激しくぶつけ合うサイなど、音までも伝えているような絵もある。人間は現実の場面を描写するだけでなく、ライオンの頭をもつ女性や、バイソンの体をもつ男性など、架空の生き物を想像し、描くことまでしていた[39・40]。

これは行動が現代化したということだ。当時の人間は現代人のような見かけであり、現代人と同じような行動をとっていた。ヒトの文化と技術は、ほかの人類の文化と技術よりはるかに大きな力を急速に獲得し、洗練された。しかし、それはどのようにして起きたのか？　私たちの身に何が起きたのか？　そして、なぜ私たちだけに起きたのだろうか？

ほかの人類が絶滅する一方で、ヒトが繁栄できたのは、ある種の並外れた認知能力があったからだ。それは「協力的コミュニケーション」と呼ばれる、特殊なタイプの友好性である。ヒトは見知らぬ人との共同作業であっても巧みにこなすことができる。これまで一度も会ったことがない人と共通の目標についてコミュニケーションをとり、力を合わせてそれを達成できるのだ。チンパンジーもまた、多くの面でヒトのように高度な認知能力をもっている。ただ、ヒトと数多くの類似点があると言っても、チンパンジーは共通の目標の達成を助けるコミュニケーションを理解するのが得意でない。チンパンジーほど賢くても、他者の動きに合わせて行動したり、さまざまな役割を連携させたり、自分が考え出した新しい技術を他者に伝えたり、いくつかの初歩的な要求以上のコミュニケーションをとったりする能力はほとんどないのだ。ヒトはこれらすべての能力を、歩行や会話ができる年齢になる前に発達させる。それは洗練された社会や文化を築くための入り口だ。この能力があるからこそ、ヒトは他者の気持ちを理解でき、前世代からの知識を受け継ぐことができる。その能力は、高度な言語をはじめとする、あらゆる形の文化や学習の礎だ。そうした文化をもった人がたくさんいる集団が、優れた技術を考え出した。ホモ・サピエンスは独特な共同作業に長けているおかげで、ほかの賢い人類が繁栄できなかった場所でも繁栄できたのだ。

動物の研究を始めた頃、私は社会的な競争にばかり注目していて、コミュニケーションや友好性が動物のみならずヒトの認知能力の進化にとっても重要になりうることに、まったく思いが至らなかった。他者をだましたり、ごまかしたりする能力の向上という面から、動物の進化的適応度を説明できると考えていたのだ。だが、私が発見したのは、賢くなるだけでは十分でないということだ。人間の感情はやりがいや痛み、魅力、嫌悪を感じるうえで多大な役割を果たしている。人間が他者にまつわる問題を解決しようとしたがることは、認知能力を形成するうえで計算能力と同じぐらい重要な役割を果たしている。社会的な理解や記憶、戦略がどれだけ高度であっても、他者と協力してコミュニケーションする能力がなければ、技術革新はもたらされない。

こうした友好性は自己家畜化によって進化した[7]。

家畜化は、人間が動物を選抜して交配する人為淘汰だけで生じたわけではない。自然淘汰の結果でもある。ここで淘汰圧となったのは、異なる種や同じ種に対する友好性という性質だった。私たちは自然淘汰で生じた家畜化を「自己家畜化」と呼んでいる。ヒトは自己家畜化によって友好的な性質という強みを獲得したからこそ、ほかの人類が絶滅するなかで繁栄することができた。これまでのところ、私たちがこの性質の存在を確認できたのは、ヒトと、イヌ、そしてヒトに最も近縁な種であるボノボだ。本書ではこれら三つの種を結びつける発見、そして、ヒトがどのように現在のヒトになったのかを理解する助けになる発見について述べていく。

人間*はだんだん友好的になるにつれて、ネアンデルタール人のように一〇～一五人の小さな集団で暮らす生活から、一〇〇人以上の大きな集団での暮らしに移行することができた。ほかの人類より大きな脳をもたなくても、より大きな集団で仲間との連携を深めることによって、ほかの人類を容易に打ち負かすことができたのだ。他者を思いやることのできる人間は、複雑な形での協力やコミュニケーションがだんだんできるようになり、それが人間の文化的な能力を新たな軌道に乗せることになった。ヒトは新たな手法や技術を生み出し、それをどの人類よりも早く共有することができた。ほかの人類は太刀打ちできなかった。

しかし、人間の友好性には負の側面もある。自分の愛する集団がほかの社会集団に脅かされていると感じると、人間はその集団を自分の心のネットワークから除外し、人間扱いしない（非人間化する）ようにできるのだ。共感や思いやりは消え去ってしまう。脅威をもたらすよそ者に共感できなくなると、私たちは彼らを同じ人間だと見なせなくなり、極悪非道な行為ができるようになる。人間は地球上で最も寛容であると同時に、最も残酷な種でもある。(7)

---

*特に明示しない限り、「人間」はホモ・サピエンスを指す。

他者を非人間化する言葉はアメリカの現在の連邦議会にはびこり、議会では南北戦争以降、最も対立が激しくなっている[41]。アイオワ州選出の共和党の下院議員ジム・リーチは「共和党議員の控え室では、民主党議員について、じつに異様な発言がなされている」と語っている[42]。サウスダコタ州選出の民主党の元上院議員トム・ダシュルはこう話す。「党員集会は大学スポーツの壮行会のようになった……『われら』『彼ら』『奴らをやっつけろ』といった言葉が飛び交う場になってしまった[42]」。ソーシャルメディアがこの種の敵対関係を公にした。「国境の壁は動物園の柵みたいなもので、動物からあなたを守ってくれる」とドナルド・トランプ・ジュニアが発言したとの引用に対し、ミネソタ州選出の民主党の女性下院議員のイルハン・オマルはこう言い返した。「サルは高く登れば登るほど、お尻がよく見える」

少し前まで、ワシントンはもっと友好的な場所だった。ロナルド・レーガンは大統領だったとき、「ジョークを言うためだけ」に民主党員と共和党員を両方誘い、一杯飲もうとホワイトハウスに招いた[43]。かつて民主党員と共和党員は地元から首都まで同じ車で移動し、交代しながら夜通し運転した。「下院の中では容赦なく激しい論戦を闘わせたが、その夜には連れだってゴルフに行ったものだ」と、イリノイ州選出の民主党の下院議員ダン・ロステンコウスキーは語っている[43]。当時の下院議長ティップ・オニールは格別に激しい応酬の後、レーガンから電話がかかってきたときにこう言った。「なあ、あれは政治だよ。六時を過ぎたら、仲良くしようじゃないか[44]」

このような議会は結果も残している。当時提出されて可決された法案の数は、現在よりも多かったし、党派を超えて投票した人の数も当時のほうが多かった。一九六七年には、この一〇〇年間で最も重要な社会立法である公民権法が、共和党議員と民主党議員によって可決された。現代史上最も注目すべき税制改革であるレーガンの税制計画は、共和党議員と民主党議員の協力で可決された。

そして一九九五年、ニュート・ギングリッチという、ジョージア州選出の共和党の若い下院議員が、四〇年以上にわたって下院を支配してきた民主党の主導権を切り崩す計画を思いついた。議会がうまくいっている限り、国民は議会を支配している党を変えようとはしないだろうとギングリッチは考えた。「新たな秩序を確立するためには、古い秩序をぶち壊さなければならない」というのが彼の言葉だ[45]。

九〇年代後半に下院議長を務めたギングリッチの主な戦略の一つは、共和党議員と民主党議員が友好関係を築きにくくする方針を定めることだった。その方針の意図は明らかだった。ギングリッチはまず、ワシントンへの出勤日を週五日から週三日に減らした。そうすると、共和党議員が地元の選挙区で過ごす時間が増え、有権者との関係構築や資金集めをしやすくなる。この措置によって、家族をワシントンに呼び寄せる議員が減り、党派間の交流が妨げられるようになった[46]。政治学者のノーマン・オーンスタインはこう書いている。「かつて議員たちは週末もずっとワシントンにいて、しょっちゅうディナーパーティーを開いたり、子どもを同じ学校に通わせたりしていたものだ……そんなことはもう起こらないだろう[42・47]」

連邦議会では、ギングリッチは共和党議員が委員会や下院で民主党議員に協力するのを禁じた。共和党議員が民主党議員や民主党について話すときには、人間扱いしない言葉を使って嫌悪感を引き出し、「腐った」や「むかつく」といった言葉で野党を言い表すよう忠告した[48]。ギングリッチはたびたび民主党員をナチスになぞらえた[49]。彼に導かれて、共和党員が敵意に満ちた振る舞いをするようになると、多くの民主党員も熱心にそのまねをした。水面下での取引はなくなり、超党派の会合や議員集会も開かれなくなった。ギングリッチが下院に導入した規範はやがて、上院の文化にも浸透していった[50]。

デラウェア州選出の民主党の元上院議員、ジョー・バイデン〔二〇二一年に大統領に就任〕は、アリゾナ州選出の共和党の上院議員だった故ジョン・マケインとの関係をこのように語っている。「ジョンと私は九〇年代にはよく議論したものだ。私たちはお互いのところに行っていっしょに座った。民主党側か共和党側か、どちらかのほうへ行って、文字どおり隣に座ってね。……私たちは両方の執行部から叱られるようになった。議論の最中に隣に座って仲良さそうに話しているなんて、いったいどういうことだと……それは九〇年代のギングリッチの改革の後だ。執行部は私たちにいっしょに座ってほしくなかった。それからだよ、状況が変わり始めたのは[51]」

連邦議会で他党への礼節が消えると、交渉や妥協を可能にしてきた方策が忌み嫌われるようになった。ポークバレル事業（比較的少人数の人々に利益を与えるために、連邦政府の予算を使って行なわれる事業）は時代遅れになった。ポークバレル事業は予算の無駄遣いに見えるかもしれないが、連邦予算全体に占める割合は微々たるものであり、たいていは重要法案を通すために欠かせないものだった。政治学者のショーン・ケリーによると、二〇一〇年にポークバレル関連の支出が禁止された後、連邦議会を回していた歯車がぴたりと動きを止めたという[52]。禁止後、可決される法案の数が、毎年一〇〇近くも減ったのだ。妥協を促す報酬がなくなると、政策立案者は成果を上げにくくなった。教室で張り合っている生徒たちのように、異なる党の議員たちはもはや頼り合うことはできないと見てとり、協力を拒むようになった。

自由民主主義における政界のライバルどうしは、敵になってはならない[53]。ライバルと交流すれば、彼らを人間として扱うようになる。そうすれば、協力、交渉、そして信頼（今のワシントンで足りないもの）が可能になるのだ。

自己家畜化仮説は単なる創造神話の一つではない。他者を人間扱いしない傾向をなくすうえで大きな助けとなる。この仮説は、人類がこの先も子孫を残して繁栄していくために、自分の仲間と見なす人の範囲を広げなければならないと警告し、教えてくれる。

ヒトは〈家畜化〉して進化した

ヒトは生後九カ月頃になると、歩いたり話したりできるようになる前に、指さしを始める。もちろん、生まれてすぐであっても指さしはできるのだが、九カ月ぐらいになると、それが何らかの意味をもち始める。興味深いジェスチャーだ。ほかの動物は手があっても、このジェスチャーをしない。

指さしの意味を理解するには、心を読み取る高度な能力が必要だ。たいていの場合、指さしは「あそこを見れば、私の言いたいことがわかる」ということを意味する。(1) しかし、あなたがあなたの頭を指でさすのを私が見た場合、さまざまな意味が考えられる。あなた自身のことを言っているのか？　私の頭がおかしいという意味なのか？　私が帽子を忘れたのか？　指さしは未来の何かを示すことも、過去にあって今はない何かを示すこともある。

生後九カ月までは、母親が指さしをすると、赤ちゃんはたいていその指を見てしまう。しかし九カ月を過ぎると、指から伸びる架空の線をたどるようになる。一歳四カ月になる頃には、指さしをする前に母親が自分を見ているか確認するようになる。母親が自分に注意を向けていないと指さしをしても通じないことがわかっているのだ。二歳までには、他者が見ているものや考えていることがわかってくる。他者の行動が偶然なのか意図したものなのかが区別できるようになる。四歳になると他者の考えを巧みに推測することが可能になり、人生で初めて嘘をつけるようになる。誰かがだまされたときに助けることもできるようになる。[2]

指さしは他者の心を読むこと、つまり、心理学者が言う「心の理論」への入り口だ。[3] 指さしを始めると、それ以降の人生は他者が考えていることに思いをめぐらしながら過ごすことになる。暗闇で誰かの手が自分の手に軽く触れたとき、それは何を意味するのか。部屋に入ったとき、そこにいた人が眉をひそめたのはどうしてなのか。他者の本当の考えを知ることはできないから、それは必ず推測になる。他者も同じ能力をもっているので、見せかけたり、偽装したり、嘘をついたりできる。

「心の理論」という能力があるおかげで、人間は地球上で最も高度な協力行動やコミュニケーションができる。この能力は人生で直面するほぼすべての問題を解決するうえで欠かせない。過去にさかのぼって、何百年も何千年も前に生きた人々から学ぶことができるのも、この能力のおかげだ。言語は重要ではあるのだが、相手がどんなことを知っているかがわからないと、あまり役に立たない。人は知識がない人の気持ちを理解して初めて、誰かに教えることができる。あなたが投票する政党、信じる宗教、競技するスポーツなど、他者が関与するあらゆる経験には、彼らが生きているか死んでいるか、実在するか架空であるかにかかわらず、「心の理論」が欠かせないのだ。

この能力はまた、あなたという存在の核心部分でもある。これがなければ、愛は言葉だけの現実味のないものになる。誰かが自分と同じ気持ちを抱いていることを知る魔法を体験できないのなら、何が愛だと言うのか？「心の理論」は、あなたと誰かがいっしょに何かを見たとき、お互いを見て笑い合う瞬間の喜びだ。それはまた、相手の言いたいことがわかるという安心感であり、手をつないで何もしゃべらないときの安らぎである。あなたの大切な人も幸せだと思うと、幸せはさらに大きくなる。故人があなたのことを誇りに思っていると信じれば、その人を失った悲しみに耐えやすくなる。

「心の理論」はまた、苦悩の源でもある。誰かが自分に危害を加えようとしていると確信したら、嫌悪の念はさらに大きく燃え上がる。裏切り行為を受けたとき、それを警告していたはずの些細なジェスチャーをすべて見つけ出そうとして、一〇〇もの記憶を丹念に思い起こしたら、さらにつらくなる。

私たちが抱くあらゆる感情は、世の中を見るレンズを豊かにする。そうした感情を胸の内や腹の底、指先で「感じる」とはいえ、それらは心の中に宿るものであり、主に他者の心に関する推測から生まれるのだ。

愛犬との日々

子どもの頃、いちばん仲が良かった友だちは、愛犬のオレオだった。私が八歳のときに、両親が贈ってくれた。最初は私が手で持てるぐらいの子イヌだったのが、あっという間に体重三〇キロを超えるまでに成長した。ものすごい食欲と、生きる喜びにあふれたラブラドールだ。

暖かい夜には、玄関先でいっしょに座って過ごしたものだ。私の膝にはオレオの頭。オレオが話せなくても、まったくかまわなかった。いっしょにいるだけで楽しかった。オレオの目を通して見た世界はどんなものなんだろうと、思いをめぐらした。

エモリー大学に進学すると、動物の心を探ることが真面目な科学であることを知った。そして、子どもの「心の理論」を研究する心理学者、マイケル（マイク）・トマセロのもとで研究を始めた。マイクが行なった新生児の実験によって、新生児が最初に身につける「心の理論」の能力と、言語を含めたあらゆる形の文化を習得する能力の結びつきが明らかになった[4]。

マイクと私は一〇年にわたっていっしょに研究し、人間に最も近縁な二種の現生動物の一種である、チンパンジーがもつ「心の理論」の能力を探る実験に打ち込んだ。私たちが実験するまで、動物が「心の理論」をもっていることを示す、実験にもとづいた証拠は何もなかった。しかし、私たちの研究で、その答えが思っていたより複雑であることが明らかになった。

チンパンジーには、他者の心を読み取る能力がいくつかある。私たちの実験で、チンパンジーは他者が見たものや知っていることがわかるだけでなく、他者が覚えていそうなことを推測できるうえ、他者の目的や意図を理解していることが明らかになった。チンパンジーはさらに、他者がいつ嘘をついたかすらわかっていた[2]。

チンパンジーがこれらすべてのことをできるという事実から、チンパンジーにできないことがくっきりと浮かび上がってくる。チンパンジーは他者と協力し、コミュニケーションをとることはできる。しかし、その両方を同時にこなすのは苦手だ。私はマイクの指示で、二個のカップの一方に食べ物のかけらを隠した。チンパンジーは私が食べ物を隠したことを知っているが、どちらに隠したかは知らない。その後、私は食べ物を隠したカップを指さして、チンパンジーに教えようとした。だが、意外なことに、チンパンジーは何度やっても私の有益なジェスチャーを無視し、当てずっぽうの推測しかできなかった。何十回も失敗してようやく、食べ物を見つけることができた。だが、ジェスチャーを少しでも変えると、また失敗してしまう。

当初、私たちの実験に何かしら問題があるから、私たちのジェスチャーを利用しにくいのかと考えた。しかし、チンパンジーは競争しているときには私たちの意図を理解できるが、協力しているときには意図を理解できないようだった。このことから、彼らの失敗には何かしら意味があるのではないかと考えた。

これは人間の赤ちゃんでは突然目覚める能力で、誰もがだいたい同じ頃、必ずとても幼いうちに、言葉を話せたり単純な道具を使えたりするようになる前に獲得する。[3] 人間は片方の腕と人さし指を伸ばす単純なジェスチャーを生後九カ月から使い始めるし、なくしたおもちゃの場所や頭上を飛ぶ鳥を母親が指し示したとき、指がさしている方向を見る。チンパンジーはこうした行動をしないし、理解しない。[2]

協力的コミュニケーションの能力は、チンパンジーの「心の理論」を形づくる数々の能力には含まれず、ヒトで初めて出現した。[5・6] ヒトは言葉を話し始めたり自分の名前を覚えたりする前にこの能力を身につける。それは自分たちが楽しいときでも、悲しい気持ちの人がいる（その逆もある）ことを理解する前の時期だ。また、何か悪いことをしたり嘘をついたりできるようになる前、そして、誰かを愛してもその誰かが自分のことを愛しているとは限らないことを理解する前の時期である。

この能力があるおかげで、私たちは他者と心を通わせることができる。それは新たな社会や文化の世界へ至る扉だ。その世界で、私たちは知識を代々受け継いでいく。ホモ・サピエンスとしての私たちのすべては、協力的コミュニケーションから始まる。強大な影響力をもつ事象というのはたいてい平凡な始まり方をするものだが、ヒトもまた、赤ちゃんが親のジェスチャーに込められた意図を理解するという当たり前のことから始まるのだ。

こうした協力的意図を理解することが、あらゆる人間らしさの発達に欠かせないのだとしたら、この能力が進化した過程を理解することが、人類進化をめぐる謎の大部分を解き明かすことにつながるだろう。

だからある日、このことについてマイクと議論していたとき、私は思わずこう言ってしまった。

「僕のイヌならできると思いますよ」

「そりゃそうさ」と、マイクは椅子にもたれかかり、にやりと笑って言った。「どの飼い主も、自分のイヌは微分積分ができるって言うものだよ」

＊　＊　＊

マイクが懐疑的だったのも、もっともだった。便器の水を飲んだり、リードを街灯の柱にぐちゃぐちゃに絡ませたりする動物に感心しろと言っても、それは難しい話だ。心理学者たちはイヌを興味深い研究対象と見なしていなかったため、当時はイヌの認知能力に関する研究はほとんどなかった。一九五〇年から一九九八年までに、イヌの知能に関する大規模な実験は二つしか行なわれておらず、どちらの研究でもイヌには目を見張る能力がないとされた。その一つの著者はこう書いている。「不思議なことに、家畜化はイヌの行動に新しいものを何一つ生み出さなかったようだ[7]」。その頃、誰もが注目していたのは霊長類だった。人間に近縁である霊長類を研究するのは理にかなっていた。見かけが人間に似ているし、心も人間に近いと考えられていたからだ。当時、家畜化によって動物の知能は低下すると考えられがちだった。そのため、ヒト以外の動物の認知的柔軟性を見つけ出そうとしている研究者は、自然環境に生息する動物を観察するのがいちばんだと考えていた。自然環境では、問題を解決できるかどうかが生死を左右するからだ。食物も、すみかも、繁殖もすべて面倒を見てもらい、自分自身の心配をまったくしなくてよい環境にいたなら、認知的柔軟性など身につくはずがないではないか。だが、私は愛犬のオレオの能力を知っている。

「本当なんです。彼なら絶対、ジェスチャーテストをパスしますよ」

「いいだろう」と、マイクが調子を合わせてくれた。「それじゃあ、試しに実験をやってみたらどうだい？」

すごいイヌ

オレオがすごいのは、口にテニスボールを三個もくわえられることだ。「取ってこい遊び」をするとき、私はよく二個か三個のボールをそれぞれ異なる方向に投げる。オレオは一個目をくわえると、二個目のボールをどこに投げたか確認しようと私を見る。私がその方向を指さすと、オレオは二個目のボールを見つけて口にくわえ、再び私を見る。私は三個目がある場所を指さす。

このことをマイクに見せるために、私はオレオを取ってこい遊びに連れ出した。

「さあ、行くぞ！」

オレオはテニスボール一個をくわえて、しっぽを激しく振る。どこへ向かっているかがわかると、彼は実年齢の半分ぐらい若く見えるほど勢いよく駆け出した。目的地は、近所にある大きな池だ。そこでオレオと私はよく遊んでいた。

オレオはまっすぐに水辺まで走っていき、吠えた。早くボールを投げないといつまでも吠え続けるぞ、と言っているような声だ。

「わかった、わかった。ちょっと待って！」

私はVHSの大きなビデオカメラをバッグから取り出して、電源を入れた。そして、一個のボールを池の真ん中に投げると、オレオがそれを目がけて跳び上がった。それは魔法の瞬間だ。水の上を舞うその姿は、まるで無重力空間にいるみたいで、時が止まったようだった。四本の脚を広げ、にっこり笑ったその口からは、舌がだらりと垂れ下がっていた。

池に飛び込んだときの水しぶきは、いつものとおり見事だった。オレオはボールをくわえると、私のほうへ泳いできた。私は腕を伸ばして左のほうを指さした。しかし、このとき私は次のボールを投げていなかった。

左へ泳いでいったオレオは、ボールを見つけられないと、私のほうを見た。私は右のほうを指さした。彼は右のほうへ泳いでいった。ボールはない。そして、私はオレオを呼び、彼の口からボールを取り出すと、再び投げた。この指さしゲームを一〇回繰り返した。こうすれば、マイクはオレオの反応が偶然ではないことがわかるだろう。

マイクはビデオをじっと見た。最後まで見ると、テープを巻き戻し、もう一度見た。

私は緊張した面持ちで待った。

「すごいな」

マイクの目は興奮で輝いていた。

「本格的に実験をしてみようじゃないか」

異なる二つの個体が、同じ行動をとることがある。両者の心は非常に異なり、世界の理解の仕方も異なっているにもかかわらず、同じ行動が生み出されるのだ。それが複雑な認知能力に起因する行動であることを示すためには、「思考節約の原理」に従わなければならない。[8] つまり、複雑な説明を考える前に、もっと単純で妥当な説明があるかどうか考え尽くせということだ。そのためには実験をするのがよい。

話せない誰かの心を探ろうとするときにはシンプルがいちばんだと、マイクは教えてくれた。実験は問いを提示する方法の一つにすぎない。問いがわかりやすければ、答えもたいてい理解しやすくなる。私はこれを「ダクトテープの科学」と呼んでいる。実験の器具が壊れたとき、ダクトテープで修繕できなければ、その実験は複雑すぎるということだ。

とはいえ、二個のカップと一つのテーブル、少しのダクトテープを使うだけの実験でも、チンパンジーを対象に行なうには何カ月もかかった。身支度、待機、餌の準備、器具のチェック、チンパンジーがいる場所まで運転、書類記入、さらに待機。

オレオを相手にした実験では、二個のカップを一メートルほど離れた地面に逆さまに置くだけだ。

「お座り」

私はカップの一つに餌のかけらを隠した。そして、餌を隠したカップを指さす。オレオは一発で餌を見つけた。その後の一七回の実験でも見つけた。

「オレオ」と私は言って、彼の耳をかくと、オレオは私の両脚にしがみついて全体重をかけてきた。「おまえは天才だよ」

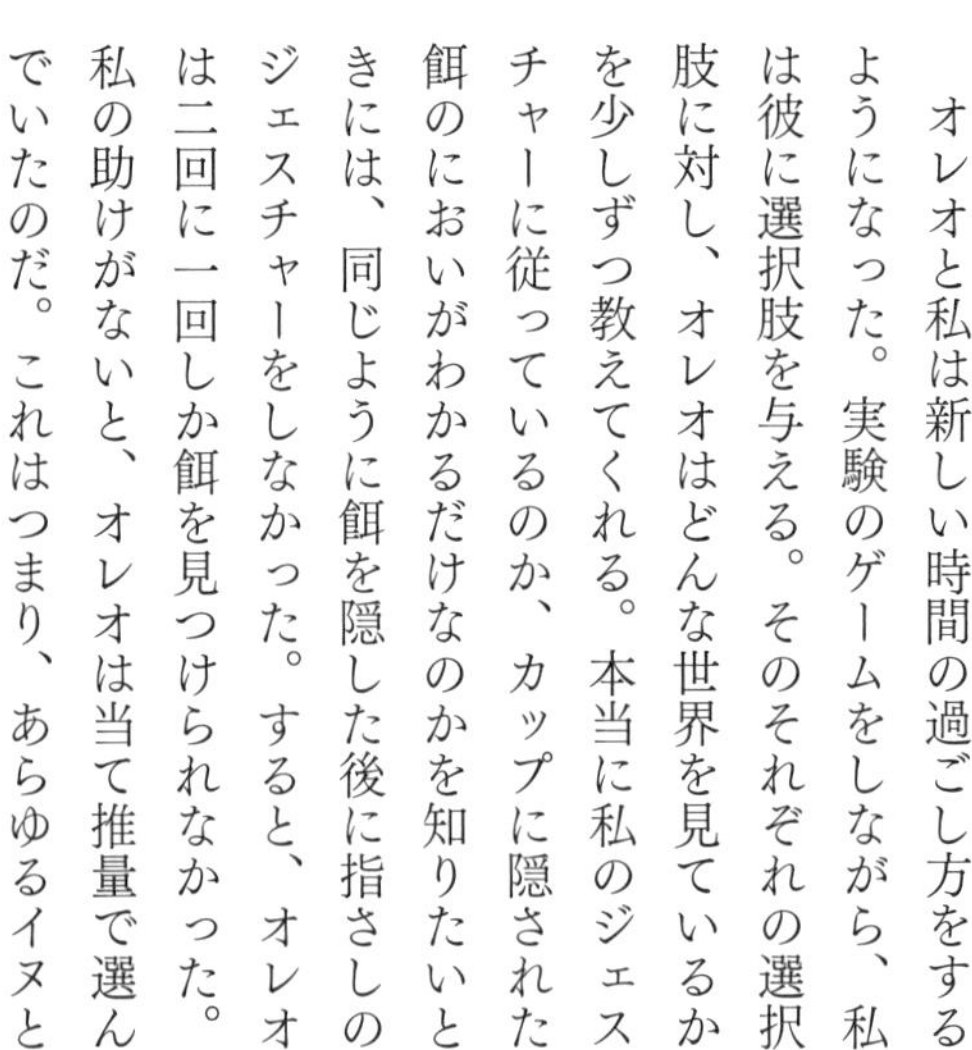

私がチンパンジーにジェスチャーする実験で何も成果を得られなかった何カ月ものあいだ、オレオは裏庭にずっと座って、私がチャンスをくれるのを待っていたのだ。

オレオと私は新しい時間の過ごし方をするようになった。実験のゲームをしながら、私は彼に選択肢を与える。そのそれぞれの選択肢に対し、オレオはどんな世界を見ているかを少しずつ教えてくれる。本当に私のジェスチャーに従っているのか、カップに隠された餌のにおいがわかるだけなのかを知りたいときには、同じように餌を隠した後に指さしのジェスチャーをしなかった。すると、オレオは二回に一回しか餌を見つけられなかった。私の助けがないと、オレオは当て推量で選んでいたのだ。これはつまり、あらゆるイヌと同じように、抜群の嗅覚をもっているオレオでさえも、においだけでは餌のあるカップを一発で見つけられないということだ。

オレオと私がゲームを楽しめたのはラッキーだった。彼と実験したことでいくつもの問いが生まれ、それを解き明かすために、ゲームには一〇余りのバリエーションが必要になったからだ。オレオが私の指さしに従っているからというだけで、人間の子どものように指さしに込められた意図を理解しているとは言えない。オレオが実験をうまくこなせた理由に対する単純な説明はいくつかあった。私はマイクの助けを借りて、それぞれを調べる実験を考案した。

最もわかりやすいのは、オレオが私の腕の動きを追っているだけ、という説明だ。これは窓を流れ落ちる雨粒をじっと見ているときと同じだろう。オレオは雨粒を目で追っても、それが自分に何かを伝えようとしていると考えなくてもよい。

私が指をさしたときの腕の動きが、オレオの注意を引いた可能性はある。腕を目で追って、たまたま目に入ったカップで餌を探したとも考えられるのだ。ひょっとして、もう一つのカップの存在をすっかり忘れてしまったのかもしれない。だとすれば、オレオは私が考えていたことを何も理解していなかったということだ。餌のあるカップと同じ側で腕を小刻みに動かしたり、照明を光らせたりするだけでも、同じ結果になった可能性もある。

この可能性を検証するには、指さしの動作から腕の動きを排除しなければならなかった。そこで、正解のカップのほうへ頭を向けて見たり、正解のカップとは反対側の腕で体を横切るようにして指さしをしたり、時には、腕を伸ばし終わるまで弟にオレオの目を隠してもらい、動作なしで指さしした状態だけを見せたりもした。最も厳しいテストでは、正解のカップを指でさしながら、不正解のカップのほうへ歩いていくことまでした。これらすべての新たな状況下で、オレオは難なく餌を見つけることができた。彼が私の腕の動きに頼っていないことは、これではっきりした。

オレオはチンパンジーとは違って、試行錯誤で指さした方向を見る方法を学んだわけではない。方法を学んでいたとしたら、回数を重ねるほど上手になっていったはずだ。しかし、オレオは基礎的なテストでもまったく失敗しなかったし、より複雑なテストを受けたときにも、初回でも最終回でも変わらずうまく課題をこなした。オレオは何をやっているときにも、チンパンジーの反応より柔軟性が高く、高度な認知能力をもっているように見えた。[9]

研究をさらに進めるべき段階に入った。

アイコンタクトと指さし

オレオは私といっしょに育ったから、私のジェスチャーだけに従うことを覚えた可能性がある。ほかのイヌは私の指さしに従えるだろうか？　私はアトランタにあるイヌの一時預かり所に行き、イヌを集め、二つのカップのうちの一つに餌を隠して、正解のカップに向けて指さしのジェスチャーをしてみた。初めて会ったばかりなのに、施設のイヌはオレオと同じように私の指さしにきちんと従った。どうやら、あらゆるペットのイヌがこのジェスチャーを利用できるようだ。[10]

人間の赤ちゃんが特別なのは、指さしのジェスチャーで伝えようとしていることを本当に理解していることだ。これはつまり、役に立つジェスチャーであればどんなものでも理解することを意味する。これを人間の母親と赤ちゃんで実証するために、マイクは正解のカップにブロックを入れるよう、母親に頼んだ。赤ちゃんは母親がこのジェスチャーをするのを一度も見たことがなかったが、母親が助けようとしてくれていると推測して、ブロックの入ったカップを選んだ。私がこの同じゲームをイヌに対して行なうと、イヌたちは同じように振る舞った。人間の赤ちゃんと同じように、イヌは私が助けようとしていることを理解し、初めて見るジェスチャーであっても、助ける意図があると思ったらすべて利用したのだ。[11]

イヌも人間の赤ちゃんも、アイコンタクトをとって、親しみのある声で話しかければ、注意をこちらに向けやすくなった。彼らは声による指示も利用することができた。人間の赤ちゃんは一歳の誕生日を迎える頃、言葉が特定の物や行動を示していることを理解し始めるにつれて、言葉による指示を認識できるようになる。イヌによっては試行錯誤のトレーニングなしに新しい言葉の意味を推測できるが、その理由もこの能力にあるのかもしれない。[12・13]

チンパンジーの場合、何十回もの試行錯誤の末に指さしに従うことを学習できても、新しいジエスチャー（餌が隠された場所を木のブロックで示すなど）に対しては、この能力を応用できなかった。チンパンジーと取ってこい遊びをしたとき、腕を伸ばして、取ってきてほしいおもちゃを指さすと、おもちゃを持ってくることは持ってくるのだが、それは指さしたおもちゃとは限らなかった。[14] どうやら、チンパンジーは指さしを「何かを取りにいって、私に持って帰ってこい」という意味としか考えていないようだ。チンパンジーは、イヌのように人間とアイコンタクトをとるのではなく、人間の口元を見ることに時間をかけている。[15] このことから、チンパンジーが指さしのジェスチャーに従えない理由を説明できるかもしれない。

私たちは最近、人間の幼児では、似たような問題を解決する能力がひとまとまり（クラスター）になっていることを発見した。[16] あなたが正解のカップに向けて手を伸ばしたときにその意味を理解する赤ちゃんは、あなたが正解のカップをジェスチャーで示したり、目で見たりしたときにもその意味を理解する。指さしのジェスチャーを理解するのが苦手な赤ちゃんは、ほかの種類のジェスチャーを読み取るのも苦手だ。しかし、伝達意図をテストするゲームをうまくこなせたからと言って、あらゆることが得意とは限らない。ジェスチャーの読み取りがうまい赤ちゃんは、必ずしも物理現象を読み取るのが得意というわけではない。物が落ちるか上へ向かうかを判断したり、ある特定の問題を解決するのにどの道具が最適かを見極めたりするといった能力は、別個のクラスターにある。

私たちの発見によると、イヌでは伝達意図に関する能力のクラスターは、もっと密接にまとまっていた。一つのジェスチャーゲームを上手にこなしたイヌは、すべてのゲームを上手にこなす。一方、一つのゲームをうまくできなかったイヌは、すべてのゲームをうまくできない。イヌのこの能力は、人間の赤ちゃんと同様に、社会性と関係のない問題の解決能力とは結びついていない。イヌは人間がもっている伝達意図にかかわる一連の能力を備えているだけでなく、人間と同様に、それらが一つのクラスターにまとまっている。これはつまり、イヌも人間も協力的コミュニケーションに特化した認知能力をもっているということだ。イヌはまさに大事な部分で人間と似ているのである。

チンパンジーは違う。イヌや人間の赤ちゃんとは違い、チンパンジーが伝達にかかわる異なるジェスチャーを利用する能力どうしには、何の関連もない。また、異なるジェスチャーを利用する能力どうしの関連性は、ジェスチャーを利用する能力と、社会的でない課題をこなす能力との関連性と大差がないだろう。これはつまり、チンパンジーは特化した認知能力をもっている兆候がないということだ。チンパンジーはこうした問題を解くときに、特化した認知能力ではなく、何らかの一般的な能力を使っている。イヌと人間は協力的コミュニケーションができるようになっているが、チンパンジーはそうではない[16]。

認知能力が進化するのは繁殖に成功しやすくするためだから、動物の認知的柔軟性は、生存にとって最も重要な問題を解決するための思考で最も発揮されるだろう。チンパンジーとは異なり、イヌは人間とコミュニケーションをとることによって生き延びる。とはいえ、人間の伝達意図を理解するイヌの能力がいかに優れているかを知って、私は驚いた。心理学者が人間にしか存在しないと考えていた社会的な能力を、イヌはどのように獲得したのだろうか？

すぐに考えつく説明の一つは、イヌの家畜化の途中で何かが起き、それによってイヌの認知能力が進化した、というものだった。これが正しいとしたら、そして何が起きたかを突き止められたら、イヌだけでなく、ヒトの協力的コミュニケーションの進化を引き起こした要因が何かを解き明かせるかもしれない。生物の脚や目、翼は、独立して何度も進化してきた。それと同じように[17]、協力的コミュニケーションの能力も複数回にわたって進化してきたとも考えられる。イヌの認知能力は、限定的だがきわめて重要な点で、ヒトと非常に似たものに進化したのかもしれない。

イヌはオオカミから進化して以来、さまざまな面でヒトに似た形質を進化させてきた。ヒトにはでんぷんの消化を可能にする遺伝子があるが、イヌでもその遺伝子が進化した。そのため、イヌは祖先のオオカミとは違い、ヒトが集めたり栽培したりした食物を簡単に消化することができる[18]。ヒトが標高の高い場所で暮らせるように進化した遺伝子は、大型犬のチベタン・マスティフにも見られる。そのおかげで、どちらの集団も高地で薄い酸素を体に取り込んで生きることができる[19]。さらに、西アフリカの人々はマラリアに対してある程度防御効果のある遺伝子をもっているが、この地域の飼いイヌもまた同じ遺伝子をもっている[20]。

こうした収斂進化はどのように起きたのか？　もともとこうした形質の組み合わせを備えてい

たオオカミを選んで家畜化しただけなのだろうか？

この考えはもっともらしいものの、検証するのは難しい。協力的コミュニケーションの能力があ る個体を選んでオオカミを何世代も繁殖させ、やがてイヌが生まれるかどうかを確かめるだけの時間はなかった。研究を進めていくためには、家畜化がどのように起きたかをもっと詳しく知らなければならない。

第2章　友好的であることの力

スターリンの大粛清のただなかにあった一九三七年に、ニコライ・ベリャーエフは遺伝学者だからという理由で秘密警察に逮捕され、裁判にもかけられずに射殺された[1]。スターリンはだいたいにおいて誰に対しても疑り深かったが、とりわけ遺伝学者が嫌いだった。遺伝学者は「適者生存」という考え方を世間に広めるので、共産党の方針に逆らっているように思われたからだ。スターリンは、適者生存とはそもそもアメリカの資本主義者の考えであり、力や知能に優れた者が富を蓄える一方で、労働者が貧しい暮らしをするという状況を正当化するものだと見なしていた。そんなスターリンが出した解決策は、遺伝学そのものをすべて禁止することだった。遺伝学は学校や大学のカリキュラムから除外され、教科書からはそのページが破り捨てられた。遺伝学者は国家の敵であると宣言され、強制収容所に送られるか、ニコライのように殺された。

ニコライが処刑された一年後、その弟であるドミトリ・ベリャーエフも遺伝学者になった。一九四八年、ドミトリはモスクワにある中央研究所の毛皮動物繁殖部の職を解かれたが、身を潜めておとなしく過ごし、一九五九年になると政治の中心であるモスクワから遠く離れたノボシビルスクに移った。[2] こうして安全な距離をとれたおかげで、彼は二〇世紀の行動遺伝学の金字塔となる実験ができたのだ。

ベリャーエフは野心的な目標を掲げた。動物がどのように家畜化されてきたかを推測するのではなく、動物をゼロから家畜化し、自分自身の目でその結果を確かめたいと考えたのだ。実験対象として選んだのは、イヌに近縁で家畜化されてない動物、キツネだった。キツネは手で触れられるともがいて噛んでくることがあるので、キツネを扱う人は厚さ五センチもある手袋をはめなければならなかった。とはいえ、キツネは秘密の実験をするのにうってつけだった。毛皮目的でキツネを繁殖させることはロシアの経済にとって重要だったので、疑り深い政府の役人をかわすことができたからだ。

それはエレガントな実験だった。ベリャーエフの教え子であるリュドミラ・トルートは、キツネの集団を二つのグループに分けた。両者はまったく同じ条件下に置かれていたが、彼女はある一つの基準を使って両者を分けていった。第一グループは、人間に対する反応にもとづいて交配された。このグループでは、キツネが生後七カ月になると、リュドミラがキツネの前に立ってやさしく触ろうとする。そのとき近づいてくるか、怖がらなかったキツネを選び出して、同様の反応を示したほかのキツネと交配する。それぞれの世代で最も人なつこい友好的な個体を選んで交配したので、第一グループのキツネは友好的になった。一方、第二グループは人間への反応とは関係なく交配した。つまり、二つのグループに差違が生じたならば、それは「人間に対して友好的である」という選択基準だけからもたらされたということになる。[2・3]

ベリャーエフは残りの人生のあいだこの実験を続け、彼の死後はリュドミラが実験を引き継いだ。私がシベリアに到着した頃には、実験が始まって四四年が経過しており、普通のキツネは先祖たちとほとんど同じだった。一方、友好的なキツネには目を見張った。

家畜化

ダーウィンは家畜化に強い興味をもち、みずからの進化論の主要な原理を実証するために家畜化を利用した。『種の起源』を出版した後、ダーウィンは『家畜・栽培植物の変異』を執筆し、さまざまな遺伝形質に対して自然淘汰がどのように働きうるかを、人為淘汰を用いて例示した。しかし、動物が最初にいつ、どこで、どのように家畜化されたかについては、何の見解も示さなかった。

家畜化はしばしば、外見によって定義されてきた。身体の大きさは変わりやすい形質であり、イヌではチワワのような超小型犬から、グレート・デーンのような超大型犬までさまざまだ。イヌは野生の近縁種より頭部が小さく、鼻づら（口吻部）が短く、犬歯が小さい傾向にある。毛の色は家畜化によって変化し、野生種がもっていた天然のカムフラージュ効果は失われる。イヌの被毛には不規則なぶち模様が現れることもあり、なかには、突然変異で額に星形のぶちが現れるイヌもいる。尻尾は上向きにカールし、ハスキーのように丸く円を描く尻尾もあれば、家畜のブタの尻尾のように数回巻いた尻尾もある。イヌの耳は垂れていることが多い。繁殖期は年に一度ではなく、年間を通して繁殖できる。これらの形質群はイヌに固有というわけではない。どの家畜種にも、こうした形質がまとまって現れる[4]。

一見ランダムなこうした形質を結びつけているのは何なのか、あるいは、そもそもこれらの形質どうしにつながりがあるのかどうかは、わかっていなかった。人間がこのような変化を求めて意図的に交配したのだという見方もあった。生物学者のエイタン・チェルノフは、体が小さいほうが扱いやすく、餌も少なくて済むからではないかと考えた[5]。一方、遺伝学者のリーフ・アンデションは、家畜が迷子になったときに農家の人々が見つけやすいように、ぶちのある動物を交配したのだと言う[6]。動物学者のヘルムート・ヘマーは、家畜化した動物は視覚系や感覚器系が家畜化していない動物よりも劣るので、探索行動やストレス、恐怖反応が低下するのだと述べた[7]。歯が小さくなることと、繁殖力が増すことの利点は明らかだ。しかし、どの研究者も家畜化に関連する形質をそれぞれ個別に検討しがちで、多くの人はそれらを有害だと考えていた。ほとんどの科学者が家畜の知能を低いと評価しているのがその一例だ。ジャレド・ダイアモンドが書いているように、大きな脳は「農家の庭ではエネルギーの無駄遣い」であるために、家畜の脳は小さくなるのかもしれない。[8]「同じ種のほかの個体よりも人間の役に立つ個体」を意図的に選んで交配しているという見方には、誰もが同意していると言えるだろう。[9]

世界の一四七種の大型哺乳類（平均体重が四五キロ超）は家畜化可能だと考えられているが、そのうち家畜化されているのは一四種しかいない。さらに、時間の長さはともあれ、人間が家畜化して利用しているのは、ヒツジ、ヤギ、ウシ、ブタ、ウマの五種だけだ。これより小さな動物も家畜化されてはいるが（オオカミはその一例）、数は大型動物より少ない。

家畜化されやすい動物の条件を、研究者はいくつも挙げている。ダイアモンドは、人間が提供する餌を難なく食べられる、成長が早い、繁殖しやすい、飼育下で頻繁に出産する、人なつこい性質である、集団内で社会的順位をつくりやすい、囲いの中にいるときや捕食者と遭遇したときに落ち着いている、という条件を提示した。[8] これらすべての条件を満たさなければ家畜化には向いていないと、ダイアモンドは主張している。ほかの研究者たちからは、配偶システムが複婚である、小さな行動圏の中で簡単にその動物を統制できる、雌は雄を含む大きな集団の中にすむことができる、といった条件も提案されている。

現在有力な説によると、家畜化というプロセスは常に人間が主体になって生じるものであり、それによって動物は人間に管理され、人間の経済に役立つようになるのだという。この説は生物学というよりも文化や経済の観点から、特定の動物が家畜化されてきた理由、そして農耕が発達

従順な性質

家畜化されたすべての動物

脳または頭蓋容量の小型化

繁殖周期（発情のサイクルが短くなる）

ネオテニー的な（幼体のような）行動

巻き尾

家畜化による変化と特徴

色素脱失（特に白いぶちや茶色い部分が出現する）

垂れ耳

耳の縮小

鼻づらの短縮

歯の小型化

した社会もあれば狩猟採集生活を維持している社会もある理由を説明している。しかし、この説には一つ問題があった。イヌだ。明らかにイヌは家畜化されているが、野生の近縁種であるオオカミは、家畜化しやすい動物の条件に当てはまらない。人間がオオカミに餌を与えるのは難しい。オオカミは囲いに入れられるとパニックに陥るし、ふだんは人間を攻撃しないものの、安全が脅かされたときには噛みついてくる。

ベリャーエフは、たった一つの条件によって家畜化は起こると考えた。そして、ベリャーエフの説は、ダーウィンからダイアモンドまであらゆる学者が思いつかなかった答えをもたらすことになる。

友好的なキツネ

人なつこいキツネは美しく、かつ奇妙だった。ネコのように優美なのに、吠える声はイヌみたいだ。ボーダーコリーのように黒と白のぶち模様で、青い目をしているものもいれば、ダルメシアンのように小さな斑点をもつものもいる。なかには、ビーグルのように、赤と白と黒の模様をもつキツネもいる。リュドミラに施設を案内してもらっていると、どのキツネも立ち上がり、尻尾を振って、くんくん鳴いたり、興奮した声を上げたりしながら、私に走り寄ってきた。

リュドミラが飼育舎の一つに通じるドアを開けると、赤茶色の雌が私の腕に飛び込んできて、

顔をなめ、嬉しそうに放尿した。脚は黒で、額に白い星模様がある。

友好的なキツネの個体群に最初に現れた変化の一つは、被毛の色だった。もともと黒と白のぶち模様だった被毛には、赤茶色がだんだん頻繁に現れるようになった。二〇世代を経ると、友好的なキツネのほとんどが簡単に見分けられるようになった。額に白い星模様がある個体も当初は数匹だけだったが、あるとき一気に増えた。次に現れたのが、垂れ耳と巻き尾だ。友好的なキツネは歯が小さく、鼻づらが短くなる一方で、雄と雌の頭骨の形は互いに似通ってきた。これらと同じ変化は、イヌの家畜化の初期にも現れた[10・11]。

変わったのは、キツネの外見だけではなかった。普通のキツネは年に一回しか繁殖しないが、多くの友好的なキツネは繁殖期が長くなったのだ。友好的なキツネのなかには、繁殖周期が年に二回、つまり一年のうち八カ月繁殖できるものも現れ始めた。友好的なキツネは性的に成熟するのが普通のキツネより一カ月早く、一度に産む子の数が増えた。

普通のキツネはオオカミと同様に、人間に馴れることのできる社会化期は非常に短く、その期間は生後一六日から六週までだ。一方、友好的なキツネはイヌのように社会化期が長く、生後一四日から始まって一〇週まで続く[10]。普通のキツネでは、ストレスホルモンと呼ばれるコルチコステロイドの分泌が生後二~四カ月のあいだに増え、生後八カ月でおとなの濃度に達する。だが、キツネが友好的になるほど、このコルチコステロイドの濃度が急上昇する時期が遅くなった。一二世代を経ると、友好的なキツネのコルチコステロイドの濃度は半減していた。三〇世代を経ると、さらに半減した。そして五〇世代を経ると、友好的なキツネは普通のキツネに比べて、脳内のセロトニン（捕食や防御にかかわる攻撃行動の低下に関連する神経伝達物質）の濃度が五倍に増えていた。

こうした変化が遺伝的なものであることを示すために、ベリャーエフとリュドミラは、友好的なキツネの子を誕生時に普通のキツネの子と取り替えて、新しい母親の行動に影響されるかどうかを調べた。友好的なキツネの受精卵を普通のキツネの子宮に移植したり、その逆の移植を行なったりもした。しかし、産んだ母親も育てた母親も結果には影響しなかった。友好的なキツネは受精したときから、普通のキツネよりも友好的だった[12]。

遺伝学者のアンナ・クケコワは、友好的な行動と攻撃的な行動の発現にかかわる遺伝子をキツネの一二番染色体（VVU12）ですでに特定していた。それはイヌの家畜化にかかわるゲノム領域に似ている。[13] ほかの研究者は、キツネとイヌで変化した遺伝子群を特定しており、それはヒトではウィリアムズ症候群に関連しているという。ウィリアムズ症候群には、過度に友好的になるという特徴がある。[14・15] 今後、ゲノムを比較する研究が進めば、進化の中でどの遺伝子が淘汰されて友好的なキツネが出現したかが正確に特定されるだろう。

ベリャーエフの実験の天才的なところは、友好的なキツネを選抜することによって人間好きのキツネが生まれるのを示したことではなく、それに付随して起こる現象を明らかにしたことだった。垂れ耳、短くなった鼻づら、巻き尾、ぶちのある被毛、小さくなった歯といった形質は、それらを意図的に選んで交配したわけではないのに、世代を重ねるにつれてだんだん多くの個体に見られるようになった。リュドミラの研究チームは、何世代にもわたって友好性だけにもとづいてキツネを選抜し、生理的な特徴や身体的な特徴に生じる変化を観察した。[16]

この実験はニワトリのように、イヌとは遠縁の種でも再現されてきた。そうした研究の一つが、セキショクヤケイ（あらゆるニワトリの祖先である、アジアの野生種）を友好性（すすんで人間に近づかせたり触らせたりする性質）にもとづいて繁殖させ、対照群と比較する研究だ。ベリャーエフが予測したように、友好的な個体を選んで交配した結果、ヤケイはたった八世代で目新しいものを恐れにくくなった。それに伴い、セロトニンの濃度が上がり、色素脱失が生じ、体が大きくなり、脳が小さくなったほか、多産にもなった[17]。

ベリャーエフとリュドミラは、通常ならば自然界で何千もの世代を重ねないとできないことを、自分たちの生涯のうちに達成し、成果として一つの原則を残した。人間に対して友好的な動物がより多くの子を残せるようになると、家畜化が起こる、というものだ。

ハーバードの大学院に通っていたときの私の指導教官は、リチャード・ランガムだった。イヌのように見えるロシアのキツネについて議論していたとき、リチャードは私よりさらに深い意味をそこに見いだしていた。臆病で攻撃的なキツネの個体群を、人間に興味をもつという特徴だけを選抜して交配していくと、数世代のうちに、選抜していない形質に思いがけない変化が現れ始める。それならば、認知能力の変化もまた、そうした思いがけない変化の一つなのではないか？

リチャードが示唆していることはあり得ないように思えた。垂れ耳や巻き尾どころの話ではない。協力的コミュニケーションの意図を読み取ることは、人間の赤ちゃんに現れる「心の理論」の最も重要な側面の一つだ。協力的コミュニケーションの意図を読むことに長けたイヌが、この能力が向上した直接的な結果として、多くの子を残せるようになるという考えは理にかなっている。それとも、リチャードが推測しているように、それはぶちのある被毛と同じように、思いがけない変化を起こした形質なのだろうか。このようなことを調べた人はそれまで誰もいなかった。だったら、自分でシベリアまで行って調べてくれればいいじゃないか。私はそうリチャードに説き伏せられた。

シベリア行きのプランには、いくつか小さな問題があった。私はそれまでの人生でキツネを一度も見たことがなかったうえ、ロシア語が一言も話せなかった。さらに、キツネの認知能力を調べたことがある人は世界中に誰もいなかった。私がチンパンジーの「心の理論」を調べるのに何年もかかったし、イヌを調べるのも一年以上かかった。それなのに、キツネの調査に与えられた時間は、一一週間だ。普通のおとなのキツネは人間を恐れるものだが、私は二つのグループの両方を調べなければならない。唯一恵まれていたのは、調査の時期だった。私がシベリアに着く春の終わりは、ちょうど飼育場がキツネの赤ちゃんでいっぱいになる時期だったからだ。

リチャードは指導する学部生の一人、ナタリー・イグナシオを私に同行させてくれた。私は彼女に、赤ちゃんギツネを一日中ハグしてかわいがるという任務を与えた。そうやって普通の子ギツネのグループを社会化しなければならない。まだ生後数週しかたっていないので、この子ギツネたちにはまだ、おとなのような人間を恐れる機構が発達していない。興味津々でにおいを嗅いでくる一〇〇匹ほどの銀色の子ギツネに囲まれ、真ん中でしゃがんだナタリーは悲鳴を上げていた。

「どんな手段を使ってもいいから、この子たちをきみに夢中にさせるんだ」と私は頼み込んだ。

「二カ月後にテストを受けられるようになってなきゃいけないから」

私はナタリーをその場に残し、飼育場をとぼとぼ横切って、生後三〜四カ月のキツネたちがいる場所へ向かった。いっしょに生まれた子たちから引き離され、普通の六匹と友好的な六匹という二つのグループに分けられたばかりのキツネたちだ。それぞれのグループは専用の囲いに入っている。私は二つの囲いの中を観察しようと、その間に座った。

するとすぐに、友好的なキツネたちがかん高い声を上げたり、くんくん鳴いたりし始めた。尻尾を振りながら、息を切らせてドアを引っかいたりする。耳をかいてやると、私の手をなめ、あお向けに寝そべって目を閉じ、おなかをなでてとねだってきた。私が手でジェスチャーすると、その動きを忠実に追った。

そんな私を、普通のキツネたちはじっと見つめる。私は突然動いたり、大きな音を立てたりしなかったし、キツネに触ろうともキツネと遊ぼうともしなかった。じっと観察して待っていただけだ。だが、キツネたちは囲いの奥の隅で身を隠していた。実験をうまく進めるためには、何らかの方策を見つけて、両グループのキツネの興味を引き、長く注目させる必要があった。

何の成果も上げられないまま、数週間が過ぎたところで、答えが突然、空から降ってきた。翼を広げた幅が一・二メートルほどもあるタカが、キツネの飼育舎の上空を舞い降りてきた。キツネたちがタカをうっとりと見つめていると、一本の羽根が回転しながら地面に落ちてきた。すると、どちらのグループのキツネも一匹残らず羽根のほうへ走っていって見つめていた。

翌日、私はキツネたちに会いにいく途中で一本の羽根を拾った。

「羽根は好きかい？」

そう言うと、どのキツネの目も私に釘づけになった。私は普通のキツネの前で羽根を振ってみた。すると、そのキツネはいつものように囲いの奥へ逃げるのではなく、私のほうへ歩いてきて、手で羽根を軽くたたいた。友好的なキツネも同じことをした。

これだ。どのキツネも同じように興味をもつものが見つかった。私はキツネの前で羽根を振って、キツネを引き寄せる。キツネが私の前に立ったら、二つのおもちゃのうちの一つを指さす。そして、二つのおもちゃをキツネの前へ押し出し、キツネがどちらで遊ぶかを記録する。

普通のキツネはどちらかのおもちゃで遊ぶが、私が指さしたほうを選ぶわけではなく、ただランダムにおもちゃを選んでいた。一方、友好的なキツネは私が指さしたほうで遊ぶのを好んだ。私といっしょに過ごした時間はどちらのキツネも同じだが、私のジェスチャーに従ったのは友好的なキツネだけだった。

一方、ナタリーが九週間にわたってハグと訓練をしたおかげで、普通の子ギツネのグループは、ボウル状の容器の下に隠した餌を見つけられるようになった。そろそろテストしてもいい頃だ。ナタリーは二つある容器のうちの一つに餌を隠し、餌のあるほうの容器を指さした。普通のキツネの場合、チンパンジーやオオカミと同様に、結果は偶然をわずかに上回るものでしかなかった。たいていは当てずっぽうに選んでいた。

次に、ナタリーが一度も会ったことがない友好的な子ギツネをテストした。ナタリーは囲いにやって来ると、子ギツネたちを外に出し、二つの容器のうちの一つに餌を隠した。

人間が協力的コミュニケーションの能力だけにもとづいてイヌを選抜してきたのなら、この友好的なキツネは、友好性という形質だけにもとづいて選抜されてきたのだから、私のジェスチャーに従えるだけの協力的コミュニケーションの能力はもっていないだろう。しかし、彼らはこの能力をもっていた。友好的なキツネはこのテストで子イヌと同じどころか、わずかに上回る成績を上げたのだ。

リチャードは正しかった。この種のゲームを一度もやったことがなかったのに、友好的なキツネたちは私たちのジェスチャーを利用して、イヌと同じように餌を見つけることができた。一方、数カ月にわたって集中的に社会化したにもかかわらず、普通のキツネたちは私たちのジェスチャーに対し、偶然をわずかに上回る程度の結果しか残せなかった[18]。

もっと賢いキツネを求めるなら、見つけられたなかで最も友好的なキツネどうしを交配するのがよい。野生のキツネにはもともと、ほかのキツネの社会的な行動に応じる能力がある。ベリャーエフは人間に対する恐怖心を減らすことを目的に、キツネを交配した。おそらくそれによって、キツネが進化の古い時期から互いのやり取りに利用してきた社会的な能力が、人間との関係という新たな状況で花開いたのだろう。

恐怖心の影響を受けなくなったキツネは、協力的コミュニケーションなどの社会的な能力をより柔軟に利用できるようになった。以前は独りで向き合っていた問題が、社会的な問題となり、協力関係にある仲間たちと容易に解決できるようになった。協力的コミュニケーションの能力は高まったのだが、認知能力の進化に関する大半の仮説の予測とは異なり、それは偶発的なものだった。こうした社会的知性は、人間への恐怖が友好性と置き換わったことに伴う、副次的な効果にすぎない[19]。イヌで観察された協力的コミュニケーションの基礎となる能力は家畜化の産物だったことを示す有力な証拠が、キツネの実験で得られたのだ。

私たちがイヌに見いだしたこの能力は、おとなになるまでに何百時間、ひょっとしたら何千時間も人間と交流したイヌだけが生み出せる、というものでもないこともわかった。さまざまな年齢や飼育歴の子イヌをテストしたとき、非常に幼い子イヌでさえ、人間のジェスチャーをよく理解していることがわかったのだ。実際、生後六〜九週の子イヌは、基本的な指さしのジェスチャーだけでなく、一度も見たことがない新たなジェスチャーを使った実験でも満点を記録した。[20-22]生後六週の子イヌは脳が十分に発達しておらず、まだうまく歩けない状態であることを考えると、この結果には目を見張る。[23]さらに、子イヌは視覚的なジェスチャー以外に対しても能力を発揮した。人間の声による指示を利用して、餌を見つけることもできたのだ。しかも、子イヌは声による指示を利用することにかけては、おとなのイヌよりも優れていた。[24]イヌがもつ協力的コミュニケーションの能力はすべて、子イヌの段階ですでに備わっている。人間との交流によって、この能力が高められるだけなのだ。こうした柔軟な認知能力が幅広い経験なしにこれほど早く現れる動物は、きわめて珍しい。人間のジェスチャーを読み取る能力は、人間の赤ちゃんだけでなくイヌでも、成長の最も早い段階で現れる社会的能力の一つであるようだ。

　私たちの研究ではまた、イヌは人間と協力したりコミュニケーションしたりする能力を、祖先のオオカミから単純に引き継いだわけではないこともわかった。オオカミは仲間どうしの合図や獲物が出すサインを読み取る能力が優れているに違いないから、それを人間とのやり取りに容易に生かせるだろうという考えは、もっともらしく思われる。[25-27]そこで私たちはオオカミに対しても、イヌでやったように、二つのカップの一つに餌を隠し、正解のカップを指すジェスチャーをして餌の発見を助ける実験をした。しかし、人間のジェスチャーに従えるかを調べるテストで、オオカミが見せた行動はチンパンジーと同様だった。[22]同じことを数十回繰り返しても、オオカミは当てずっぽうで餌を探すだけだった。私たちの実験では、人間との接触がほとんどない子イヌのほうが、おとなのオオカミよりもジェスチャーの読み取り能力に優れていた。オオカミほど賢い動物でも、人間の協力的コミュニケーションの意図を自発的に理解することはできなかったのだ。[28]

経験と訓練もまた、オオカミとイヌの違いを生んでいる可能性はある。その仕組みを解明するために、この二つの動物を比較する研究は続いている。[29-33] しかし、実験を行なったキツネと同様、イヌがもつ独特な協力的コミュニケーションの能力は、家畜化の結果として進化した。

やって来たオオカミ

グーグルによると、「子イヌがうんちを食べるのをやめさせる方法」というのは、二〇一五年のイヌに関する検索ランキングで上位一〇位に入ったそうだ。[34] とはいうものの、うんちはイヌが人間の暮らしに入ってきた過程において中心的な役割を果たしている。[35]

投射する武器をもった人間は、五万年前までにユーラシア大陸に足を踏み入れ、狩猟採集生活を送った結果、氷河時代の捕食動物を、オオカミ以外ほぼすべて全滅に追いやった。[36]

広く受け入れられている説によると、何千年か前、農耕民がオオカミの子を何匹か捕まえて家に持ち帰り、従順な子を繁殖させて、より従順なオオカミを生み出したという。それから多くの世代を重ねた結果、人々に愛されるイヌが生まれたというのである。しかし、遺伝子の研究から、こうした現象は起こり得ないことがわかっている。オオカミの家畜化は農耕の開始よりも前、遅くとも一万年前には始まっていたからだ。最初期のイヌといっしょに暮らしていたのは、狩猟採集民だっただろう。[37]

氷河時代にオオカミを意図的に家畜化したと考えると、想定されるシナリオは非現実的だ。人間は最も友好的で、かつ最も攻撃的でないオオカミだけを何十世代にもわたって交配しなければならなかっただろう。だとすれば、狩猟採集生活を送る人々は、最長でも数百年にわたり、いきなり攻撃してくるかもしれない大きなオオカミといっしょに暮らし、手に入れにくい肉を毎日おとなのオオカミに分け与えていたことになる。それよりも、人間が手なづける前に家畜化の一段階、つまり自己家畜化の期間があったと考えるほうが、可能性が高いのではないか。[38]

人間が何かしら関与したとすれば、それは大量のごみを出したことだ。現代でも、狩猟採集民は野営地の外に残った食べ物を捨てるし、排泄もする。人間の集団が定住生活に移行するにつれ、腹をすかせたオオカミが夜な夜な食べたくなるような食物が増えていった。捨てられた骨もよかったが、人間は食材を調理するし、消化が速いため、その大便は骨と同じぐらい栄養に富んでいた。[39]人間の排泄物は、野営地に近づけるほど勇敢で落ち着いたオオカミには、たまらない食料だっただろう。そして、そうしたオオカミは繁殖するうえで優位に立ったことだろう。いっしょに食物をあさっただろうし、子づくりしやすくもなったのではないか。友好的なオオカミと人を怖がるオオカミのあいだで遺伝子がやり取りされる機会は少なくなり、人間が意図的に選ばなくても、より友好的な新しい種が進化した可能性がある。

友好的な性質が数世代にわたって選ばれただけで、この特殊なオオカミの集団では外見に違いが出始めただろう。被毛の色、耳、尾。これらすべてが、おそらく変化し始めた。人間は食べ物をあさる奇妙な見かけのオオカミをだんだん許容するようになり、この原始的なイヌに人間のジェスチャーを読み取る独特な能力があることを、まもなく発見したのではないか。

オオカミはほかのオオカミの社会的なジェスチャーを理解し、それに応答できていただろうが、人間のジェスチャーに対しては、人間から逃げることにばかり気をとられ、注意を払う余裕はなかっただろう。だが、いったん人間への恐怖心が興味に変わると、オオカミは社会的な能力を新たな形で利用して、人間とコミュニケーションをとれるようになった。人間のジェスチャーや声に反応できる動物は、狩猟の相棒や見張り役として大いに役立っただろう。そうした動物はまた、心温まる親しい仲間としても貴重な存在になり[40・41]、野営地の外から炉端へ近づくのを徐々に許されることになった。人間がイヌを家畜化したのではない。最も友好的なオオカミがみずから家畜化したのだ[2]。

こうした友好的なオオカミは、地球上で最も繁栄した種の一つとなった。その子孫は今や何千万匹にもなり、あらゆる大陸で人間とともに暮らしている。その一方で、生き残った数少ないオオカミの集団は、残念ながら常に絶滅の危機にさらされている。

人間の干渉なしに、イヌの自己家畜化が起こったのなら、ほかの動物ではどうだろうか。とりわけ、かつてのオオカミのように、現在の人間の居住地に入り込もうとしている動物でも、自己家畜化は起きるのか？

何千年も前の原始的なイヌのように、都会のコヨーテは人間のごみをあさり、食物の最大三割を人間のごみでまかなっている[42]。排水溝や柵の下、配管の中で子を育て、一日に何十万台もの車が通る幹線道路を渡り、歩行者さながらに橋をぶらぶら歩いて渡る[42]。

私は学生のジェームズ・ブルックスとともに、ノースカロライナ州の各地に仕掛けたカメラトラップ（自動撮影装置）のデータを分析した[43]。カメラに対するコヨーテの行動を分析すれば、コヨーテの気質と人口密度のあいだに何らかの関係が見られるだろうと、私たちは予測していた。当初の分析結果からは、都会のコヨーテは自然環境にすむコヨーテよりもカメラに近づきやすいことがわかった。また、コヨーテの適応性を高めるのは、気質だけではない。セルフコントロール（自制）能力について、コヨーテを含めた三六種の動物を比較したところ、コヨーテはイヌやオオカミより優れているだけでなく、分析した動物のなかで唯一、大型類人猿に匹敵するセルフコントロール能力を備えていることがわかった[44]。

イギリスのアカギツネは、都市部の個体密度が農村部の一〇倍にもなる。都会のホッキョクギツネは出産が早い傾向があり、一歳で子を産む[45]。ヨーロッパの都会にすむクロウタドリは農村部にすむ仲間よりも攻撃性が低く、単位面積当たりの巣の密度が高くて、繁殖期が長い[46]。さらに、農村部にすむ仲間より寿命が長く、ストレスホルモンであるコルチコステロンの濃度が低い[47]。

フロリダ州沖に浮かぶ島々、フロリダキーズには、キージカと呼ばれる固有のシカが生息している。都市化が進んだ地域にすむこのシカは、人間との接触がない個体よりも人を怖がらず、体が大きく、社会性が高くて、産む子の数も多い[48]。ほかの都市部では、ぶち模様やアルビノ（白化）の被毛といった、風変わりな色のオジロジカが目撃されている。ぶちやアルビノのシカには、脚が短い、下顎が短い、尾が長いといった「奇形」が見られるとの話がある。これらはどれも、家畜化症候群にかかわる変化だ[49]。

私たちがイヌの認知能力がいかに高いかを明らかにすると、家畜動物の知能に関する仮説が、ほかの研究者によって広く再検討されるようになった。その結果、知能の低下ではなく、友好的な性質によって動物が認知能力の面で有利になることを示す証拠がどんどん見つかってきた。とりわけ協力行動やコミュニケーションをとるうえで有利になっていた。

ヨージェフ・トパルは、家畜化されたイタチ属のフェレットは野生種よりも人間のジェスチャーにうまく従えることを発見した。これは特筆すべき結果である。というのも、多くのイヌの品種とは異なり、家畜化されたフェレットは伝統的な狩猟で齧歯(げっし)類を巣穴から追い出すなどの役割を果たす際に、人間と協力的コミュニケーションをとることがないからだ。人間を恐れない友好性が増すと、それに付随して人間のジェスチャーを読み取る能力も向上したことが、この研究からもうかがえる。人間はジェスチャーを読み取る能力にもとづいて、フェレットを意図的に選抜したわけではないからだ[50]。

岡ノ谷一夫は、コシジロキンパラとジュウシマツ（家畜化されたコシジロキンパラ）を比較したところ、ジュウシマツはコシジロキンパラよりも攻撃性が低いことを発見した。ジュウシマツはまた、糞に含まれるコルチコステロイドの濃度がコシジロキンパラよりも低く、ストレスを受けにくいうえ、初めて見る物体を恐れにくかった。驚くべきことに岡ノ谷は、ジュウシマツのさえずりがコシジロキンパラより複雑であることも発見した。ジュウシマツはほかの鳥から複数のさえずりを学ぶこともできるが、コシジロキンパラは単純なさえずりを父親からしか学べない。二つの鳥の親を交換して育てると、ジュウシマツはコシジロキンパラのさえずりを簡単にまねることができたが、コシジロキンパラはより複雑なジュウシマツのさえずりをまったく習得できなかった[51]。

二〇〇八年、世界の人口は一つの転換点を迎えた。都市に住む人の数が農村部の人口を上回ったのだ。人間は都会の生き物となった[52]。当時三〇億人だった都市部の人口は、二〇三〇年までに五〇億人に達するという[52]。

人間の役に立つごく少数の種だけに家畜化が起こると提唱するほかの仮説とは異なり、ベリャーエフの研究からは次のように予測される。人口密度が高まると、それが誘因となり、次の大規模な自己家畜化が自然淘汰を通じて起こるだろう。淘汰圧の強さや、当初の個体数の規模、野生種の集団と遺伝的にどれくらい隔離されるかにもよるが、自己家畜化はきわめて短期間に起こりうる。恐怖心を興味に変えて人間の居住域を利用できる生き物ならどれも、生き残るだけでなく子孫を増やしてもいくだろう。

第3章　人間のいとこ

イヌや、都会にすむほかの動物がより友好的になり、人間にとって魅力的になることでみずからを家畜化したのだとすれば、人間がまったく関与しない場合にも同じ現象が起こりうるのか、という疑問が出てくる。動物は同じ種のほかの個体と交流したときに、自然淘汰を通じて自己家畜化することがあるのだろうか?

ボノボほど友好的な動物はほとんどいないのだが、これまでずっとボノボは謎に包まれてきた。ボノボとチンパンジーはおよそ一〇〇万年前に共通の祖先から枝分かれし、遺伝子を見ると、ゴリラよりも人間と共通する割合が高い。つまり、ボノボとチンパンジーは人間と最も近縁な現生の霊長類ということになる。人間にとっては、同じぐらい近縁ないとこが二人いるようなものだ。両者は互いに似ているが、重要な点で異なっている。

ボノボとチンパンジーの相違のいくつかについては、これまでうまく説明することができなかった。だが、私たちはそうした相違点が、家畜化された動物で見られる変化に酷似していることに気づいた。ボノボの雄の脳はチンパンジーの雄よりおよそ二割も小さいほか、ボノボは雌雄ともチンパンジーより顔が小さく、歯も小さいうえに密集している。ボノボのなかには、唇が色素を失ってピンク色に見えるものもおり、臀部に生えた長く鋭い毛の房からも色素が失われている。チンパンジーは若い頃にはそのような毛があるが、成熟するとなくなってしまう。ボノボもチンパンジーも若い頃には遊びが好きだが、チンパンジーは成長すると遊びからは卒業する。それに対し、ボノボは成熟しても遊び好きの性質を失わない。成熟したボノボはまた、チンパンジーよりも性的な遊びが好きで、雌はほかの雌との絆を深めたり、雄どうしのいざこざを解決したりするためにセックスを利用する。(1)

これまでの研究では、ほかの家畜動物の場合と同様、こうした形質の機能をそれぞれ個別に説明しようとしてきた。例外はリチャード・ランガムだ。彼はイヌがどれだけ賢いかを解明するために私をシベリアに派遣したのではない。ベリャーエフのキツネが家畜化でどのように変わったかを解明するためだ。それがわかれば、ボノボに起きたことを説明できるかもしれないと考えたからである。(2)

研究者になりたての頃、私はヤーキーズ霊長類研究所でマイケル・トマセロとともにチンパンパンジーを研究していた。そこで過ごした日々のなかで、この先も決して忘れないであろう最悪な一日があった。それは日曜日で、研究所には私しかいなかった。

私はタイという名の雌のチンパンジーとジェスチャーゲームをしていた。彼女は高齢で動きがゆっくりだったが、心の広いおばあさんのように、私に付き合ってくれた。タイは私がカップの一つに餌を隠して指さすのを見届けると、まるで難しいクロスワードパズルを解いているかのように顔をしかめてから、指をさした。間違った。タイは自分のおでこを叩いた。

そのとき突然、壁を揺るがすほど大きな金切り声が聞こえた。タイと私はぎょっとして動きを止めた。私はとっさに立ち上がり、テーブルとその上に置いてあったものをひっくり返しながら、廊下を走った。

トラヴィスという雄のチンパンジーが、四頭のほかのチンパンジーに押さえつけられていた。うつ伏せの状態で一頭に両脚を、二頭に両腕を押さえられて、大の字になっている。ソニアという歯のない雌がトラヴィスの背中の上に乗って、その巨体で彼を床に押しつけている。ふだんならソニアの大きな体は笑いを誘うのだが、その日はぞっとするほど恐ろしかった。彼女の下でトラヴィスはもがいても、立ち上がることはできなかった。

「彼を放せ！」ありったけの力を込めて叫んだ私の大声も、チンパンジーたちの金切り声にかき消された。

トラヴィスの腕を押さえていた二頭が、交互に彼の頭を蹴ってコンクリートに打ちつけ、恐ろしい金切り声を上げた。この二頭はすでに、トラヴィスの指先を二カ所嚙み切っていた。彼の母親が近くで泣き叫んでいたが、私と同じようにどうすることもできないでいた。

以前にも、チンパンジーが戦っている場面や、互いを嚙んだり殴ったりしている場面を見たことはあった。あるときには、人間の女性の手の骨を平然と折った場面にも遭遇した。しかし、今回は違う。四頭はトラヴィスを殺そうとしていたのだ。

自然界では、雄はなわばりの境界を定期的にパトロールする。毎回パトロールの前には、雄たちは身を寄せ合い、互いに抱き合う。信頼のしるしに、指を仲間の口に入れ、仲間の睾丸に触れる。歩くときにはじっと黙り、縦一列になる。ときどき耳をすまし、境界付近の地面のにおいを嗅いで、敵が近くにいるかどうか、いるとしたら何頭かを調べる。[3] 自分たちの数が三対一の割合で敵の数を上回っていたら、彼らは攻撃する可能性が高い。被害者を地面に押さえつけ、その指を嚙み切るだけでなく、四肢の関節を外すことさえある。極端な事例では、頸部が引き裂かれ、睾丸が失われた死体を研究者が見つけたこともある。[4・5] チンパンジーの一つのコミュニティが隣のなわばりの雄を十分な数だけ殺すと、彼らはそのなわばりへ進出し、そこに暮らしていた雌ごと自分たちのものにする。[6] リチャードの話によると、狩猟採集民からシカゴのストリートギャングまで、人間の多くのコミュニティもなわばりの境界付近をパトロールし、似たようなやり方で襲撃するという。チンパンジーの殺害事件の発生率と、狩猟採集民の殺人事件の発生率が似ていることを、リチャードは発見した。[7]

暴力をふるうことがあるのはチンパンジーの雄だけではない。雌にもまた厳格な順位序列があり、それは果樹に座る位置に表れている。高順位の雌は日の当たる樹冠に座り、最高の実を食べる。中順位の雌は、それより低い枝で妥協しなければならない。順位が最も低い雌はグループのなわばりの外れに追いやられ、近隣の雄たちの攻撃にさらされる。雌は思春期に達すると、母親のコミュニティを離れ、ほかのコミュニティで交尾相手を見つけようとする。外から入ってくる雌はしばしば、新たなグループの雌たちにあまりにもひどく叩かれるので、大けがをしないよう、高順位の雄たちがあいだに入ってくるほどだ[8]。

私は野生のチンパンジーを見たことはなかったが、ヤーキーズの飼育場の外から立って見ているだけで、トラヴィスが深刻な事態に陥っていることがわかった。床は彼のどす黒い血に覆われていた。太腿にできた深い傷からは、血が依然として流れ続けていた。

私はホースをつかみ、蛇口を全開にしてソニアに水をかけた。彼女は怒りの金切り声を私に浴びせると、トラヴィスの体から慌てて離れた。母親といっしょに別の部屋へ逃げていくトラヴィスを、ほかのチンパンジーが追いかけた。私はホースの水をかけて彼らを撃退し、ドアに体当たりしてぴしゃりと閉めた。

トラヴィスは母親の腕の中に倒れ込んで、あえいでいた。母親は息子の傷を念入りに調べる。さいわいトラヴィスは一命をとりとめた。とはいえ、飼育場の設計があまりにもお粗末だったため、ヤーキーズの管理者はただグループを二つに分けて、これ以上の暴力沙汰を防ぐしかなかった。いったんグループを分けてしまうと、仲間や家族でさえも二度と触れ合えなくなる。

この出来事は攻撃の代償がいかに大きいかを如実に示している。重傷や死につながるだけでなく、交流できる相手の数が大きく制限されることにもなるのだ。攻撃にかかわるリスクが報われるのは、それによって子の数が増えるか、良質な子をもてる場合だけである。だが、この代償と利益の比率をほんの少し調整するだけで、攻撃よりも友好性のほうが有利になる。

サンクチュアリのボノボ

アフリカのコンゴ民主共和国の首都、キンシャサのすぐ近くに「ローラ・ヤ・ボノボ」サンクチュアリという目立たない森がある。人口一〇〇〇万人を超え、拡大を続ける都市にあって、ここは天然の隠れ家のような場所だ。いったん足を踏み入れると、コンゴ盆地の奥深くに来たような気分になる。スイレンが咲き誇る湖もあれば、鳥の形をした花を咲かせる植物もある。

森の小道を歩いていると、黒いかたまりが空から降りてきて、私の首のまわりに腕を回して抱きついた。

「やあ、マルー」。彼女は私の腰を両脚でぎゅっと抱きしめた。「ママのイヴォンヌは、きみがここにいるって知ってるの?」

マルーが笑うと、ちょうどそのとき、いらいらした声が朝の静寂を破った。

「マルー、どこにいるの？」
マルーは私の背中から跳び降りると、森の中へ消えていった。

マルーはパリの空港でロシア人カップルの手荷物の中から発見されたボノボだ。違法なペット取引の被害者である。それはクリスマスの直前のことだった。X線技師が、小さな子どもぐらいの大きさと形をした生き物をバッグの底で発見した。胎児のような体勢で、マンゴーに埋もれていた。その小さな生き物をどうすべきか、空港職員は頭を悩ませた。おなかはふくれて血だらけ。足には至るところにやけどの痕があった。体はロープできつく縛られて、鼠径部が傷ついていた。そのうえ脱水症状が激しく、ほとんど動けなかった。

ひと晩もつようには見えず、安楽死させることになるかと思われたそのとき、ローラ・ヤ・ボノボの創設者クロディーヌ・アンドレが、マルーのことを聞きつけ、救出に乗り出した。彼女が環境省とフランス大使館に連絡したところ、当時のフランス大統領ジャック・シラクに話が伝わり、マルーはコンゴへ飛行機で連れ戻されたのだった。

ローラ・ヤ・ボノボにみなしごが到着するとまず、獣医が傷を治療する。その後、育ての親となる女性に引き渡されるか、十分な年齢であれば、ほかのみなしごがいる養育施設に送られる。成長すると、日中は大きな森でほかのボノボと過ごし、夜になると建物に入って眠る。人間と同じように、ボノボも苦しみを経験するが、そこから立ち直る力もある。マルーは到着したとき、ぶるぶる震えていて、寄生虫だらけだった。体から毛がごっそり抜けた。育ての親となったイヴォンヌは、自分の子どもの世話もしながら、マルーを大事に育てた。そうしてマルーは健康を取り戻した。

ボノボとチンパンジーの違い

自然環境でも飼育下にあっても、ボノボの集団にはアルファ雄がいない。そのため、雌がグループを取り仕切っていると、多くの科学者が考えていた[9]。赤ちゃんが果たす重要な役割には、誰も思いが至らなかった。

幼いチンパンジーは、誰から食べ物をもらうときでも（相手が大柄の雄の場合は特に）慎重になる。だから、チンパンジーの集団でそれぞれのメンバーの順位を評価するとき、赤ちゃんを考慮に入れても、たいした情報は得られない。しかし、私たちがローラでボノボを観察していたとき、その自然な行動とやり取りから、チンパンジーとは違う何かが起きているのがうかがえた。驚いたことに、幼い子がそばに座っているとき、おとなの雄が食べ物からさっと離れる場面を何度も見たのだ。そこで、学生のカラ・ウォーカーといっしょに系統立ててボノボを観察することになったとき、ほかの研究とは違って、それぞれの集団内での順位を観察する対象に赤ちゃんボノボを含めることにした。観察の結果、最も順位の高い個体のうちの数頭は、グループ内に母親がいる赤ちゃんであることがわかった。ローラにいる母親に育てられた赤ちゃんは、おとなの雄の一部より順位が上だった。おとなの雄は、たとえ赤ちゃんより順位が高くても、赤ちゃんのそばでは必ずとても行儀よく振る舞う。[10] 雄が自分の足ぐらいの大きさしかない赤ちゃんから逃げる場面はこっけいだが、赤ちゃんの母親のことを踏まえてみれば、その行動にも納得がいく。

雌にとって、自分の生殖適応度に起こりうる最悪の事態の一つは、自分の赤ちゃんが誰かに殺されることだ。自分の遺伝子を次世代に引き継げないだけではない。子育ては膨大なエネルギーを消費する営みだ。妊娠して子育てするあいだ、雌の体からは大量のカロリーが赤ちゃんに使われる。けんか好きの雄の一撃で赤ちゃんが殺されれば、生殖のために費やした膨大なエネルギーを失うことになるのだ。

このリスクがなくなれば、雌にはきわめて大きな恩恵が得られるだろう。雌のチンパンジーは複数の雄と交尾することによって、子の父親が誰かをわかりにくくし、子殺しに遭うリスクを小さくしている。しかし、そんな雌も自分の体に裏切られる。雌は排卵期に臀部のピンク色の部分がふくれ上がり、最も妊娠しやすい時期であるのを正確に示すので、排卵していることが雄にわかるのだ。高い順位の雄たちはみな排卵している雌を襲い、叩いて従わせようとする。雌はそうした雄たちと交尾することになり、ほかの雄とは交尾できない。身を守る唯一の手段はアルファ雄のそばにいることだ。これでアルファ雄は最も多くの子を残すことになる。これはつまり、雌の子がまだ幼いときにアルファ雄がその地位を失ったら、新しいアルファ雄に子が襲われるおそれがあることも意味する。こうして攻撃的な雄が優位に立ち、子殺しをして、子育て中の母親をすぐに生殖可能な状態に戻すことでみずから適応度を上げるという、暴力の連鎖が永続する。(3・11)

一方、ボノボの雌は排卵していることをわかりにくくすることによって、暴力の連鎖を断ち切った。排卵周期のあいだずっと雌の臀部にはふくらみがあるので、雄は妊娠可能な時期を正確に知ることが難しい。雌はまた、雄がチンパンジーのように振る舞おうものなら攻撃的になる。無理やり交尾しようとしてきた雄は激しい抵抗に遭い、時には怒った雌たちが結束して反撃してくる。さらに、赤ちゃんを変な目で見ただけでも、雄はすぐに雌の強烈な怒りを買うことになる。雌たちは結束して行動する。だから、たとえ雄が体の大きさで上回っているとしても、雌は常に数で上回っている。(11-13)

また、チンパンジーの雌が血縁関係のある者だけを手助けするのに対し、ボノボの雌はすべての雌を助ける。新しくやって来た雌は、親切かつ熱烈に歓迎される。ほかの雌はすぐさま新しい雌に近寄って迎え入れ、こぞってグルーミングをしたり性器をこすりつけたりする。雌たちは長年よく知っている雄から新しい雌を守る。それだけでなく、自分たちの息子からも守る。(14・15)

リチャードの考えでは、ボノボの社会が友好的な方向に進化したのは、その生息地であるコンゴ川南岸では、食料資源の入手に関して予測がつきやすいからだという。生態学的な研究では、ボノボのすむ森では果実と草本がより豊富であることが示唆されている。ボノボはまた、食料資源をめぐってゴリラと争う必要もない。ゴリラはチンパンジーのすむ森によく暮らしているが、ボノボの生息域に近いコンゴ川南岸にはすんでいない[3・16]。

ボノボの雌は序列の順位に関係なく、一日に必要なエネルギーを摂取することができる。一方、チンパンジーの場合、毎日十分な食料を得られるのは、高順位のメンバーだけだ。ボノボの雌には雌の仲間と分け合う余裕があるが、チンパンジーの雌たちは互いに競争しなければならない。友好的なボノボの雌は互いに支え合い、雄の攻撃を耐え忍ぶ必要はない。ボノボの雌はまた、攻撃性が最も低い雄と交尾するのを好む。ボノボの雄にとって、友好的な性質をもつことは勝つための戦略となったのだ[1・16]。

ボノボの雄が赤ちゃんを殺している場面はこれまで目撃されたことがない。ボノボの雄は集団でなわばりの境界をパトロールすることも、隣の集団のメンバーを殺そうとすることもない。自然環境でも飼育下においても、ボノボがほかのボノボを殺した場面はこれまで観察されていない[17]。実際、隣どうしの集団は敵意を示すこともあるが、いっしょにどこかへ出かけたり、食べ物を分け合ったり、友好的に交流したりすることも同じぐらい多いようだ[11・18]。

雌の支配があまりにも完璧なので、雄が雌に近づきたいときには自分の母親に頼むのが最善の方法となる。チンパンジーの雄のように仲間と徒党を組んで雌を力ずくで従わせるのではなく、ボノボの雄は自分の母親に頼んで雌の仲間に紹介してもらう[19]。チンパンジーの雄は自分の母親を

ボノボの雄

チンパンジーの雄

威圧するが、ボノボの雄は究極の「お母さんっ子」だ[20]。雌に対するこうした友好的な行動は、繁殖を有利に進める効果がとても大きく、繁殖に最も成功したボノボの雄のほうが、繁殖に最も成功したチンパンジーのアルファ雄よりもはるかに多くの子をもうけるほどだ[21・22]。この調査結果は、雌が友好的な雄を好むことが淘汰圧になり、より友好的な社会が発達するという仮説を支持するものだ[11]。

人間に興味をもったオオカミが非常に有利な立場に立ったので、友好性が強力な淘汰圧となった、ということを思い出してほしい。この淘汰圧が行動や形態、さらには認知能力の進化をも引き起こした。ボノボには、ヒトではなく同じボノボの仲間に対して寛容で友好的になる自然淘汰が働いた。一つの種に対してこうした自然淘汰が働くのならば、それによって自己家畜化も生じうるのではないか？

マルーは権威を恐れない。母親がいなくても、赤ちゃんボノボとして自分のやりたいことはほとんど何でもできることがわかっているようだ。養育施設にいるすべての赤ちゃんが同じだった。私たちがランチを食べているとき、木の中からサラサラという音が聞こえたかと思ったら、黒いかたまりが食卓に落ちてきて、皿を蹴散らかし、食べ物をつかんで逃げてゆく。紅茶を淹れようと思ってキッチンに入ると、赤ちゃんボノボが引き出しの中身をひっくり返している。なかには、粉ミルクの缶の中に頭を突っ込み、不格好なミニチュアの雪だるまみたいになった赤ちゃんもいるし、食器用洗剤を一本飲み干して、午後じゅう口からしゃぼん玉のげっぷを出していた赤ちゃんまでいた。赤ちゃんボノボは自由奔放そのもので、怖いもの知らずの愉快な存在だ。

ボノボが自己家畜化したとすれば、家畜化されたほかの動物に見られる自己家畜化症候群の特徴が、ボノボにも見られるはずだ。自己家畜化仮説にもとづけば、ボノボとチンパンジーを比較することによって検証できる予測がいくつかある。ボノボには自己家畜化症候群の身体的な特徴がいくつか見られるが、ボノボが本当に自己家畜化したとすれば、次のような予測を実験で検証できるはずだ。

1　ストレスの高い状況にあっても、ボノボはチンパンジーより互いに対して寛容であるはずだ。

2　ボノボには攻撃性を抑えるための生理的な機構があるはずだ。

3　寛容性と友好性を高める生理機能を得た副産物として、ボノボはチンパンジーよりも柔軟な協力的コミュニケーションの能力をもっているはずだ。

この予測は私たちがイヌとキツネで検証した予測そのものだ。問題は、それ以前にチンパンジーとボノボを実験的に比較した研究者が誰もおらず、何のテストも行なわれていないことだった。ボノボとチンパンジーが異なるという考えに懐疑的な研究者もいる。[23]ボノボの大きな個体群が存在するローラ・ヤ・ボノボは、私たちの予測を検証する絶好の機会を提供してくれた。

まず、ボノボがチンパンジーよりも互いに対して寛容であるかどうかを調べた。寛容さのテストには簡単な方法がある。どこかに座らせて、ほかのメンバーに食べ物を分け与えるかどうかを調べるのだ。そこで私たちは、ボノボたちが朝食を食べる前に、一つの部屋に山盛りのフルーツを置き、そこに一頭のボノボを放った。おなかをすかせたボノボは、フルーツを独りで平らげることもできるが、一方通行のドアを開ければ、別の部屋にいるボノボにフルーツを分け与えることもできる。チンパンジーならば、ドアを開けることなくフルーツを食べるだけだろう。ボノボのほうは驚いたことに、ドアを開けてフルーツを仲間に分け与えた。ボノボは自分の分が減ったとしても、仲間といっしょに食べるのを好むのだ。[24]

次に、さらに複雑な状況をつくった。山盛りのフルーツを置いた部屋に、空腹のボノボを再び放つのは同じだが、今回は食べ物を分け与える相手を選択できるようにした。その相手には、同じグループの仲間もいれば、違うグループの会ったことのないボノボもいた。実験の結果には圧倒された。ボノボは仲間へのドアも、見知らぬボノボへのドアも開けたのだ。しかも、よく知っている仲間より、見知らぬボノボと食べ物を共有して交流するほうを好んだ[25]。追加のテストでは、見知らぬボノボを助けても何も見返りがないにもかかわらず、快く手助けした[26]。見知らぬ者を恐れる理由がほとんどないボノボは、新たな交友関係を築きたがっているように見える。善きサマリア人でさえも、困っている見知らぬ者を積極的に助けるボノボの姿勢に感銘を受けそうだ。

見知らぬ者どうしのこの種の友好的な交流は、チンパンジーでは知られていない。チンパンジーのおとなの雄は、見知らぬ雄に殺されることが何よりも多いようだ[5]。しかし、私たちの調査では、ボノボは見知らぬ者に対して攻撃的な態度をとらないだけでなく、興味をもっていることがわかった。ボノボはチンパンジーよりはるかに寛容だ[11]。

私たちはまた、食べ物を分け合うときのストレスに対する生理的な反応にも、この違いの証拠を見いだした。ボノボの雄では、食べ物を分け合うテストを実施する前、ストレスに関連するホルモンであるコルチゾールの値が上昇した。これはおそらく、食べ物をめぐって争いが起きるかもしれないと予想しているのだろう。一方、食べ物を分け合う際にチンパンジーの雄のホルモンがどう反応するかを調べると、ボノボとは異なる反応をしていた。食べ物をめぐる争いの可能性を予想して、コルチゾールではなく、テストステロンの値が上昇したのだ。ホルモンは争いに備えた状態になっていた[27]。

チンパンジーのテストステロン濃度はおそらく、母親の胎内にいるときにも高いだろう。哺乳類では、母親が妊娠中に高濃度のアンドロゲン（テストステロンも含まれる）を分泌すると、その赤ちゃんの第二指（人さし指、2D）はおそらく第四指（薬指、4D）よりも短くなる。この比率は2D：4Dと呼ばれている。チンパンジーとボノボの2D：4D比を測定したところ、確かにチンパンジーの人さし指は薬指より短いことがわかった。ボノボの指にはそのような影響は見られなかった。この調査結果から、ボノボは生まれる前からすでに、チンパンジーを雄性化するホルモンにあまりさらされていないことが示唆される[28]。

神経科学者のチェット・シャーウッドがボノボの扁桃体（脳内で脅威に反応する部分）を調べたところ、ボノボは扁桃体の基底核と中心核におけるセロトニン神経の軸索密度がチンパンジーの二倍であることがわかった[29,30]。つまり、ボノボではセロトニンに変化が生じたということだ。セロトニンは、キツネやほかの動物が友好的になる淘汰を受けたときにも変化した。実験で家畜化された動物では、友好性の高まりに伴って起こる最初の変化の一つが、セロトニンの変化だ[31,32]。これはつまり、ボノボは家畜化された動物と同じように、攻撃性を抑え、友好性を高める生理的な機構を備えているということだ。

家畜化はコミュニケーション能力にも影響を及ぼすことがある。ボノボの協力的コミュニケーションの能力がチンパンジーよりも柔軟であるかどうかを調べるために、私たちは二五のゲームからなる認知能力のテストを開発し、チンパンジーとボノボ、オランウータン、人間の子どもを含めた合計三〇〇以上の被験者に対してテストを実施した。その結果、チンパンジーとボノボはほぼすべての認知能力テストで似たような成績を残したが、「心の理論」に関連する能力を評価するゲームは例外で、そうしたゲームではボノボのほうがチンパンジーよりもよい成績を上げた。ボノボはとりわけ人間が見つめる方向を敏感にとらえた[33・34]。

家畜化されたジュウシマツのさえずりがコシジロキンパラより複雑であるのと同様に、ボノボはチンパンジーよりも声を柔軟に扱っていた。ボノボは「ピーピー」という声を頻繁に出すが、この声はさまざまな意味をもちうる。ほかのボノボは前後の状況を考慮に入れて、この声の意味を推定しなければならない。これは人間が言語を習得するときのやり方に似ている。こうしたことはチンパンジーでは観察されない[11・35]。

ボノボとチンパンジーの協力行動全般を調べるために、私たちは別のテストを実施した。一枚の板の両端に環状の留め金を取り付け、そこに一本のロープを通した。そして、板の上に食べ物を載せ、板を手の届かない位置に置いた。板を自分のほうへ引き寄せるには、もう一頭といっしょにロープを引っ張らなければならない（実験に参加する二頭はそれぞれ、ロープの一方の端には手が届くが、もう一方の端には届かない）。どちらかがロープを強く引っ張りすぎたり、協力

せずに自分だけ引っ張ったりすると、ロープが板から抜けてしまい、二頭とも食べ物を得られない。首尾よく食べ物を獲得するには、協力し合わなければならない。

チンパンジーに対してこのテストを実施したところ、数組が見事な結果を残し、一回目であっさり問題を解決した。彼らは誰かの助けが必要なのはいつなのか、協力相手としてふさわしいのは誰なのかを心得ていたし、規範や言語がなくとも、協力してテストをうまくやり遂げることができた[36,37]。しかし、テストで好成績を上げたペアの一頭を、ほかの相手と組ませることはできなかった。新しい相手に対して、お互いにあまりにも不寛容だったからだ[38]。

チンパンジーはまた、食べ物を事前に二つに分けて載せておかない限り、相手と分け合おうとしない。板の中央に食べ物を一つにまとめて置いただけで、チンパンジーの協力関係は崩れてしまった。一頭が食べ物を全部食べてしまい、もう一頭がロープを板から引き抜いてゲームをやめるか妨害するという結果になってしまうのだ。うまく協力し合ったことがある二頭であっても、ひと山の食べ物をうまく分け合うことはできなかった。

このテストのために何カ月も練習して準備してきたチンパンジーとは対照的に、ボノボはすぐに協力し合うことができた。二つに分けていた食べ物を一つにまとめても、ペアの相手を入れ替えても、ボノボたちは協力し合った。あらゆる状況で、ボノボたちはいっしょに仲良く食事を楽しんでいた。[39] 食べ物を分け合っただけではない。先に食べ物を手に入れたボノボは、相手のために食べ物を残しておき、最終的な分け前を半分ずつにしたのだ。

ボノボは協力行動を調べるこのテストで、練習を積んだチンパンジーとは違って初体験だったにもかかわらず、チンパンジーを上回る成績を上げた。協力が必要な場面では、寛容な性質が知識に勝つということだ。[40]

争いのない暮らし

自己家畜化はじつにさまざまな変化をもたらす。愛くるしい変化、目を見張る変化、そして何とも風変わりな変化。しかし、ある一つの変化が、こうしたすべての変化につながっている。その変化は最初に起こり、家畜化されたすべての動物に生じ、そして最も重要なものだ。それは「友好性が高まる」という変化である。

ボノボは「殺し合わずに愛し合おう」というヒッピーのスローガンを体現した類人猿としてもてはやされ、そして嘲笑されてきた。なじみ深いチンパンジーのほうが人間を写す鏡としてより適切であるとの見方が多かったことから、これまでボノボには目が向けられてこなかった。結局のところ、チンパンジーには人間の特徴のほとんどすべてがある。良い面も悪い面も。聡明な知能も、極悪非道な行為も。やさしさを見せたかと思ったら、すぐに殺人鬼に変わる。

しかし、私たちはボノボという手本を無視すべきではない。人間に近縁な大型類人猿のなかで、ボノボだけが他者をあやめる暴力を避けてきた。ボノボは殺し合ったりしない。それは、知能を備えた人間でさえもまだ成し遂げていない偉業だ(11)。

第4章　家畜化された心

人間が自己家畜化した可能性はあるだろうか？　家畜化することによって、人間独特の認知能力は生まれたのだろうか？　一見、こうした考えはあり得ないように思える。ここまで見てきたように、イヌとボノボはそれぞれ、オオカミとの共通祖先やチンパンジーとの共通祖先から進化するなかで変化してきた。その変化は驚くべきものだが、私たちホモ・サピエンスの進化のなかで起こったに違いない変化はそれよりも大きいと思われる。

しかし、自己家畜化が動物の認知能力にどのような影響を及ぼすかを詳しく知れば知るほど、冒頭の考えが妥当であるように思えてくる。つまるところ、私たちがイヌとボノボの両方で観察した協力的コミュニケーションの能力の進化は、人間における認知能力の進化のなかでも、私たちが解明しなければならないものだ。さいわい人間の発達と神経科学に関する知識はずいぶん向上したので、こうした考えを検証することができる。

ベリャーエフのキツネでは、人間に対する情動反応（人なつこく友好的か、人を怖がるか）にもとづいて選抜した結果、コミュニケーション能力が生み出された。人間でもこの関係は成り立つのだろうか。人間の情動反応研究の先駆者の一人である心理学者のジェローム・ケーガンは、数百人の人間を対象として、彼らが乳児の頃から大学に入った後まで、新しい状況や物体、人に対してどのように反応するかを系統立てて測定した。最初に生後四カ月の乳児の情動反応をテストしたとき、ケーガンはその反応が驚くほど多様であることを発見した。何か新しいものを提示したとき、背中を弓なりに反らせて泣くなど、激しい反応を示す乳児もいたが、落ち着いて何やらしゃべりながら初めて見るものに手を伸ばして触ろうとするなど、穏やかな反応を示す乳児もいた。ケーガンは数十年にわたって彼らを追跡調査し、数年ごとにテストを実施した。その結果、生後四カ月のときの情動反応の質や強さから、成人になってからの反応をたいてい予測できることがわかった。[1]

ヒトの脳に二つある半球の奥深くには、それぞれ扁桃体がある。この脳の部位は、脅威に直面すると活性化する。ケーガンは、ヒトの情動反応も動物と同じように、扁桃体の影響を受けていると予測した。そして、その予測が正しいことだけでなく、ヒトの情動反応が乳児の頃の反応の強弱に対応していることを発見した。[2]

心理学者のヘンリー・ウェルマンは、家畜化に関する私たちの論文を読んで興味を抱き、ケーガンの研究結果と同様に、情動反応の違いが子どもの「心の理論」の発達に関係するのかどうかを調べてみた。私たちと同じようにウェルマンも、イヌやキツネで情動反応の変化が他者のコミュニケーションの意図を読み取る能力に変化を及ぼしたのならば、同じことが人間の子どもにも起きているかもしれないと推測した。

「心の理論」から生まれるきわめて高度な能力に、「誤信念」を理解する能力がある。これは、他者の考えていることが間違っているのを理解する能力だ。この能力が完全に発揮されるようになるのは通常、子どもが四歳になってからである。ウェルマンの研究で、情動反応が小さい内気な子どもは、情動反応が大きい子どもに比べて、誤信念を理解する能力が早く発達することがわかった。[3] 誤信念を早期に理解することは、言語能力の早期発達にもつながる。このため、情動反応が小さい子どもは協力とコミュニケーションの両方が優れていた。さらに、情動反応の小ささは、協力とコミュニケーションの能力が発達する早さにも影響しているようだ。[4-8]

この関係をさらに裏づけるのが、人間が「心の理論」を使う際に活性化すると仮定されている脳の領域だ。具体的には、内側前頭前野（ｍＰＦＣ）、側頭頭頂接合部（ＴＰＪ）、上側頭溝（ＳＴＳ）、楔前部（ＰＣ）である。[9-12] これらの領域における活動の強弱が情動反応によって変わるという証拠がある。扁桃体もまた、脳にある「心の理論」のネットワークにつながり、他者に対する反応を調整する役割を果たしている。[13]

あるテストでは、女性のグループに心を乱す写真を見せ、その最中にいきなり大きなホワイト

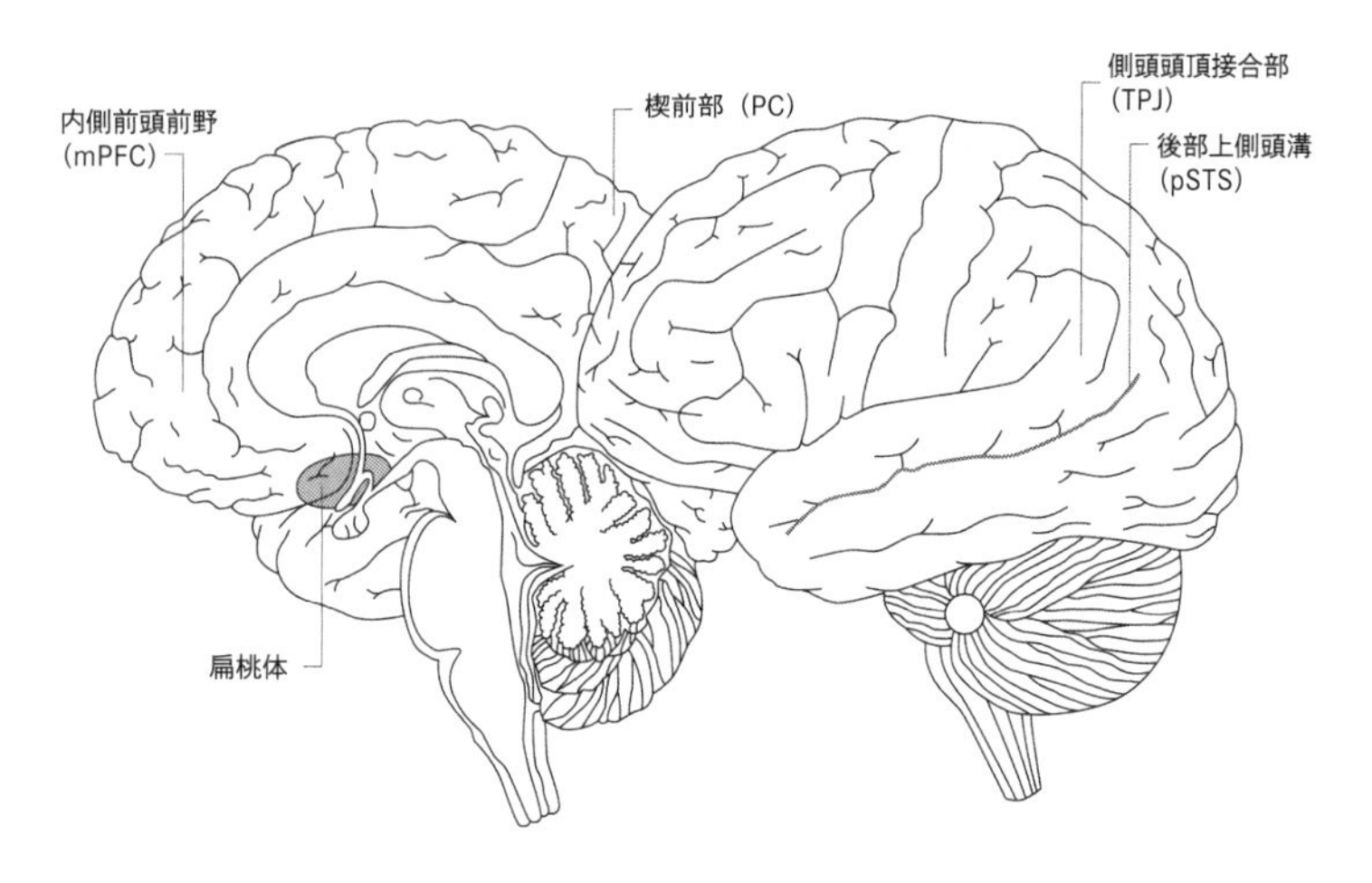

ノイズを鳴り響かせたり、顔に空気を吹きつけたりしてびっくりさせた。その後、このグループをｆＭＲＩ（機能的磁気共鳴画像）装置の中に入れ、競争するゲームをさせた。その勝者は、敗者に空気を突然吹きつける罰を与えることができる。すると、最初の驚かせるテストで反応が大きかった女性は、競争ゲームでほかの女性を罰するかどうかを決めているときに、側頭頭頂接合部と内側前頭前野、楔前部の活動が最も小さかった。言い換えると、情動反応の大きな女性のほとんどは、脅威に直面したときに共感をつかさどる脳の領域の活動が弱まったのだ。対照的に、情動反応の小さい女性は挑発された後でも、「心の理論」がより豊かで、挑発されたことに対する寛容性が高かった[14]。

　こうしたヒトの気質と「心の理論」の関係が示唆しているのは、ヒトが進化する中で情動反応に淘汰が働き、それによって寛容性や協力的コミュニケーション能力が向上した可能性があるということだ。他者に対する反応は人によって異なるが、そうした多様な反応に対して自然淘汰が働き、文化的な認知能力を形成するうえで重要な役割を果たしたのかもしれない。これは人間が自己家畜化した可能性があることを示している。[15-17]

自分をコントロールする

リチャードが「ヒトの自己家畜化仮説」と呼び始めた私たちの仮説には、一つ問題があった。[17]私たちは、家畜化されたほかの動物の場合と同様、情動反応と「心の理論」の関係を用いて、人間の認知能力の進化を説明できるかもしれないと考えていた。ここで問題になるのは、人間の認知能力、とりわけ「心の理論」の能力が、ほかの動物の能力を圧倒的に上回っていることだった。自己家畜化がヒトの繁栄の決め手となったのなら、なぜほかの自己家畜化した動物には、同じように高度な認知能力が発達しなかったのか？　特に、人間に遺伝的にきわめて近いボノボには、なぜ同じような認知能力が発達していないのか？　マイクの言葉を借りるなら、「なぜボノボは車を運転していない」のだろうか？

その答えとめぐり合うのに、ほぼ一〇年の歳月を要した。

セルフコントロール（自制）は失って初めて感謝する認知能力の一つで、それをつかさどっているのは前頭前野だ[18]。脳の司令塔とも呼ばれる部位であり、まるで有能な経営者のように、非生産的な誤りや危険な間違いを犯さないように止めてくれる。

セルフコントロールは人間をギャンブルに誘う側坐核や、砂漠で蜃気楼を見る視覚野、暗闇で物音を聞いたときにギョッとさせる扁桃体の働きを抑制する。それは思考と行動のあいだにある領域であり、転ばぬ先の杖だ。セルフコントロール能力がなければ、誰もが離婚するか、刑務所に入るか、命を落としてしまうだろう。

セルフコントロールの度合いは人によって異なる。研究者はその違いを調べることによって、この形質が人間の生涯でいかに中心的な役割を果たしているかを実証してきた。セルフコントロールを調べるテストの一つに、有名なマシュマロテストがある。研究者が四歳から六歳の子どもにマシュマロを与える。子どもはそれをすぐに食べてもいいが、研究者が戻ってくるまで待っていれば、マシュマロをもっともらえる。テストの結果、マシュマロをすぐに食べてしまう子どももいたが、一〇分あるいは一五分たっても誘惑に負けず、待っていた子どももいた[19]。

マシュマロをすぐに食べてしまった子どもは、注意力を保ちにくく、友好関係を維持するのが難しくて、学校で苦労することが多かった。さまざまな研究で、そうした子どもが成長すると太りすぎになり、収入が少なく、犯罪を犯す可能性が高くなることがわかった[20-22]。

セルフコントロールは人間以外の動物にとっても、判断を下すときに重要だ。動物のセルフコントロールの強さは種によって異なる。生物学者のエヴァン・マクリーンと私は、遠い類縁関係にある動物のセルフコントロール能力について、それぞれのレベルを比較する簡単な方法を考え出した。動物向けのマシュマロテストのようなものだ[23]。

テストでは、プラスチックの透明な筒の中に餌を入れる。その筒は両端が開いており、布がかけてあるので中は見えない。動物は私たちが餌を中に入れる様子を見て、覚えておくことができる。餌を隠すこの単純なゲームの後に行なうのが、私たちの考えたセルフコントロールテストだ。ここで、筒を覆っていた布を取り去って、筒の中が見えるようにする。このように筒の状態を変えれば、問題は簡単になるように当初は思えた。動物には餌が見えるのだから、それをめざして取りにいけばいいからだ。

私たちは世界中の五〇人以上の研究者を募り、鳥、類人猿、サル、イヌ、キツネザル、ゾウなど、三六種の計五五〇匹を超える動物に筒を使ったテストを実施してもらった。

どの種も、餌が筒の中に隠されるのを目撃した直後に、餌を簡単に手に入れた。しかし、筒の中身が見えるようにして、与える情報を増やすと、問題を解決するのが難しくなってしまった。餌を手に入れるためには、透明な筒から見える餌をすぐつかみたいという誘惑に打ち勝たなければならないからだ。

難なくできるように思われるし、実際、一回目であっさりと餌を手に入れた種もいた。しかし、ほとんどの種は餌をすぐに手に入れたいという誘惑を制御できなかった。筒の開いた両端からしか餌を手に入れられないことが事前にわかっていたにもかかわらず、見えている餌に直行して、透明な筒の壁にぶち当たってしまうのだ。大型類人猿など、一部の種は一回か二回失敗しただけで、餌に直行したいという反応を抑えることを学習したが、リスザルなどのほかの種は一〇回やっても学習しなかった。私たちはこの結果を利用して、「一部の種の認知能力は、なぜほかの種よりも高いのか」という問題に関する大胆な仮説を検証した。

私はこれまで言われてきたように、より大きな集団で複雑な社会的関係を築く動物のほうが、うまく生きていくためにより多く自制しなければならないだろうと考えていた。しかし、私たちの研究で、動物版マシュマロテストに合格したのは、もともと計算能力の高い脳をもっている動物だったことがわかった。私たちがテストしたなかでは、脳が小さな動物はセルフコントロールが難しく、脳が大きな動物はほとんどすぐにテストをクリアした。[23]

神経科学者のスザーナ・エルクラーノ＝アウゼルが唱える仮説から、こうした結果になった理由がうかがえる。エルクラーノ＝アウゼルは、動物の脳に含まれるニューロン（神経細胞）の数を正確に数えた初めての人物だ。脳を溶かしてどろりとした一様な液状にし、一定の体積のサンプルに含まれているニューロンの数を数えた。その結果、哺乳類の脳は大きいほど大脳皮質のニューロンの数が多いことがわかった。ニューロンの数が増えたおかげでセルフコントロール能力が高まったという説明も成り立つかもしれないが、ほとんどの哺乳類はその代償に対処しなければならない。それは、哺乳類の脳は大きくなればなるほど、ニューロンが拡大し、その密度が低くなるということだ。スープが水で薄まるのと同じようなものである。ほとんどの哺乳類では、脳が大きくなるにつれて計算能力が高まるとはいえ、それには限度がある。

しかし、この傾向は霊長類には当てはまらない。霊長類の脳は大きくなるにつれてニューロンの数は増えるが、ニューロンの大きさは変わらない。そのため、霊長類では脳が大きくなると、ニューロンどうしの接続を維持するために、ニューロンを増やさなければならないのだ。たとえば、ネコぐらいの大きさしかないアカゲザルは、ブタぐらい体が大きい齧歯類のカピバラと脳の大きさがだいたい同じだが、大脳皮質に含まれるニューロンの数はカピバラより六倍近くも多い。同じ大きさの脳と比べると、おそらく計算能力とセルフコントロール能力も高いだろう。[24] 脳の大きさ、ニューロンの密度、セルフコントロール能力のあいだにあるこの関係を知ると、知能はじつに意外な、それでいてわかりやすい方法で向上できることに気づく。つまり、知能もまた副産物として向上することができるのだ。[24・25]

ヒトはこうした霊長類の傾向を極限まで高めた。[26] 人類の脳は過去二〇〇万年余りで実質的に二倍の大きさになり、チンパンジーやボノボの脳より三倍近くも大きくなった。それにより、ヒトの脳では皮質のニューロンの密度がほかのどの動物よりも高くなった。これはまた、ヒトが無類のセルフコントロール能力を備えている理由でもある。ヒトのセルフコントロール能力が高まるにつれて、「心の理論」や計画立案、推論、言語といった、ほかの並外れた認知能力も出現し、ヒト独自の行動や複雑な文化的伝統も続いて現れた。

このシナリオで最初に問題となったのは、ヒトの脳は遅くとも二〇万年前には現代人の脳に匹敵する大きさであったにもかかわらず、現代人に特有の行動の証拠が化石記録に広く出現し始めたのがおよそ五万年前であることだ[15]。二つ目の問題は、大きな脳をもっている人類がホモ・サピエンスだけではないことである。「はじめに」で述べたように、当時ほかの人類が少なくとも四種存在し、一部の種は現代人に匹敵する大きさの脳をもっていた[27]。こうした大きな脳をもつ人類は五〇万年以上前にはすでに進化していたから、どの種もホモ・サピエンスと同じか、それを上回るセルフコントロール能力を備えていただろう。だが、そうした人類はすべて絶滅してしまった。全盛期でも人口はまばらで、道具などの技術は目を見張るものの、一定の域を出なかったのだ。一方、ホモ・サピエンスは脳が現在の大きさになり、セルフコントロール能力をもつようになってから一〇万年以上たってようやく、複雑な文化を一気に発達させた。

脳の大きさ、ニューロンの密度、セルフコントロール能力に見られるこの関係から、私は絶滅した人類についての考え方を新たにした。ヒトとほかの人類で食生活は変わらなかった。過去五〇万年間、おそらくどの人類も火を扱い、調理し、長距離を走り、道具を用いて動物を仕留め、解体していた。脳の大きさやニューロンの密度で際立っているわけでもなかった。ネアンデルタール人などのほかの人類は、ヒトと肩を並べる文化をもち、ひょっとしたらヒトに匹敵する言語能力も備えていたかもしれない。また、長いあいだ、ヒトの技術はほかの人類より優れていたわけでもなかった。となると、ヒトとほかのすべての人類を分ける重要な違いは一つしか残らない。ほんの五万年余り前にヒトが経験した、社会的ネットワークの急速な拡大である。

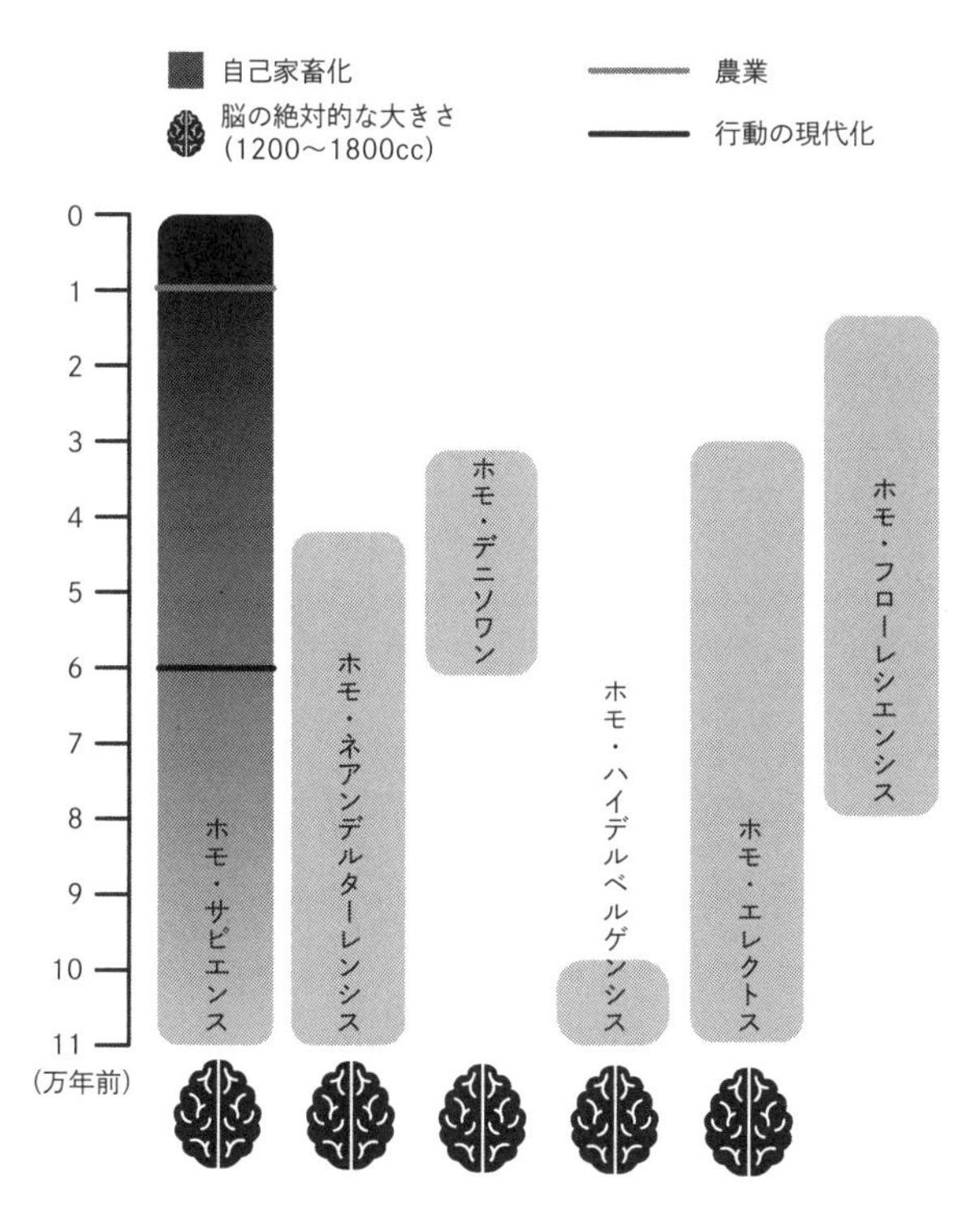

自己家畜化は遅くとも８万年前までに起き、その後、行動が現代化した。

社会的ネットワークはさまざまな面で重要だが、なかでも技術の発達には欠かせない。集団がそれより大きな社会的ネットワークとのつながりを失うと、技術は進歩を止めてしまうだけでなく、消滅してしまう可能性すらある。マイケル・トマセロは、子どもが一人で無人島にいると、その文化はチンパンジーときわめて似通ったものになると述べていた。[28] タスマニアのアボリジニは一万二〇〇〇年前にオーストラリア本土から隔絶されて孤立した。それ以前、彼らの道具の性質や数は、はるかに大きな集団を形成していたオーストラリアのアボリジニとだいたい同じだったことが考古学的な証拠からわかっている。しかし、それから一万年がたつと、本土のアボリジニの数々の道具がめざましい進歩を遂げる一方で、タスマニアのアボリジニの道具群は数十種類に減ってしまった。[29]

同じような出来事が、数百年前にイヌイットの一集団が北極圏に定住したときにも起きた。感染症の流行で集団の人口が数百人まで減ってしまうと、その共同体はカヤックや弓、銛を作る技能を失ってしまった。彼らは途方に暮れ、実質的にカリブーを狩ることも、魚を捕まえることもできなくなった。その後、イヌイットの別の部族と遭遇すると、まもなく彼らは失った技術を取り戻したのだった。[29]

人間の社会的ネットワークが拡大すると、強力なフィードバックループが生まれた。[30] 社会的な結びつきの拡大に伴って、よりよい技術を開発できるようになった。その技術によって少ない労力で多くの獲物が得られ、より多くの人に食料が行き渡り、より人口密度の高い集団で暮らせるようになった。人口密度が高くなると、さらによい技術が生まれる、という現象が繰り返される。[31-33] しかし、何がこのフィードバックループを引き起こしたのだろう？　人口密度の高い集団は革新的な技術を生み出せる一方で、人々は乏しい資源をめぐって争い、それが簡単に暴力につながってしまうおそれもある。技術の発達した二一世紀にあっても、急速な人口増加によって環境が破壊され、公衆衛生の質が低下し、暴力行為が増えることがある。技術が私たちのニーズを満たす一方で、何が争いを抑えてきたのか？　そしてなぜ、大きな脳と文化をもったほかの人類では、この現象が起きなかったのか？　この問題について、ヒトの自己家畜化仮説では次のように考える。更新世における友好性の発達が、ホモ・サピエンスの技術革命に火をつけたのだ、と。[34]

ヒトの自己家畜化仮説では次のように仮定している。ヒトでは友好的な行動が有利になるような自然淘汰が働き、それによって協力行動とコミュニケーションを柔軟にこなす能力が高まった。世代を重ねるにつれて、友好性を生むのに有利なホルモンや発達特性をもつ人物、つまり、協力的コミュニケーション能力を備えた人物が進化の上で成功しやすくなった。

この仮説から、次の二つに関する証拠を見つけられると予測することができる。まず、情動反応を小さくして寛容性を高める淘汰が、ヒトの新たな協力的コミュニケーション能力に関連していること。そして、ヒトの形態や生理機能、認知能力の変化が、ほかの動物に見られる家畜化症候群に似ていることだ。

ヒトの場合、すでに大きな脳と文化をもっていたヒトの祖先に対して、この淘汰が働いた。ほかの動物も自己家畜化したかもしれない。だが、ヒトだけはそのプロセスが始まった時点ですでに抜群のセルフコントロール能力を備えていたのだ。よく考えてから行動するというヒトの能力は、自己家畜化を通じて情動反応が低下したことにより、さらに高まった。

ヒトの自己家畜化仮説の予測によれば、ボノボやイヌと同様に、寛容性が高まることで、社会交流での報酬が増えるだろう。その一方で、この仮説によれば、ヒトは独特な存在でもある。情動反応を確実に抑制でき、寛容に振る舞うことの利点を意図的に判断できるからだ。情動反応の低下とセルフコントロールが組み合わさった結果、ヒト特有の適応によって、独特の社会的認知能力が生まれたのである。

オオカミや類人猿が家畜化されると、脳にめざましい変化が起こるのは確かだが、本当の魔法が始まるのは、ヒトが家畜化され、その脳に変化が起きるときだ。そのとき、超文化的な種が生まれる。独特な友好性が進化した結果、ヒトの集団は大きくなり、人口密度が高くなったのに加え、近隣の集団と友好的な関係を築けるようになって、社会的ネットワークの規模も大きくなったに違いない。これで、新たな技術を考案したイノベーターどうしが、自分の技術を多く伝えられるようになった。それまでゆっくりと散発的にしか進まなかった文化の進歩が、すさまじい勢いで進むようになった。その結果、技術が一気に進歩し、現代人に特有の行動が現れたのだ。

自己家畜化仮説が正しいとすれば、ヒトは賢くなったから繁栄したのではなく、友好的になったから繁栄したということになる。ベリャーエフがキツネで行なったような実験はヒトでは行なわれていないが、さいわいヒトには、家畜化の証拠が化石として残っている。私たちが述べたように、自己家畜化が五万年ほど前の文化革命を牽引する中心的な役割を果たしたのだとしたら、それより前の時代に証拠が化石として残っているはずだ。そこで私たちは、その直前に当たる八万年前に狙いを定めて、自己家畜化の証拠を探し始めた。[35]

顔に残る家畜化の跡

家畜化された動物では、友好的になる淘汰を通じて、身体的な特徴に変化が生じる。ヒトが自己家畜化したとすれば、私たちの祖先にそうした身体的な変化があった証拠が残されているはずだ。友好的なキツネでは、行動にもとづいた選抜によって発達中のホルモンに変化が生じた。その結果、そうしたホルモンがキツネの成長の仕方を変えた。

実際、ヒトにも外見や行動の発達を調整するホルモンがある。成長するにつれ、テストステロンによって顔の長さや眉弓の高さが調整されるのだ。思春期にテストステロンの濃度が高いほど、眉弓が厚く、顔が長くなる。男性は女性よりも眉弓が厚く、突き出していて、顔もやや長い。[36・37]このため、顔が長くて眉弓が厚い場合、その人物は男性化したと、私たちは考える。

テストステロンは思春期を開始したり赤血球を生成したりするなど、人間の体でさまざまな役割を果たしているが、なかでもよく知られているのは攻撃性との関係だ。テストステロンが直接ヒトの攻撃性を生むわけではない。一部の動物は人為的にテストステロンを与えると攻撃的になるが、人間に与えても攻撃性は高まらない。しかし、テストステロンの濃度と、ほかのホルモンとの相互作用が、攻撃的な反応を（とりわけ、競争時に）調整している可能性はあるようだ[38]。一方、誰かと長期的な関係を築いている男性や、新生児を育てている男性では、反対の効果が見られる。献身的な男性や父親ではテストステロンの濃度が低下し、競争や攻撃といった行動よりも世話人や保護者としての役割が促進されると考えられている[39]。

女性は無意識のうちに、男性的な顔をした男性は不正直かつ非協力的、不誠実であり[40]、悪い父親[41]だと判断しているという証拠がある。男性も無意識のうちに、競争相手の顔がどのぐらい男性的かを見て、相手の力を推測しているという複数の実験結果がある[42]。こうした知見はすべて、過去の顔を読み解く助けになる。行動の発達と身体的な外見のあいだには関係があるから、化石記録で身体的な変化を調べれば、過去の行動の変化を示すことができる。

すでに述べたように、遅くとも八万年前、人口が爆発的に増加して技術が向上する前に、友好的になる淘汰の影響が現れ始めたに違いないと、私たちは予測した。この予測を検証するには、この時期の前後のヒトの頭骨を比べればよい。未成年の若者は、友好的な行動をとる。私たちの予測が正しければ、ヒトの最近の祖先の成人は、より未成年に近い顔立ちをしているだろう。化石記録にそうした友好的な顔が見つかれば、それは彼らが高度な協力的コミュニケーションを発達させることができたという痕跡であり、人口の急増と技術の急成長を可能にしたと考えられそうだ[43]。

この推測を検証するため、スティーヴ・チャーチルと彼の学生であるボブ・ケイリ[34]が、更新世中期に当たる二〇万〜九万年前の頭骨一三点や、更新世後期に当たる三万八〇〇〇〜一万年前の頭骨四一点を含む合計一四二一点の頭骨を調べ、眉弓の突出部と顔の形を分析した[34]。顔の横幅と縦幅の測定には、頬と頬の距離と、鼻の上端（鼻根）から歯の上端までの距離を使った。眉弓を測定するときには、目の上の骨が顔から張り出している突起の高さと、目から眉弓までの距離を調べた。その経年変化は目を見張るものだ。

頭骨のなかで最も明確に変化していたのは眉弓だった。更新世後期の頭骨では、それより古い更新世中期の頭骨に比べ、眉弓の突起は平均で四〇%短くなっていた。また、顔の横幅は五%、縦幅は一〇%短くなっていた。このパターンにはばらつきがあるものの、現代の狩猟採集民と農耕民の顔は、更新世後期の祖先よりもさらに若く見える。*

友好性を示す痕跡は化石の顔に残っているだけではない[44]。私たちの研究で調べた太古の頭骨のいくつかは、イスラエルのスフール洞窟で発見された人体骨格のものだ。私たちが比較したのは眉弓と顔の長さだったが、古生物学者のエマ・ネルソン[45]は指の長さを測定した。ほかの霊長類と同様、人間の女性も妊娠中にアンドロゲン濃度が高ければ、人さし指よりも薬指の長い赤ちゃん

＊最初期の農耕民の顔の長さがわずかに長くなっているのが、パターンの唯一の例外。

を産む。そうすると、ボノボと比べたときのチンパンジーのように、2D：4D比が小さくなる。男性は女性よりも2D：4D比が小さいので、私たちはこの比率が小さい場合「男性化した」と考える。人間でもほかの動物でも、2D：4D比が小さくなって男性的になるほど、危険を冒す度合いと攻撃的になる可能性が高まる、という関係が見られる[45]。

ネルソンの研究では、更新世中期の人間は現代人より2D：4D比が小さく、男性的であることがわかった。これは、胎児のときにさらされたアンドロゲンの濃度が高かったことを示唆している。ネルソンはまた、比較したなかで最も男性的だったのは、四人のネアンデルタール人であることも示した。ここから示唆されるのは、ヒトの2D：4D比はより女性的になったということであり、それはほかの人類には見られない特徴だということだ。ヒトの2D：4D比がより女性的になったのは遅く、ヒトの顔が女性的になったのと同じ頃だ。

動物の家畜化を示すもう一つの痕跡が、脳の小型化だ。家畜化された動物は、脳の大きさが野生の近縁種よりも平均で一五％前後小さい[46]。脳が小型化すれば、それを収める頭骨も小さくなる。ということは、ヒトが自己家畜化したとすれば、新しい年代のヒトの化石は、それより古い時期の化石よりも頭骨のサイズが小さいはずだ。

スティーヴとボブが頭骨の大きさを比較したところ、ヒトの知能が最も発達した過去二万年で、頭骨（したがって絶対的な脳のサイズ）が小さくなっていることがわかった。体の大きさがだいたい同じだと考えた場合、農耕が始まる前の一万年と開始以降とを比較すると、ヒトの頭蓋容量は五%小さくなっていた[34・47]。

家畜化された動物の脳を小さくする最大の要因は、おそらくセロトニンだ。家畜化された動物の攻撃性が小さくなるにつれて最初に見られる変化が、利用できるセロトニンの増加である[48]。哺乳類ではセロトニンが頭骨の発達にかかわっているという証拠もある。

エクスタシーという薬物を摂取したことのある人なら、セロトニンの効果をよく知っているだろう。この薬物の活性成分であるMDMA(3,4-メチレンジオキシメタンフェタミン)は、利用できるセロトニンを増やす。体内に保存されているセロトニンの最大八割を脳に放出し、脳がセロトニンを再吸収するのを阻害する。この薬物の使用経験者は友好的な感情がどっと押し寄せ、目に入った人全員をハグしたい気持ちになると述べている。

残念ながら、MDMAは新たなセロトニンの生成を阻害するため、使用経験者はセロトニン不足にも陥る。土曜の夜に脳のセロトニンを使い果たした人はたいてい、「自殺の火曜日」と呼ばれる状態になってしまうのだ。エクスタシーを使った人は、その後、数日間にわたって攻撃性が増した感覚になると報告し、経済ゲーム実験でより攻撃的に振る舞う[49]。セロトニンの異常は、暴力的な犯罪者や、衝動的な放火犯、パーソナリティ障害をもつ人々とも関連がある[50]。

選択的セロトニン再取り込み阻害薬(SSRI)という抗うつ薬を摂取すると、脳におけるセロトニンの再吸収が阻害され、利用できるセロトニンが増えて、受容体の周囲を漂うようになる。複数の実験で、SSRIの「シタロプラム」を投与された人は協力的な行動が増え、他者に危害

を加えるのを嫌がった。[51,52]

おもしろいのはここからだ。シタロプラムを摂取している女性は、頭骨が小さな赤ちゃんを産む可能性が高い。[53]また、シタロプラムを投与された妊娠中のマウスは、鼻づらが細く短く、頭骨が球状の子を産む。[54]セロトニンは行動を変えるだけではない。発生初期にさらに大量のセロトニンにさらされると、頭骨や顔面の形態も変化するようだ。[55]

ヒトの頭骨と脳は、ほかの人類に比べて小さくなっただけでなく、頭骨の形も変化している。ほかの人類は額が狭く平らで、頭骨が分厚い。ネアンデルタール人の頭はラグビーボールのような形をしていて、ホモ・エレクトスの頭は丸っこい一斤の食パンに似ている。人類学者が球状と呼ぶ、風船のような形の頭骨をもっているのは、ヒトだけだ。[56,57]この形は、発生中に利用できるセロトニンが増えた可能性を示唆している。ヒトの頭骨は、家畜化された動物やシタロプラムにさらされた赤ちゃんのように小さくなり、シタロプラムを投与されたマウスのように丸くなった。化石記録によると、こうした変化はヒトがネアンデルタール人との共通祖先から枝分かれした後に始まった。[58,59]

色素の変化

以上のように、ヒトの顔と指、頭骨には家畜化した痕跡が見られる。だが、家畜化を象徴する

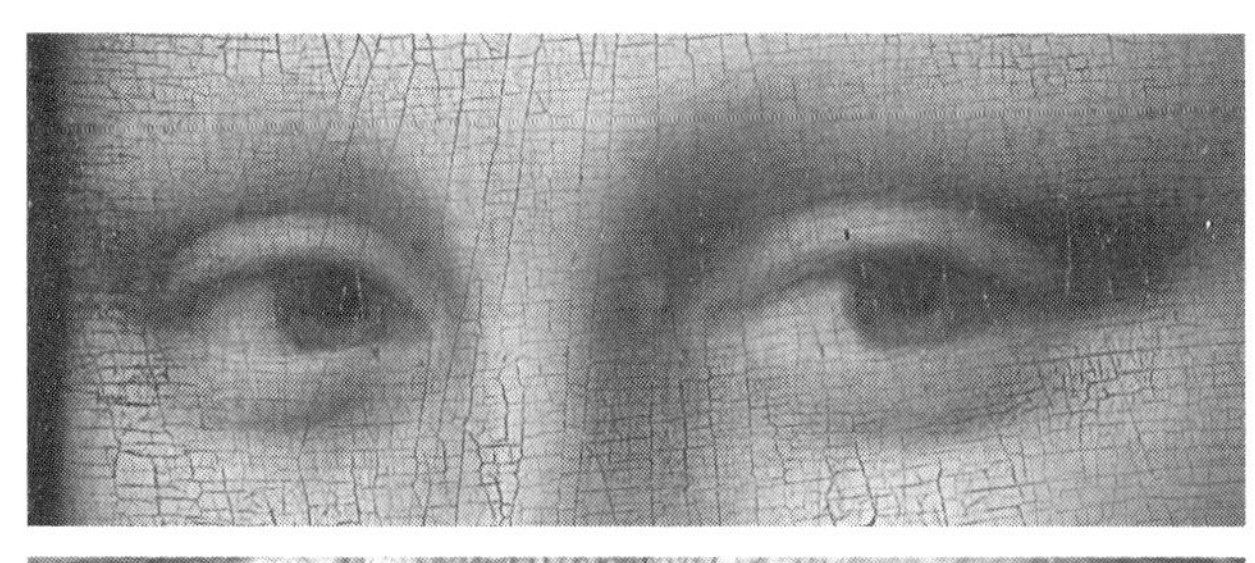

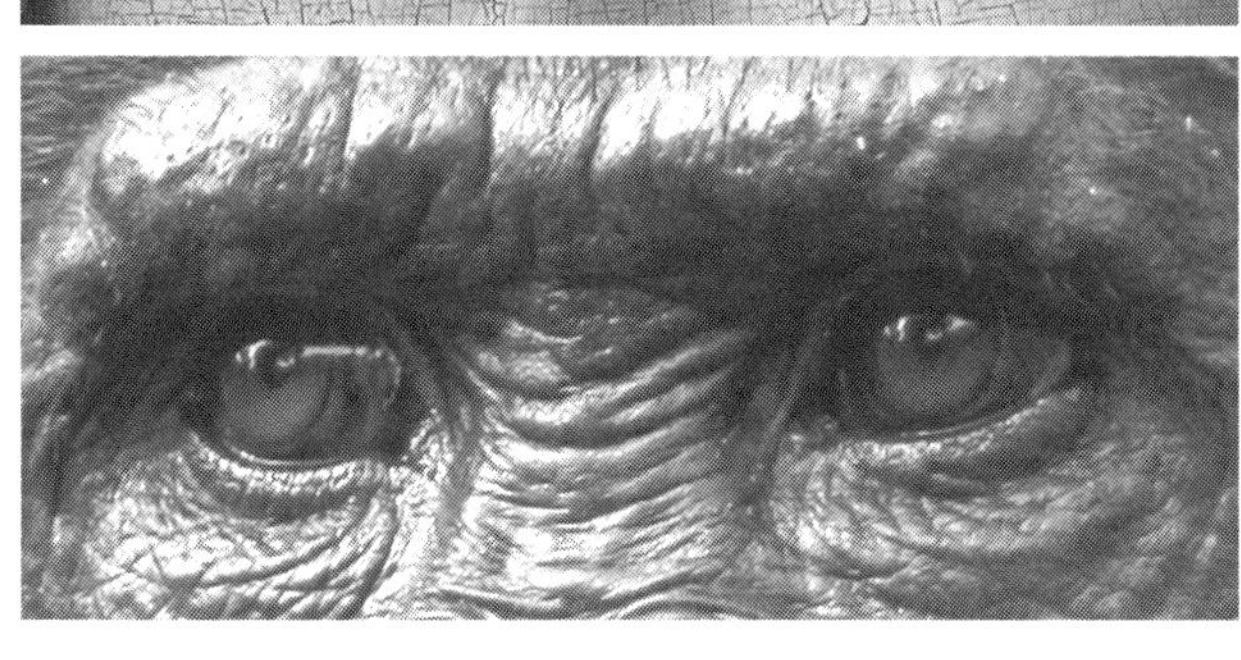

特徴ともいえる色素の変化についてはどうだろうか？　世代を重ねるにつれて、ベリャーエフの友好的なキツネはだんだん赤茶色になり、額に白い星模様が現れ、ほかに白黒のぶち模様も出てきた。多くのボノボは唇と臀部の毛の色素を失っている。

一方、ヒトの皮膚の色は、まだら症や白斑といった散発的な異常を除けば、だいたい全身で均一になる傾向がある。しかし、体のある部分では、色の変化が大きな違いを生み出している。ヒトと家畜化された動物だけが、年齢や性別にかかわらず、さまざまな色の瞳をもち、しかも瞳の色は生涯を通じて変わらない[60]。ヒトでそうしたカラフルな虹彩がはっきり見えるのは、周囲に「強膜（きょうまく）」という独特の白いキャンバス、いわゆる白目があるからである。ヒトの強膜が白いのは、色素がないためだ。

チンパンジーやボノボをはじめ、ヒト以外の霊長類はすべて、強膜を黒くする色素を生成するので、虹彩と強膜の見分けがつきにくい。両者の色の違いが小さいために、どこを見ているのか、何を見ているのかがわかりにくい。

ヒトは霊長類で唯一、白い強膜をもっている。ヒトの目はアーモンド形でもあるので、強膜が見えている範囲が広く、視線の方向をわずかに変えただけでも、他者がそれに気づくことができる。ヒトはある時点で、目をカムフラージュするのをやめて、目立たせる方向へ変わったのだ[61]。

私たちは生まれたときから、他者と目を合わせるアイコンタクトに頼る[62]。ヒトは生まれたときは、ほかの動物と比べて自分でできることがはるかに少なく無力なので、わずかな時間でも一人でいると危険にさらされるおそれがある。生き延びるために助けを求めるとき、私たちは目を使う。親は赤ちゃんに見つめられると、体内でオキシトシンが放出され、わが子に愛情を抱き、愛されていると感じる。赤ちゃんも親に目を見つめられると、体内でオキシトシンが放出され、親をもっと見つめたいと思うようになる[63]。これがなければ、親は赤ちゃんが笑顔を見せるまでの最初の三カ月間を乗り切る気力が得られないだろう。

人間の目は協力的コミュニケーションにも向いている。赤ちゃんは親が意図や感情、考えをもっていることに初めて気づくと、親が見ている場所や指さしているものに注意を向け始める[64・65]。人間にとって最初の重要な経験は、こうした幼い時期の文化的な交流の上に築かれていく。

誰かの視線の方向は、何かのおもちゃで遊びたいとか、ある方向へ行きたいといった、その人の意向を伝えることができる。そうすると、赤ちゃんは、いっしょに遊べるとか、どこかへ連れていってもらえるといった期待をして行動を合わせることができる。幼児は言葉を覚えると、おとなが発している音声を、そのおとなが見ている物体と結びつける。[66]とはいえ、どんな目でもいいというわけではない。生後数週の赤ちゃんでも、白い強膜をもった目を好むのだ。漫画で描いた目を使った実験では、赤ちゃんは白い強膜と黒い瞳の目のほうを、黒い強膜と白い瞳の目よりも長く見つめた。幼児は白い強膜と黒い瞳をもつ動物のぬいぐるみと遊ぶのを好んだ。おとなでも無意識のうちに、白い強膜と黒い瞳のおもちゃで遊ぶのを好んだ。[67]

白い強膜を好んだり、アイコンタクトに頼ったりする生き物は人間だけだ。人間の赤ちゃんは、誰かが目を動かしただけでも、その視線を追うことができる。チンパンジーとボノボが人の視線を追えるのは、その人が顔全体を動かしたときだけであり、しかも、その人が目を閉じているときでも、顔を動かした方向を追う。チンパンジーとボノボは、他者に何が見えて何が見えないかを理解してはいるものの、「見る」という行動をとっているのが目であることを理解していないようだ。[68]

人間の脳には、目を見たときにだけ反応するニューロンがある。上側頭溝に位置するそれらのニューロンは、「心の理論」のネットワークの一部であり、扁桃体など、皮質下にある情動の中枢に接続されている。この神経ネットワークは早くから発達する。[69]赤ちゃんは生後四カ月にはすでに、他者の目にある強膜の形に着目して、他者の感情を理解できるのだ。この皮質下にあるネットワークのニューロンは私たちが気づかないうちに自動的に発火する。車の運転中、隣の車線から誰かの視線を感じ、その方向を見ると実際に誰かに見られていた、という経験はないだろうか？　こうした気味の悪い感覚が生じるのは、周辺視野で視線が検出されると、上側頭溝が扁桃体に無意識の警告を送るからだ。[70・71]

ほとんどの動物は、競争相手に自分の次の行動を悟られないように強膜を隠している。一方、ヒトの赤ちゃんは白い強膜をもつことで強みを得た。経済学者のテリー・バーナムと私は、ヒトはその独特な目のおかげで、おとなになっても協力する能力を高められると推論した。この考えを検証するため、私たちは「公共財ゲーム」を使った実験をやってみた。被験者にいくらかのお金を与え、そのうちいくらを公共の基金に寄付したいかを尋ねる。協力的な人は寄付する額が多く、ずるい人はお金のほとんどを自分のものにするだろう。

寄付する額を決定するとき、参加者の半数は、強膜が白くて大きいロボット「キスメット」から説明を受けた。残りの半数は、まったく同じ説明を受けたが、キスメットの姿を見なかった。キスメットの効果は絶大だった。キスメットに見つめられた参加者は、それ以外の人に比べて三〇％前後も多く寄付したのだ。この「キスメット効果」は実験室の外でも再現されてきた。人々は、目が印刷されたチラシを渡された場合、公共の場所でごみを残していくことが少なかった。オフィスで働いている人は、休憩室で牛乳を飲んだとき、そこに置いてある募金箱に目の写真や絵が掲示してあると、箱にお金を入れることが多かった。自転車置き場の上方に怒った目の写真を貼ると、自転車の盗難が六割も減った。
白い強膜は人間の生涯を通して協力行動を促進しているようだ。[70・72・73] 自己家畜化仮説によれば、ヒトは友好的になる淘汰を受けた結果、八万年以上前に強膜が白くなったと考えられる。アイコンタクトが増えるにつれて、オキシトシンの作用が発現するようになり、他者とのつながりや協力的コミュニケーションが促進される。また、他者を欺こうという気が起きにくくなる。[15]
ヒトの目は独特で目立つだけでなく、普遍的でもある。人間の肌や髪の毛、さらには爪の色はさまざまだ。瞳の色も緑やグレー、青、茶、黒などがある。にもかかわらず、強膜は必ず白だ。多様性がまったくない形質をもつというのは珍しい。
私たちは白い強膜があるかないかを基準にして、誰かが人間である、あるいは人間に似ていると判断する。ミッキーマウスは、『蒸気船ウィリー』で黒い点のようだった目を、『魔法使いの弟子』(『ファンタジア』の一編)で白目のある大きな目玉に変えてから人気に火がついた。[74] また、絶滅した人類を復元するアーティストは、化石記録で証拠が見つかっていないにもかかわらず、決まって白い強膜を使っている。復元図の人類の目をヒトの目に似せれば、復元した人類にもっと人間味が出るのではないかと、直感的に考えているかのようだ。興味深いことに、誰かの人間らしさを失わせるには、目玉を黒く塗るのが最も手っ取り早い。ホラー映画で必ず最初に変えられるのは、白目だ。映画『グレムリン』で、白目のあるモフモフのかわいいモグワイが赤い目のグレムリンに変わったときのように、目玉の色をわずかに変えただけでも、人は落ち着かない気分になる。

私たちの仮説が正しければ、ホモ・サピエンスだけが自己家畜化の結果として白い強膜をもつようになった。ネアンデルタール人などのほかの人類は、ほかの霊長類と同じように、色のついた強膜で目を目立たなくしていただろう。そうしたほかの人類と初めて会ったとき、ヒトはその黒い強膜を見て、自分たちとは違う生き物であると強く感じたことだろう。

第5章　いつまでも子ども

ここまでの章では、ヒトにおける友好性の高まりと、それが原因で生じたと考えられる数々の偶発的な変化（女性化した顔、白い強膜、協力的コミュニケーションのような認知能力など）との関連を検討してきた。友好性が高まると自己家畜化症候群が引き起こされることはわかった。しかし、この変化は実際にどのように起きるのだろうか？

鍵となるのが、発生や発達だ。動物の成長パターンの変化は、進化を牽引する強い原動力になりうる[1・2]。発達の速度やタイミングがわずかに変化しただけでも、まったく異なる種類の体になることがある。たとえば、サンショウウオの幼生はオタマジャクシのように、えらやひれ、尾をもっている。成体になるときには、えらを失い、ひれが尾となり、脚が生えて陸を歩けるようになる。しかし、アホロートルと呼ばれるサンショウウオの一種は成体になっても、えらを保ち、幼生の形態を残している。たいして成長しないまま、体が大きくなっただけの幼生のように見えるのだ[1]。

発達は社会的な行動にも影響を及ぼすことがある。若いゴキブリはきわめて社会性が高く、集団で行動し、グルーミングし合うほか、親愛の情を示すためにお互いの糞を食べる。社会性をなくして単独で行動するようになるのは、成虫になってからだ。

ゴキブリの幼虫は翅がなく、目の発達が不十分で、強力な腸内細菌をもっているので、シロアリのように木でも何でも消化できる。実際のところシロアリはゴキブリに最も近縁の生物で、基本的には幼時の超友好的な状態を保ったままのゴキブリの赤ちゃんのようなものだ。シロアリのコロニーでは、生殖能力のない働きアリが生殖可能な女王に仕えるので、子孫を増やすためには協力する能力が物を言う[3]。

若く見えることが有利に働くことがある。たとえば、ある種のカラスは、若いときにはくちばしに白い斑点があり、成鳥になると消える。成鳥のカラスは互いにかなり攻撃的になることがあるが、研究者が成鳥のくちばしに白い点を描くと、ほかの成鳥はその個体を攻撃しなくなった。白い点を消すとまた、攻撃の的となった[4]。

若く見えるだけでなく、若く振る舞うことで、攻撃から身を守ることもできる。たとえば、若いマウスは恐れを抱いているとき、じっと立って体を震わす。この姿を見ると、ほかのマウスはたいていその若いマウスをなでたりなめたりして安心させる。心理学者のジャン゠ルイ・ガリエピーは、ドミトリ・ベリャーエフのように、友好的なマウスを選抜して交配した。ただし、ベリャーエフは人に対する友好性にもとづいてキツネを選抜したのに対し、ガリエピーはほかのマウスに対する友好性にもとづいてマウスを選抜した。

ガリエピーの友好的なマウスは六世代を経ると、普通のマウスよりはるかに寛容になった。おとなのマウスは通常、見知らぬ者に対して攻撃的な態度をとる。しかし、友好的なマウスは見知らぬマウスを見ると、攻撃的にはならず、若いマウスのように体を震わした。すると、ほかのおとなはそのマウスをあまり攻撃しなかった。キツネの場合と同様、友好的になる淘汰を受けたことによって、幼時の友好的な行動がおとなになっても維持され、マウスどうしでの攻撃が減った。[5]

友好的になる淘汰と、発生や発達の変化、身体や認知能力の変化に関係があることを示す証拠は、魚にも見られる。それはソメワケベラという小さな魚で、大きな魚の体表にいる寄生虫を食べて掃除する習性がある。掃除をしてもらうほうの魚は大きいので、ソメワケベラを簡単に捕食することができるのだが、決してそんなことはしない。クリーニング・ステーション（掃除をしてもらいに魚が集まってくる場所）を観察したところ、いつもはほかの魚を捕食する大きな魚も、体を掃除してもらっているあいだはおとなしくなり、ソメワケベラに対しても、まわりにいるほかの魚に対しても攻撃しなくなる。[6] 一方の魚は食物を得られ、もう一方の魚は寄生虫を取り除いてもらえるという、見事な協力関係が進化したのだ。

どのソメワケベラも、幼魚のときには特徴的な口をしている。成魚になると、その口の形は変化し、ほかの方法で食物を見つけるようになるのだが、ホンソメワケベラという種は成魚になっても口の形が幼魚のときから変わらず、引き続きほかの魚の体を掃除することで食物を得る。[7] イヌと同様、ホンソメワケベラはほかの魚と友好的に交流することに専念するように進化したのだ。生涯にわたってほかの魚の掃除をするようになったことは、認知能力にも影響を及ぼした。実験によれば、成魚になると掃除しなくなる近縁のソメワケベラよりも、ホンソメワケベラのほうが協力するのがうまい。そのおかげでホンソメワケベラは、寄生虫より栄養価が高いはずの掃除相手の魚をかじりたいという欲求を抑え、寄生虫の捕食に専念できる。[8・9] 実験的に家畜化された種と同様、幼魚の形質が持続されたのは、セロトニンとオキシトシンの濃度が変化したためだ。その濃度変化が、ホンソメワケベラの友好的な行動を調節している。[10・11]

イヌとボノボは生涯にわたって幼い頃の行動を維持するだけでなく、ホンソメワケベラのように、近縁種よりも早いうちから協力的コミュニケーションに関連する行動を発達させる。

子イヌは目が開いてすぐに、ほかのイヌや人と仲良くなれる状態になる。[12] そして同じ時期には、新しい場所やものを探索したいと思うようになる。[13] 発達期間が長くなると、多様な経験を得られる時間も増える。イヌは経験を積むにつれて自信がつき、次々と遭遇する新しい人や場所、事物に対処できるようになっていく。もしオオカミが都会に迷いこんだら、圧倒されてしまうだろう。

同様に、社会化期も長くなる。探索行動が過度に活発化するこの時期はオオカミで数週間続くが、イヌでは数年とはいかないまでも、数カ月は続く。成熟しても新しいものに対して子イヌのような反応を維持するし、むしろ反応が強まることもある。[14]

発達期間が長くなったことは、イヌの発声方法にも影響を与えてきた。イヌもオオカミも幼い頃は吠えて母親の気を引こうとするが、成熟してからも引き続きさまざまな状況で頻繁に吠えるのはイヌだけだ。[15]

イヌは発達期間が延長したおかげで、こうした協力的な行動が可能になったわけだが、この期間が延長したのは、友好的になる淘汰によるものだとわかる。なぜなら、ベリャーエフのキツネもこれと同じ発達パターンを示すからだ。[16] 普通のキツネはオオカミのようにこの期間が短く、人に馴れて社会化できる時期は生後一六日から六週までのあいだだけだ。一方、友好的なキツネはイヌのように社会化期が長い。普通のキツネより早い生後一四日に始まり、終わる時期も遅くなって、生後一〇週まで続く。[17] さらにイヌと同様、友好的なキツネは生涯にわたって子ギツネのような発声を維持する。完全に成熟しても、人間を見ると子ギツネのように吠えたり、くんくん鳴いたりする。普通のキツネにはない行動だ。

ボノボには、発達のかなり早い段階で現れる社会的な行動が一つある。コンゴにあるボノボのサンクチュアリでは、昼食の時間になると誰かがたくさんの果物をかごに入れて、赤ちゃんボノボたちが遊ぶ養育施設に持ってくる。かごにはマンゴーやバナナ、パパイヤ、サトウキビが山盛りだ。

赤ちゃんボノボは食べ物を見るとすぐ、ピーピーという声を出し始める。興奮が増してくると、いちばん近くにいる仲間をつかみ、互いの性器をこすり合わせる。このとき性器を実際に挿入することはなく、むしろ野性動物が行なう自慰行為のようなものだ。ここにいる赤ちゃんはみなしごで、非常に幼いうちに母親やほかのおとなから引き離されてしまったので、この行動をおとなから学んではいない。チンパンジーのサンクチュアリでは、こうした行動を見なかった。性的な行動はボノボでは幼い頃から見られるが、チンパンジーでは成熟期の前後になってから見られるようになる。[18]

こうした性的な行動はホルモンの働きによるものだという証拠がいくつかある。ボノボのテストステロンの濃度は、赤ちゃんの段階ですでにチンパンジーの子と同じくらいだ。そして、ボノボはおとなになっても、このチンパンジーの子と同じ濃度を維持する。[19・20]

テストステロンの濃度はボノボの生殖年齢が早いことと関連している可能性がある。ボノボの性行為の大半は生殖に結びつくものではないが、ボノボの雌は家畜化された動物と同様、より攻撃的な近縁種よりも早い年齢で子を産める。[21] 一方で、ボノボは生涯にわたって性的な行動を利用して、けんかをやめさせたり、動揺した若いボノボを落ち着かせたり、ほかの雌との友情を深めたりもする。[18]

実際のところ、友好的になる淘汰とは、社会性の発達の期間が長くなる淘汰である。これはイヌやボノボでは、社会的な柔軟性にとって重要な形質の発達が早まり、遅くまで続くことを意味する。

発達の裏側で

発達にかかわる遺伝子が具体的にどのように進化して、自己家畜化症候群を引き起こしたのだろうか？　遺伝子のなかには、生物の発達の仕方を決めるうえで、ほかの遺伝子より大きな役割を果たすものがある。こうした遺伝子は、ほかの数百の遺伝子が最終的にどのような働きをするかを制御することができる。

これは私が高校時代に習った遺伝学とは違う。私が習ったメンデルのエンドウに関する研究では、優性と劣性の遺伝子があり、たいていは優性の形質が発現するとされていた。メンデルの発見によれば、異なる形質は別々に受け継がれ、互いに影響を受けない。それぞれの遺伝子がエンドウの花の色を決めたり、花の形を制御したりするなど、異なる機能を担っている。この独立性によって形状や機能が多様になる余地が生まれる。実際、エンドウにはさまざまな色や形の組み合わせがある。こうした多様性に対して淘汰が働く。

しかし、メンデル以降の長年の研究によって、生物の発達というのはこの考え方よりも複雑であることがわかってきた。遺伝性の変異を生み出す過程はいくつもあり、メンデルが考えた遺伝子は、そのなかでも単純な過程の一つでしかない。それぞれの遺伝子の働きは異なるが、一つ、あるいは一組の遺伝子が複数の機能をもつこともある。たとえば、一つの遺伝子が骨の成長と色素形成の両方にかかわることもありうるのだ。こうしたマルチタスクの遺伝子は二つの機能を同時に果たすこともあるが、二つの機能を果たす時期が異なることもある。

遺伝子にはまた、司書のような役割をするものもある。遺伝子はさまざまなタンパク質の作り方を満載した本のようなものだ。タンパク質は脳も含め、私たちの体液や体の組織をつくる構成単位である。司書役の遺伝子は体内の一つひとつの細胞に含まれ、どの本をどれぐらいの頻度で読むべきかを教えてくれる。そうした遺伝子のなかには、私たちの「遺伝子図書館」の大部分を制御できるものもある。司書役の遺伝子は生成するタンパク質の種類だけでなく、それを作る頻度や時期も制御するので、大きな影響力をもちうる。

マルチタスクの遺伝子や司書役の遺伝子の一つにごく小さな変更が加わっただけで、多くの形質に同時に多大な影響が及ぶことがある。それらが発達の制御を助けるタイプのものである場合、とりわけ影響が大きい。その機能の開始が早ければ早いほど、そして機能する期間が長ければ長いほど、遺伝子の変化による影響が増幅される。こうした仕組みによって、発達の制御を助ける遺伝子の小さな変化が動物に劇的な変化をもたらし、前述のシロアリやアホロートル、ソメワケベラのように、まったく異なる動物になってしまうのだ。[2・22] 同様の説明は、イヌやボノボ、さらにはヒトに見られる変化に対しても提唱されてきた。

神経堤

友好性の副産物として複数の形質が出現することがあるという発見は、二〇世紀でも屈指の成果の一つだ。ベリャーエフの研究チームは、人に対して友好的かどうかにだけ着目してキツネを選抜し、ほかの認知能力や生理機能、形態にかかわる形質は考慮に入れなかった。にもかかわらず、友好的な行動をするキツネを選抜することによって、短い巻き尾、複数の色が混じったぶち模様の被毛、小さい歯をもった短い鼻づら、垂れ耳、毎年の繁殖期の延長、高濃度のセロトニン、協力的コミュニケーションの能力の向上といった形質をもつキツネが生まれる頻度が高くなった。キツネに見られる変化は、家畜化されたほかの哺乳類だけでなく、自己家畜化したのではないかと私たちが推察している種によく見られる変化と似ていることを考えると、なおさら目を見張る。

哺乳類の家畜化症候群でよく見られる一連の形質と友好性との関係を説明しようとするなかで、リチャード・ランガムと遺伝学者のアダム・ウィルキンスは、生物の発生において多大な役割を果たす神経堤細胞にとりわけ興味をもった[23]。神経堤細胞はすべての脊椎動物の胚に短期間だけ現れ、神経管の背側に生じる（神経管は最終的に脳と脊髄になる）。神経堤細胞は幹細胞だから、胚の発生が進むにつれて、さまざまな種類の細胞に分化することができる。また、神経堤細胞は遊走するので、胚の発生が進むにつれて、体のあらゆる場所に移動する。司書役の遺伝子群は、こうした幹細胞がどの種類の細胞になるか、そしていつどこに移動するかを定めるうえで大きな影響を及ぼすと考えられている。

遊走する神経堤細胞は、家畜化症候群に関連する多くの形質の発生・発達に関与している。家畜化にとって重要なのは恐怖心と攻撃性の低下だ。神経堤細胞は、アドレナリンを分泌する副腎髄質の発達にかかわっている。[23] 家畜化された動物の副腎は、野生の近縁種と比べて小さい。副腎が小さいということは、ストレスホルモンの分泌が少ないということだ。神経堤細胞はまた、友好的になる淘汰に関連して変化するあらゆる体の組織にも大きくかかわっている。尾や耳の軟骨、皮膚の色素、鼻づら（顔）の骨、歯の発達に関与している。

頭部の神経堤細胞はまた、脳の発達にも影響を及ぼすと考えられている。[24] それは、脳の大きさを変えるだけでなく、脳のさまざまな部分がセロトニンやオキシトシンといった神経伝達物質やホルモンを受容する度合いの変化も引き起こしているかもしれない。[25] 脳におけるこうした変化は、繁殖周期の変化にも関連している可能性が高い。脳が小さくなると、繁殖周期を制御する視床下部–下垂体–性腺（ＨＰＧ）軸に影響が及ぶ可能性があるのだ。ＨＰＧ軸の機能が制限されると、性成熟が早まり、繁殖周期が短くなる。

ランガムとウィルキンスは、家畜化された哺乳類では（ひょっとしたら鳥類でも）友好的になる淘汰の初期段階で、司書役の遺伝子が影響を受け、神経堤細胞の発達の仕方を変えたのだろうと予測した。それによってほぼ間違いなく、イヌからボノボにいたるあらゆる種で、私たちが家畜化症候群の一環だと見なしている変化が引き起こされたのだろう。神経堤細胞の発達と移動を

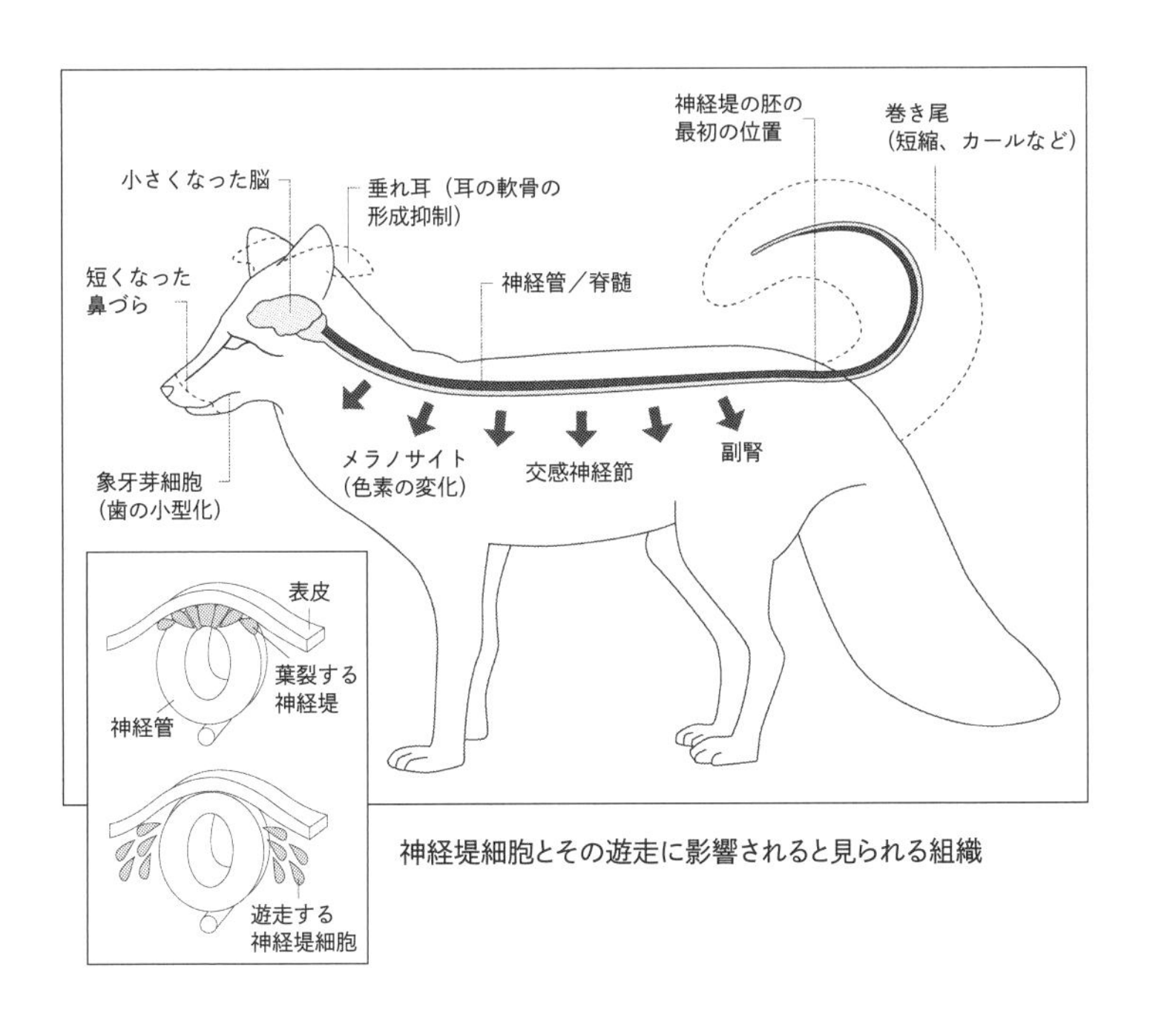

神経堤細胞とその遊走に影響されると見られる組織

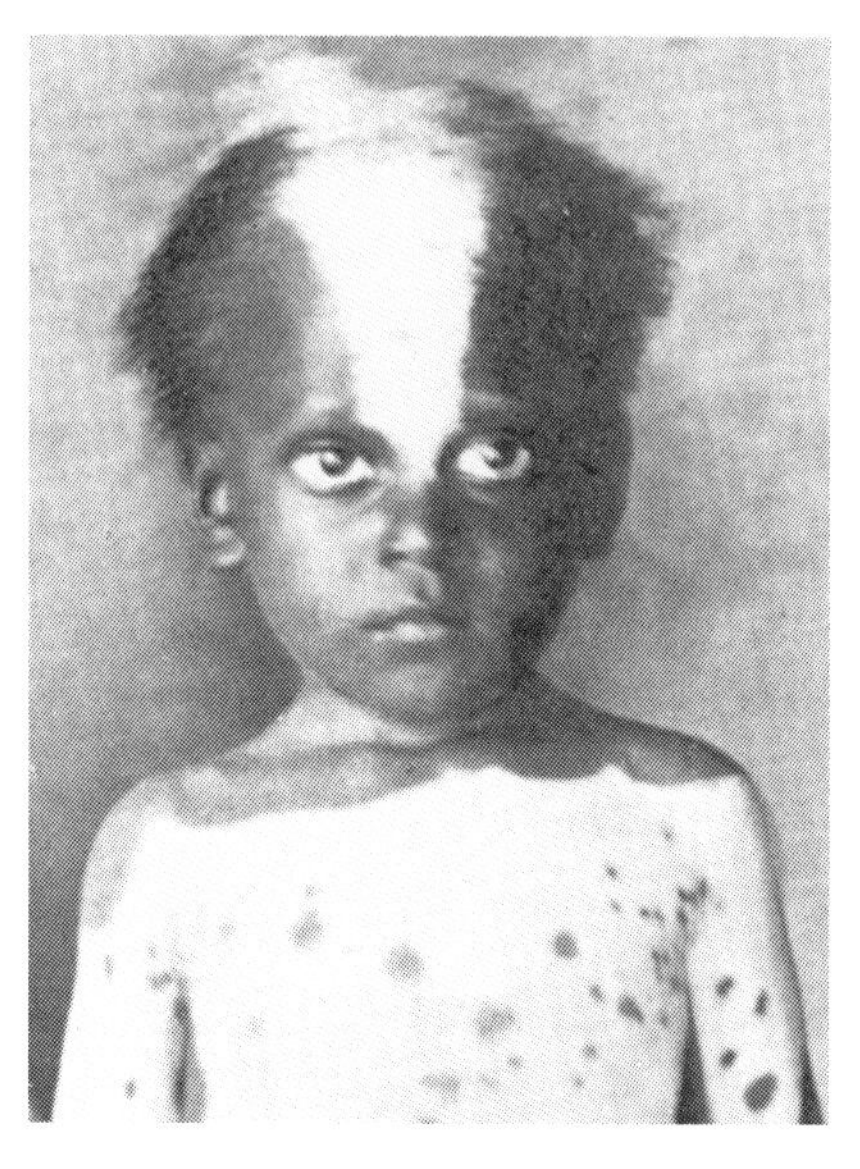

神経堤症を患った５歳のリズビー。1913年に撮影された。神経堤症はヒトの神経堤細胞の発達の変化によって引き起こされる疾患だ。神経堤症の症状の一つに、まだら症がある。この症状は、家畜化された動物で見られる被毛の色の模様に驚くほどよく似ている。

つかさどる司書役の遺伝子に変化が生じることは、家畜化に関連するさまざまな形質と友好性が関連しているという、一見あり得ないような関係を説明するうえで説得力がある。[26]バルセロナ大学の神経生物学者、コンスタンティナ・テオファノプルとセドリック・ブックスは、太古のＤＮＡを用いて、この関係がヒトに存在するかどうかを検証した。その結果、二人は家畜化された多くの動物で進化したのと同じ遺伝子がヒトでも進化してきたことを発見した。[27]これには、ヒトがほかの絶滅した人類と枝分かれしてから変化した神経堤にかかわる遺伝子も含まれる。[28]この発見はヒトの自己家畜化に関する遺伝子の証拠としては初めてのものだ。

早く始まり、長く続く成長

セロトニンはヒトの頭骨の形を変える。テストステロンのようなアンドロゲンは顔と手を変える。ヒトの目の色素が失われたことは、協力的コミュニケーションの能力を飛躍的に高めた。これらすべての変化が、人類の進化の遅い時期に友好的になる淘汰が起こったことを示唆している。ヒトとほかの絶滅した人類の違いのなかでも特に重要なのは、発生や発達の進み方だ。[29] ほかの人類、さらにはほかの霊長類と比べると、ヒトがたどる人生の道のりは一風変わっている。ヒトは早く生まれすぎるし、生殖できるようになるまでかなりの年月を要する。その一方で、出産と出産の間隔が短いので、早く子どもをつくることができ、女性は閉経後も何十年も生きられる。[30] ヒトの認知能力もヒトを独特な存在にしている。協力的コミュニケーションと寛容性に関連する形質が幼いうちに発現し、発達期間が長いというのがその特徴だ。

ほかの類人猿の脳は生まれたときにおとなの半分近い大きさがあるが、ヒトの脳は生まれたときには、おとなのサイズの四分の一しかない。ヒトは赤ちゃんのときには本当に何もできないということだ。[31] にもかかわらず、生後九〜一二カ月になると、走ったり木に登ったりできるようになる前に、他者の心について考え始める。最初は単純だが、だんだん複雑に考えるようになる。

この発達のパターンはヒト特有のものではないかと、私たちはにらんだ。こうしたヒトの協力的コミュニケーション能力が、ほかの類人猿のおとなで確認されたことはない。だが、ヒトの子と類人猿の子の発達パターンを直接比較しなければ、はっきりしたことはわからない。そこで、私たちはボノボとチンパンジー、ヒトの二歳以上の子を研究することにした。この三種の一〇〇人近い子を対象に、三年にわたって毎年二〇ほどの指標について認知能力をテストし、認知能力がどのように発達していくかを調べた。測定に当たっては、数を数える能力、因果関係の認知、道具の使用、セルフコントロール、情動反応、模倣、ジェスチャー、視線の追跡、その他一〇余りの指標を含め、年齢相応のあらゆる認知能力をテストした。ボノボとチンパンジー、ヒトの三種のこれほど多くの子について、これほど多様な能力を直接比較した研究は初めてだった。テストの結果、ヒトの二歳の子は、数を数える、外界の様相を理解するなど、社会性が関係しない課題になると平凡な成績しか残さなかった。同じ年齢のボノボやチンパンジーと変わらないように見えた。

違いが現れたのは、社会性がかかわる問題について、ヒトの子どもをテストしたときだ。二歳児は、脳がまだ十分に発達していないにもかかわらず、より発達した脳をもつ類人猿よりも高い社会的能力を示したのだ。四歳までに、ヒトの子どもはすべての課題で類人猿の子を凌駕した。飲み物の入った容器を置くときに必ずこぼしたり、トイレに間に合わなかったりするくらい幼くても、ヒトの子どもは他者の心の仕組みを推測できるのだ[32]。

こうした早期に出現する社会的能力の恩恵を受け、ヒトは十分に発達した脳をもっていなくても、他者を利用して高度な問題を解決することができる。幼いうちから他者を理解できるようになるおかげで、人間は世代から世代へと伝えられた知識を受け継ぐこともできる。これは生き延びるうえでヒトだけがもつ強みだ。

風船のような赤ちゃんの頭

ヒトが自己家畜化した時期を知るためには、こうした比類のない社会的知能を発達させた時期を特定しなければならない。これは、脳の発達の手がかりを残したホモ・サピエンスの頭骨化石があれば可能になる。

ヒトの脳の発達を示す身体的な目印として使えるものは二つある。一つは、新生児の頭にある大きな隙間だ。ほとんどの哺乳類は頭骨が完成した状態で生まれてくるが、ホモ・サピエンスとネアンデルタール人の赤ちゃんの頭蓋を構成する骨は未完成で、隣の骨とつながり合っていないので、出産時には変形し、狭い産道を通れるようになっている。形を変えられる赤ちゃんの頭骨と、その内部にある未発達の脳は、人類史において遅い時期に進化した特徴だが、ホモ・サピエンスだけに見られるわけではない[31]。

発達の目印となる二つ目の形態学的な特徴は、頭骨の形だ。ほかの人類の額が狭くて平らで、頭骨が分厚いのに対し、ヒトの乳児は風船のような形の頭部を発達させ、奇妙な形の脳を収められるようになった[33]。

ほかの動物は生まれてすぐに脳の成長を終えるが、ヒトの脳は生後二年にわたって胎児の脳の成長速度を維持して成長し続ける。[34] このように脳が出生後に急速に成長するために、とりわけ頭頂部と後頭部がその影響を受け、ヒトの頭は風船のような形になった。[31] 脳の頂部から後部にかけての部分は頭頂葉と呼ばれ、ヒトの脳にある「心の理論」ネットワークで中心的な役割を果たす二つの領域、側頭頭頂接合部と楔前部がある。[35] これらの領域は、赤ちゃんが他者の視線やジェスチャーに注意を払い始めると活性化する。[36] こうした幼いうちに現れる社会的能力がホモ・サピエンス特有であることは、頭骨化石から推定することができる。

とはいえ、このように幼い時期に発達する社会的認知能力は非常に限られている。協力的コミュニケーションの能力を除けば、ほかの社会的認知能力は発達が遅いように見える。人間のセルフコントロール能力がほかの類人猿を上回るのは、四~六歳になってからだ。これはちょうど、子どもがマシュマロテストを受ける頃である。[37・38] セルフコントロール能力はゆっくりと時間をかけて発達し、二十代初めになってようやく成人のレベルに到達する。これは、ティーンエイジャーが危険を冒しがちな理由かもしれない（だから、自動車保険料は二一歳よりも一六歳のほうが高いのだ）。さいわい、ティーンエイジャーは失敗をより深く受け止めもするので、その失敗をすぐに学習する。[39]

こうした発達の仕方は「シナプス刈り込み」という現象の現れである。ヒトの脳が成長するとき、必要以上のシナプス（ニューロン間の接合部）がつくられる。しかし、問題を解決したり異なる環境に適応したりしながら暮らしていくなかで、特定のシナプスのネットワークをほかよりもよく使うようになる。そうしたよく使うネットワークはさらに大きくなり、情報の処理能力が高まる。そして、ネットワークは接続の無駄が省かれて、さらに効率的になる。成人する頃には、脳のネットワークは不要な部分がそぎ落とされ、特殊化する。脳からは可塑性が失われるが、ふだんの生活で直面しやすい問題を解決するための認知能力は向上する[39]。

ほかの動物の脳は閉じた頭骨の中で、生まれてすぐに発達する。アフリカにすむヌーの赤ちゃんは、生後数分のうちに自分で歩けるようになり、数日のうちには群れについていけるようになる。チンパンジーの赤ちゃんでも、ヒトの赤ちゃんよりはるかに早く、起き上がって動き回れる状態になる。

イギリスの詩人ウィリアム・ブレイクが書いているように、生まれたばかりの赤ん坊は「一人で何もできず、素っ裸で、おぎゃあと泣く」存在で、そうした状況が生後何年か続く。しかし、社会的認知能力が早期に出現するので、他者の心を推測することができる。他者の意図や考え、感情を読んで、脳の発達が進むあいだに自分を守ってくれる保護者の努力や愛を利用することができるのだ。

人間は赤ちゃんのとき、他者の意図や考え、感情を読む力をもっており、この力を利用して、弱い筋肉や未完成の頭骨といった身体的な弱点を補っている。そのあいだに、脳はゆっくりと成長の遅れを取り戻し、シナプスを刈り込んでいく。こうして脳は、二[illegible]前半に成長を終えたときには、生まれ落ちた文化的な環境で学習や技術革新ができるように独自に調整されたスーパーコンピューターになるのだ。

見知らぬ友だち

これまで、人間に対して友好的になるように進化したイヌやキツネ、そして、雌に対して友好的になるように進化したボノボの雄の事例を見てきた。それでは、ヒトの自己家畜化を促した友好性とは、どのようなものだったのだろうか？

タンザニアのハッザのような狩猟採集民は毎日、食べ物を探しに出かけ、野営地に戻って調理や食事をし、仲間と交流し、睡眠をとる。女性は地面から掘り起こしてきた塊茎類や、集めてきた果物を分け合う。男性は貴重な肉や蜂蜜を持って帰ってくる。[30] 類人猿も食べ物を集めているときに分け合うことはあるが、食べ物をすみかへ持ち帰ってくるのは人間だけだ。

狩猟採集民のコミュニティでは、食料は比較的平等に分配される。[40] 最も多くの食料を集めてきた家族が、最大の分け前を得るわけではない。食料を分け合う見返りに、彼らは友好関係を築き、空腹やけがが、病気のときに面倒を見てもらう。作物や冷蔵庫、銀行、政府がないコミュニティでは、こうした社会的な絆だけが頼りだ。[30]

狩りで最大の成果を上げたハッザの狩人は、野営地に戻るまでに獲物の一部を食べて、一日に必要なカロリーを十分にとる。[41] 残った獲物の共有は、与えるほうにも受け取るほうにも恩恵がある。ほかの仲間は食料を得られるし、与えたほうは仲間との絆を深めて、狩りの獲物が少なかったときに食料を当てにできるのだ。[42] 食料を分けてもらえる見込みがあれば、協力しようという気にもなる。そうすることで、全員が得られる食料が増えることになるからだ。こうして何百世代にもわたり、強い絆で結ばれたグループは、あまり協力せず、横暴で社会的な保証を当てにできない人々よりも、競争で有利な立場を築いてきた。

この保証によって、社会関係の築き方が変わる。チンパンジーの協力行動は恐怖と独裁的な支配に強いられたものだが、狩猟採集民の協力行動は全員に恩恵をもたらす。互いを支配しようと張り合うチンパンジーの雄とは異なり、狩猟採集民は誰かがグループを支配しないようにするために攻撃行動を利用する。人間の集団で、支配権を主張するためではなく、誰かが権力を掌握するのを防ぐために攻撃が使われたときには、[30,43] 共有や寛容、協力行動の度合いが飛躍的に高まる。

こうした新しい社会関係の築き方からわかるのは、新しい社会的パートナーをもつ恩恵が、たいていてい代償よりもはるかに大きいという点だ。これには集団の外から来た新しい社会的パートナーも含まれる。同様の考え方で、ボノボが見知らぬ者に関心をもつ理由も説明できる。ボノボの雌は近隣の集団の雄から命にかかわる攻撃を受けるリスクがないので、近隣のボノボと交流でき、社会的ネットワークを広げることができる。

友好的になる淘汰はヒトでも起きたが、ほかの動物と異なるのは、ボノボのように全体的に寛容性が高まっただけではないことだ。ヒトは自分の集団のメンバーだと見なす者の範囲を広げた。チンパンジーとボノボは見慣れているかどうかでよそ者を見分ける。なわばりの中でいっしょに暮らしていれば、集団のメンバーと見なし、それ以外はよそ者だ。チンパンジーは近隣の集団の声を聞いたり姿を目にしたりはするが、やり取りは決まって短［く、］敵意に満ちている。一方、ボノボは見知らぬ者に対してはるかに友好的だ。

ヒトもまた、見慣れた人と見知らぬ人に対しては異なる反［応］を示すが、ほかの動物とは違って、見知らぬ人が自分の集団に属しているかどうかを瞬時に見［分け］ることもできる。ボノボやチンパンジーとは異なり、ヒトの集団のメンバーは住んでいる場［所によっ］て定義されるわけではなく、そのアイデンティティの幅はもっと広い。

ヒトには「集団内の見知らぬ人」という新しい社［会］的なカテゴリ［ー］が生まれた。人間は一度も会ったことがない人でも、自分と同じ集団に属して［いる］と認識する［こ］とができる。同じスポーツウェアを着ている人、同じ同窓会のネクタイをしてい［る人］、ある［いは同じ］ネックレスに同じ宗教のシンボルをつけている人。私たちは毎日、意識することなく、[illegible]メンバーに同じ集団だと識別してもらえる装いをしている。それだけでなく、自分の集団［内の見］知らぬ人を世話したり、その人と仲良くなったり、その人のために自分を犠牲にしたりする［ことさ］えまでできている。

この能力は、現代生活のあらゆる場面に登場する。自分の知ら［ない］人々に囲まれて暮らしていても、私たちはそうした見知らぬ人々を許容し、積極的に助け合［い、］こうした友好的な性質を備えた私たちは、臓器提供から道を渡る手助けまで、大小さまざまな親切行為をする。
ヒトが助けることを好むのは、自分と同じ集団アイデンティティを共有している見知らぬ人だ。とりわけ、その見知らぬ人が集団の絆を意識していることがわかっている場合に助けることを好む。[44] ボリビアの狩猟採集民であるチマネの人々は、同じチマネの見知らぬ人の写真とほかの集団の見知らぬ人の写真を研究者から見せられたとき、チマネの見知らぬ人のほうと多くを分け合いたいと考えた。[45] 同様に、一五の工業国のうちの一四カ国の被験者は、彼らと同じ国籍であることを明かしていない人よりも、同じ国出身だとわかっている見知らぬ人とより多くを分け合った。[46]
人間は赤ちゃんのときに、自分の集団内の見知らぬ人を認識し始める。これは「心の理論」の能力が機能し始めるのと同じ頃だ。生後九カ月の乳児は、自分と同じ食べ物が好きなパペット人形を好み、その人形と仲良くしている人を好む。[47] 七カ月の乳児は、自分と同じ母語を話す人が教えた音楽を好む。[48] 赤ちゃんは他者の伝達意図に注意を払うようになると、注意を向ける対象を選択するようにもなる。非常に幼い時期であっても、見知らぬ人の思考や感情、信念について、ヒトが考えたり、感じたり、信じたりする強さは、相手によって差がある。心理学者のニアヴ・マクロフリンは「モーフィング」というコンピューターグラフィック技術を用いて、人形の顔から人間の顔へ徐々に変化していく写真を小学一年生に見せた。変化していく写真を見る小学一年生は、その顔に「心がある」と思った時点で研究者に知らせる。この実験では、写真に出てくるのは同じ町に住んでいる人だと説明されたときのほうが、遠くの町に住んでいる人だと説明されたときよりも、子どもたちは早い時点でその写真の顔に「心がある」と答えた[49・50]。子どもたちは、自分と同じ集団アイデンティティをもっていると思う他者に対して、より寛大になる[51]。おとなも、自分と同じ集団に属すると思う他者は自分と似た心をもっていると考える傾向がある[52]。

人間はほぼ生まれたときから、自分と同じ集団アイデンティティをもつ人に引きつけられる。とはいえ、そのアイデンティティを形成するものは社会的な力に大きく影響されている。乳児にとっても、集団アイデンティティは単なる親しみ以上の意味をもっている。成長していくにつれ、集団アイデンティティは、服装、食べ物の好み、風習、身体的な特徴、所属する政治団体、出生地、大好きなスポーツチームなど、ほぼあらゆるものによって規定されていく。ヒトは集団アイデンティティを認識するための生物学的な下地を備えているようだが、集団アイデンティティを柔軟に形成することができるのは、社会的な意識をもっているからだ。

この柔軟性が社会規範の出現には不可欠であると、人類学者のジョセフ・ヘンリックは主張している[53]。規範とは、社会的なやり取りの隅々までを支配する、黙示的あるいは明示的なルールのことだ。社会規範はあらゆる制度の成立にとって重要であり、ヒトが自己家畜化した後に出現したに違いない。これにより、私たちは自分に最も近い家族以外の人間を見分けて受け入れられるようになった。

家族のように感じる集団

こうした新たな社会的カテゴリーの進化を引き起こした主な物質は、おそらくオキシトシンだろう。[54] オキシトシンはセロトニンおよびテストステロンの可用性と密接に関連している。これら二つは、ヒトの自己家畜化の結果として変化したと私たちが推定したホルモンだ。セロトニンの分泌が増えると、オキシトシンが影響を受ける。セロトニン神経とその受容体の活動が、オキシトシンの効果に影響を及ぼすからだ。簡単に言ってしまうなら、セロトニンはオキシトシンの効果を高めるということである。また、テストステロンの分泌が減少しても、オキシトシンがニューロンと結合しやすくなり、行動が変わる。[29] ヒトが自己家畜化する過程でセロトニンの分泌が増え、テストステロンが減少すると、オキシトシンの効果が高まると予測される。このようにして、ヒトの行動に与えるオキシトシンの効果が増大したと考えれば、自分が属する集団を家族のように感じるヒトの能力がどのように進化したのかを説明できそうだ。

ある実験で被験者にオキシトシンを吸引させると、彼らは他者に共感し、その感情がより正確にわかるようになった。オキシトシンがたどる経路は、脳の「心の理論」ネットワークの一部である内側前頭前野を経由しているようだ。[55] オキシトシンは内側前頭前野と扁桃体の接続を切って、内側前頭前野の影響力を高め、扁桃体による恐怖反応や嫌悪反応を鈍らせている可能性がある。言い換えれば、オキシトシンは脅威を感じにくくし、人を信頼できるようにする。オキシトシンを吸引した被験者は、金融ゲームや社会ゲームで協力的になり、それまでより気前よく寄付し、人を信頼するようになる傾向があった[56]。

出産すると、母親の体内ではオキシトシンが大量に分泌される。オキシトシンは母乳の生成を促し、母乳を通じて子どもに受け渡される。親と赤ちゃんが目と目を合わせると、オキシトシンが分泌されるというオキシトシン・ループが形成され、親子ともども愛し愛されている感覚を得る。人類共通の特徴であるはっきりした白目は、このオキシトシン・ループを始動させる一因だ。白目はもともと赤ちゃんを世話したいと親に思わせるために発達したのだろうが、現在では対面で交流するあらゆる人に作用し、絆の形成を促す働きをしている。イヌでさえもこの絆の形成経路を利用して、飼い主とのあいだでオキシトシン・ループをつくることができる（オオカミにはできない[57]）。

ヒトの自己家畜化仮説に従えば、ヒトは自分の集団内の見知らぬ人を見たとき、チンパンジーのように攻撃的になるのではなく、ボノボのように、オキシトシンの作用で見知らぬ人に対して友好的な感情を抱くはずだ[58・59]。目と目を合わせるとオキシトシンがさらに多く放出されて、感情的な絆が強まる。誰かと初めて会ったとき、オキシトシンの効果が現れるほど長くアイコンタクトをとろうとする態度は、かたい握手を交わすことよりもおそらく重要だろう。自分の集団内の見知らぬ人と友人になるこつを身につければ、適応度が高まる。北極圏のイヌイットやタスマニアの人々で起きたように、孤立して暮らす人々は文化的な知識を失ってしまうからだ。ヒトの文化革新が一気に進んだのは、無数のイノベーターたちが見知らぬ人を受け入れ、彼らと協力できるというヒト独特の特徴があったからだった[60]。

「集団内の見知らぬ人」というこの新たなカテゴリーが八万年以上前の中期旧石器時代にヒトで出現した結果、コミュニティが大規模になり、人口密度が高くなった、と私たちは考えている。人類学者のキム・ヒルによると、男性と女性がどちらも近隣のコミュニティに移り、ほかの霊長類には見られないような形で、集団を超えて家族と家族が結びつくにつれ、このレベルの寛容性がはぐくまれていったのだという[61]。

人口密度が高くなるにつれて、技術革新が一気に進んだだろう。技術が向上すると、ヒトはほかの人類よりも多様な環境に進出できるようになった。しきたりやコミュニケーション方法が共通する近隣集団とのネットワークを通じて交易することにより、ヒトは革新的な技術を遠くまで広範囲に伝えられるようになった。イノベーターどうしが会わなくても、目新しいアイデアが伝わるようになったのだ。人々ははるか遠くの天然資源を物々交換で入手し、領地の境界を越えて水を利用できるようになった。

こうした新たな協力関係が生まれたことで、複数の集団が協力して大型哺乳類を狩ったり、魚を捕ったりする集団行動への道が開けた。友好性が有利になるように社会の状況が変化すると、知のネットワークがどんどん拡大していった。それがヒトにとって、ほかの人類をはるかにしのぐ強みとなった。

最も親切な人が勝つ

友好性がヒトの繁栄につながったとする考えは、新しいものではない。ヒトという種がほかの種よりも知的になったという考えもまた、新しくはない。私たちが発見したのは、この二つを結びつける関係だ。それは、社会的な寛容性の向上が、特にコミュニケーションと協力に関連する認知能力の変化につながったというものだ。

ロシアの天才科学者が注意深く選抜したキツネや、野生の近縁種のまわりで複雑なさえずりを聞かせるジュウシマツと同じように、ヒトは家畜化された心をもっている。コンゴ川の南側に広がる多雨林に最初にすみついたボノボや、ヒトが残した食べ物をあさった原始のイヌと同じように、ヒトはこの変化をみずからもたらしたのだ。

とはいえ、ヒトの家畜化は、鳥やオオカミ、さらにいえば類人猿の家畜化とも同じではない。ヒトだけがニューロンのぎっしり詰まった特大の脳をもち、その脳がほかの認知能力とともに、無類のセルフコントロール能力をもたらした。初歩的な道具を作れるほかの人類も、この能力を備えていた。ネアンデルタール人など、ヒトに近縁な人類は高度な文化や武器のほか、ひょっとしたら言語も使っていたが、頂点捕食者にはなれなかった。肉食動物の序列ではジャッカルやハイエナと同じレベルにあり、時には狩りをし、時には腐肉をあさっていたが、大型の肉食動物の餌食になることも多かった。

ヒトも飛び抜けて優れていたわけではない。大規模な干ばつや、火山の噴火、氷河の前進に生存を脅かされ、絶滅寸前に追い込まれたこともあっただろう。その後、中期旧石器時代にヒトは、と言うよりもヒトだけが、友好的になる強い淘汰を受けることになった。

こうした友好的になる淘汰によって、ヒトはほかの動物にはない新たな社会的カテゴリーを得た。それが「集団内の見知らぬ人」だ。このカテゴリーはオキシトシンによって生まれ、維持されてきた。オキシトシンは出産時に母親の体内で放出されるのと同じホルモンであり、それによって、遠くから近づいてくる見知らぬ人でも自分と同類だと見分け、思いやりを抱くことができる。[50]見分けるための目印として、体に顔料で特定の模様を描いたり、近隣の浜辺で拾った貝殻のネックレスをつけていたりしたかもしれない。握手できる距離まで近づいたとき、アイコンタクトをとることで自分にも相手の体にもオキシトシンがまた分泌される。そうすると恐怖心は弱まり、信頼し、協力しようとする気持ちが強まる。

ヒトは人類共通の抜群のセルフコントロール能力に加え、協力行動の利点を考察することができた。自分がとった行動の結果を、ほかの人類よりもうまく考慮できたのだ。

八万年前に起きたヒトの自己家畜化は、人口の増加と技術革命の両方をもたらした。それは考古学的な記録からわかる。友好性はイノベーターの集団どうしをつなげることによって、この技術革命を牽引した。ほかの人類は、こうした方法をとることはできなかった。自己家畜化を通じ

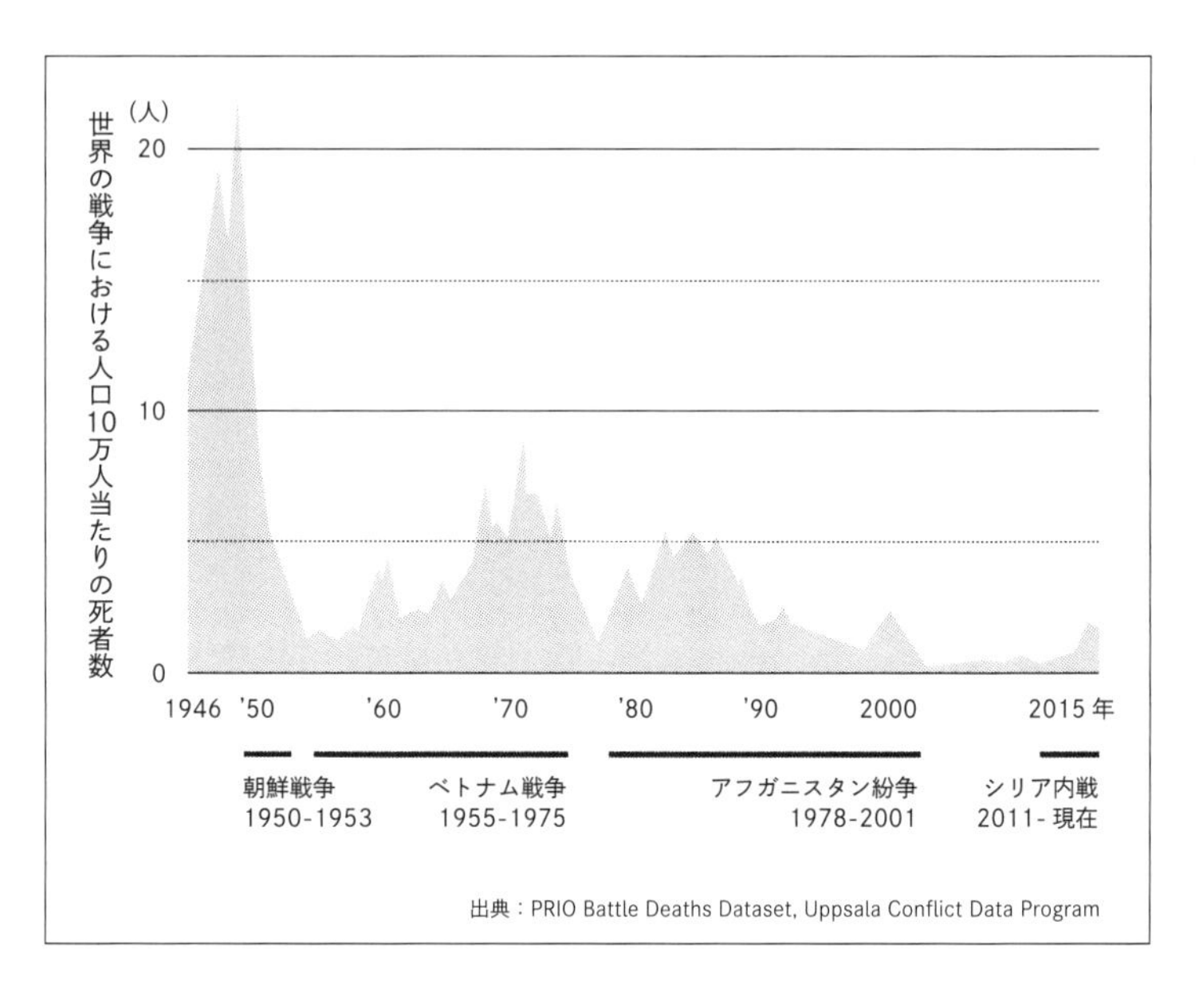

出典：PRIO Battle Deaths Dataset, Uppsala Conflict Data Program

て並外れた能力を得たヒトは、長い進化の歴史からすれば一瞬のうちに、世界を支配することとなった。

ほかの人類は一つ、また一つと絶滅していった。

見知らぬ人に対して友好的になるヒトの能力は、向上し続けてきた。心理学者のスティーヴン・ピンカーは、人間の暴力は時がたつにつれて着実に減ってきていると主張している。[62] ユヴァル・ノア・ハラリは「このジャングルの法則は、無効になりはしなかったにせよ、ついに打破された。……しだいに多くの人が、戦争は断じて考えられないものと見るようになったのだ」〔『ホモ・デウス』柴田裕之訳（河出書房新社）〕と書いている。[63]

これはヒトの自己家畜化の賜物だ。集団内の見知らぬ人という概念ができたことで、人間はこれまで一度も会ったことがない人にも親愛の情を示せるようになった。「拡大家族」と呼ばれるこの概念は、過去にヒトの繁栄を助けただけでなく、未来への大きな希望でもある。人口が増えて資源の消費量も増えるなかで、さらに繁栄していくためには信頼の輪を広げ続けなければならない。

だが、ヒトについてのこの楽観的な見方は、私たちが互いに与え続けている不幸や苦しみとは相容れない。[64] ヒトは「心の理論」をもつことで他者を思いやるという独特な能力を得たが、それを失ってしまったように見えることもある。

ヒトの自己家畜化で私たちの最高の性質を説明できることはわかっているが、最悪の性質を説明することはできるだろうか？　私たちは人間特有の友好的な性質と残酷になる性質のあいだでどのように折り合いをつけているのだろうか？

第6章　人間扱いされない人

　子守りをしてくれているレイチェルが、歌を歌いながら、娘に靴をそっと履かせていた。娘はそれに合わせて手を叩いたり跳ねたりしていたのだが、そのときレイチェルのスカートの片側がめくれてしまった。すると、膝から向こうずねの下のほうまで傷痕がついているのが見えた。

「レイチェル、その脚どうしたんだい？」と私は尋ねた。

　傷はきちんと縫い合わされていなかった。皮膚の組織が腫れて、ゆがんでいる。レイチェルは下を向いて、肩をすくめた。

「鉈（なた）なんです」

　レイチェルはそう言うとスカートを戻して、もう片方の脚にある同じ傷を見せてくれた。

レイチェルは、アフリカ東部に位置するタンガニーカ湖を見下ろす山岳地帯の小さな村、ミネンブウェに生まれた。学校に通い、小川で遊び、友だちと近所を走り回る、ごく普通の女の子として育った。両親は店を所有していた。レイチェルは暗算が得意だったので、放課後や休みの日は店でレジ係として働き、隙を見てはキャンディをくすねて友だちにあげていた。

レイチェルはコンゴ東部に暮らす民族、バニャムレンゲの出身だ。バニャムレンゲはルワンダのツチ系の民族であり、元をたどればエチオピアのシバの女王に行き着く。一六世紀にウシの放牧地を探してルワンダから火山地帯を越え、標高九〇〇〇メートル余りのルイジ平原に住み着いた。気候は寒冷でありながら湿潤で、ツェツェバエもおらず、山々は草に厚く覆われていた。

レイチェルは年齢を重ねるにつれて、バニャムレンゲである自分は、一部の友だちほどには世界が開かれていないことに気づいた。バニャムレンゲは「アフリカの黒いユダヤ人」として知られている。コンゴには四〇〇年も前にやって来たのに、そしてこの地域に出入りした人々はほかにも多くいるにもかかわらず、バニャムレンゲはいまだに移民と見られている。レイチェルは大学に行けなかった。最も近い都市であるウヴィラに住むことも許されなかった。政治家にもなれなかったし、地方自治体の職員になることもできなかった。住んでいる地区の外へたまに出れば、すれ違いざまに「薄汚いルワンダ人」と小声で言われる。

一九世紀から二〇世紀前半にかけて、ベルギー人が何百万人というコンゴ人を奴隷としてゴム農園で働かせていた頃、彼らはバニャムレンゲの飼っているまるまる太ったウシを見て、ルイジ平原が黄金のように貴重な土地であることに気づいた。ベルギー人はウシの一頭一頭に高額の税金を課した。予想どおりバニャムレンゲの人々が支払いを拒否すると、ベルギー人はその土地から彼らを追い出した。

その頃、国境の向こうのルワンダでは、ベルギー人がツチの人々の地位を引き上げていた。ツチはバニャムレンゲが遠い昔に枝分かれした元の民族だ。ツチの系統であるために、レイチェルは鼻がほっそりしていて首が長い。一方、フツの人々はツチよりも皮膚が黒く、顔が丸く、鼻が低い。ツチはヨーロッパ人が来る以前から、社会のなかでフツよりも高い地位にあった。とはいえ、ベルギー人がやって来る前には、これら二つの民族のあいだにはある程度の流動性があった。両民族間の結婚もあったし、ツチの人がフツになることもでき、その逆の事例もあった。

ベルギー人はルワンダに測定器具を持ち込んで顔の特徴を測定し、ツチのほうがヨーロッパ人に似ているから、優れた民族であると決めた。全員に身分証が発行された。ツチはフツよりもよい地位を与えられ、物資も入手しやすく、教育も受けやすくなった。フツは格下げされて低賃金の労働をさせられた。両者の溝は深まる一方で、ツチとフツのあいだで虐殺事件が何度か起こり、最終的に一九九四年の悲惨なルワンダ大虐殺に至った。

一九六〇年に急遽（きゅうきょ）コンゴの独立を認めると、ベルギーは自国の市民を避難させて、国を大混乱に陥れた。国民は分裂して数十もの反政府グループが生まれた。その後の数十年で、バニャムレンゲの人々が飼っているウシは腹をすかせた兵士たちにとって格好の餌食となり、バニャムレンゲの人々も繰り返し攻撃された。そのうちバニャムレンゲの若い男性たちは、家や家族を守るために反政府グループに加わっていった。

ベルギーの撤退で起きたコンゴの争奪戦で、バニャムレンゲが地歩を固めることはなかった。ほかの民族は、バニャムレンゲがコンゴ人でさえもないと不満をもらすようになった。レイチェルは二三歳になる頃には、市民権を剥奪され、旅行を禁止されたうえ、選挙権も奪われた。

こんな不利な立場に置かれていたにもかかわらず、雲の上の山岳地帯に位置するコミュニティに守られて、レイチェルは幸せだった。好きな男性と結婚し、二人の娘をもうけた。子どもたちはレイチェルと同じように、山道を元気に走り回って育った。

レイチェルとその家族は一九九六年のコンゴ戦争を生き延びた。打ちひしがれたが、希望に満ちていた。バニャムレンゲの兵士たちの尽力もあって当時の独裁者が失脚し、次の大統領が権力の座に就いたことから、ようやく自分たちは受け入れられるかもしれないと、国中のバニャムレンゲは期待した。しかし、次の大統領はまもなく彼らに背を向けた。一九九八年に次の戦争が始まると、その戦いは前回よりもはるかに壮絶なものとなった。

反政府グループはコンゴ東部の一帯に群がり、目に入った人という人に銃弾を浴びせ、野原で女性をレイプした。レイチェルは家族とともに、ブルンジにある難民キャンプに逃れた。

さいわい、そのガトゥンバ難民キャンプは二四キロほどしか離れていなかった。レイチェルの両親、兄弟とその家族、いとこ、そして大半の隣人たちは、運べるものだけを持って家を離れた。難民キャンプではテント暮らしで、シャワーやトイレがあった。彼らは食べ物や食器、衣服を分け合った。子どもは野原でいっしょに遊んだ。おとなは戦争などすぐに終わると口々に言いながら、誰かが物資を取りに戻っても安全だろうかと思案していた。湿地を数キロ歩いてタンガニーカ湖の畔の漁村まで行けば、故郷が見えるのだ。

国連難民高等弁務官事務所（ＵＮＨＣＲ）はガトゥンバ難民キャンプがコンゴとの国境に近すぎるのを問題視し、さらに内陸のキャンプへ彼らとほかのバニャムレンゲを移したいと考えていた。しかし、レイチェルやほかの難民は移動を拒否した。故郷に近い場所にとどまりたかったし、反政府グループを恐れていたうえ、難民がひしめき合う内陸のキャンプの状態も懸念していた。病気の温床になっているという話を耳にしていたからだ[1]。

ＵＮＨＣＲは難民キャンプを閉鎖すると警告した。キャンプの警備に一〇人の警察官を雇う一方で、キャンプの管理者を解任し、物資の供給を停止した。それでも、レイチェルと彼女の家族は移動を拒んだ。

だが、すでに手遅れだった。

パルメフツ（フツ解放運動党）と呼ばれる反政府グループが、キャンプを襲撃してきたのだ。パルメフツは、国民の大半がツチであるブルンジの軍に抑え込まれていたにもかかわらず、反政府グループで唯一ブルンジ政府と平和協定を締結していなかった。メンバーは一五〇〇人ほどしか残っていなかったうえ、その一部はライフル銃の台尻を地面に引きずって歩いているような子どもたちだ。敗北して面目を失っていたパルメフツは、何か叩きのめせる対象を探していた。

反政府グループがキャンプに侵入してきたのは二〇〇四年八月一三日、レイチェルと夫、二人の娘たちが寝ていたときだった。悲鳴と煙の臭いで、レイチェルは目が覚めた。混乱のなかで、「ハレルヤ」を歌う声や、太鼓、ベル、口笛が聞こえた。さらに、ひときわ目立つ声がこんなことを歌っていた。「神様が教えてくれる、おまえの見つけ方、おまえの居場所」

男たちが鉈でテントを切り裂いた。レイチェルの目の前で夫と二人の娘を殺し、レイチェルを

ザンビアの難民キャンプにいたときのレイチェル（右）。キャンプではHIVに感染したほかの女性に、それがどんな病気かを説明したり、薬の服用方法を教えたりして、彼女たちを助けた。2009年にアメリカへ移住。

テントから引きずり出した。空は赤く染まっていた。ほとんどすべてのテントが燃えていた。

二五八人の死傷者全員がバニャムレンゲだった。反政府グループは名前とテント番号が載ったリストを持っていた。ほかの部族が住んでいるテントの外には人員を配置し、外に出ないように警告していた。一〇〇人のバニャムレンゲの兵士と数十人の警察官が近くに駐留していて、悲鳴を聞いたが、なす術がなかった。国連の平和維持軍が知らせを受けたのは、すべてが終わった後だった。翌朝、UNHCRの職員はくすぶった地面が煙を上げ、焼けこげた遺体が残されたキャンプをさまよい歩き、途方に暮れていた。後日、彼らはこの惨事を「ガトゥンバ大虐殺」と呼ぶことになる。

反政府グループの兵士はレイチェルをジャングルに連れていき、その後一年にわたってレイプした。兵士の一人に鉈で脚を切られたのは、その頃だ。逃走できないようにするためだったのか、特に理由はなかったのか、それはわからない。そしてある日、兵士のほとんどが出払っているときに、レイチェルは逃げた。命からがらたどり着いたのは、故郷から一六〇〇キロ以上も離れたザンビアの難民キャンプだった。キャンプでは、不潔な針で傷口を縫われ、感染症にかかって瀕死の状態に陥った。じつに四カ月ものあいだ、生死の境をさまよった。奇跡的に、反政府グループの男たちに妊娠させられることはなかった。その代わり、ＨＩＶ（エイズウイルス）に感染させられたのだった。

＊　＊　＊

人々の集団どうしが互いに脅かされていると感じると、どちらの集団でも邪悪な側面があらわになってくる。フツがバニャムレンゲを襲撃したように、強い力をもつ集団が攻撃を仕掛けることもあるだろうし、攻撃された集団が報復することもあるだろう。自己家畜化は、人間がなしうる最悪の攻撃がどこから生まれるのかを教えてくれる。

イヌとボノボは自己家畜化した結果、以前よりも友好的になったが、その一方でどちらの種も、自分の家族を脅かす存在に対する新たな形の攻撃性を発達させた。イヌは飼い主の家に近づくよそ者に激しく吠える。ボノボの場合は、母親が子を守る態度と、雌どうしの絆が原因となって、雌はチンパンジーの雌より雄に対して攻撃的になった。自己家畜化の過程でオキシトシン系に変化が起きたために、このように攻撃性が増大したのではないかと、私たちはにらんでいる。[2]

オキシトシンは親の行動に欠かせないように見えるので、「ハグ・ホルモン」と呼ばれることもある。だが、私は「お母さんグマのホルモン」と呼ぶのを好んでいる。赤ちゃんが生まれたときに[3]母親の体内に放出されるホルモンが、誰かが赤ちゃんに危害を加えようとしたときに母親が感じる怒りも引き起こすからだ。たとえば、ハムスターの母親にオキシトシンを余分に投与すると、脅威をもたらす雄を攻撃して噛みつく傾向が強まる。[4]オキシトシンはまた、雄の攻撃性にも関与している。ラットの雄は交尾相手の雌と仲良くなると、オキシトシンの分泌が増える。そうすると、雌を大切にする行動が強まる一方で、雌を脅かすよそ者を攻撃する傾向も強まる。[5]社会的な絆とオキシトシンと攻撃性とのこうした関係は、哺乳類全体で見られる。ということは、ホッキョクグマの母親が最も愛情に満ちているとき、つまり自分の子といっしょにいるときは、母親が最も危険なときでもあるということだ。たとえ故意でなくても、子が誰かに脅かされれば、母親は恐ろしい生き物に豹変する。わが子を愛するあまり、子を守るためなら死んでもいいと思うようになるのだ。

ヒトが自己家畜化によって形成されていくなかで、友好性の高まりが新たな形の攻撃性をもたらした。脳の成長中に利用できるセロトニンが増えたために、行動に対するオキシトシンの影響が強まった。[6] 集団のメンバーは互いに親しくつながるようになり、その絆はあまりにも強いので、互いに家族のように感じる。発達の初期に脳の「心の理論」ネットワークの接続がわずかに変化することによって、世話行動の対象が近親者から、さまざまな社会的パートナーまで広がった。[7] このように他者に対して新たな関心をもつようになると、血縁関係のない集団のメンバーや、さらには自分の集団内の見知らぬ人を守るために暴力をふるうこともいとわない気持ちが芽生えた。進化によってより強く愛するようになった人が脅かされたときに、人間はより激しく暴力をふるうようになった。

非人間化はどこでも起きる

社会心理学の基本原則の一つに、人は自分が属する集団のメンバーを好む、というものがある。[8] 特に紛争の最中には、対立している集団の見知らぬ人に対して激しいゼノフォビア（よそ者嫌悪）を抱くようになることがあり、こうした集団心理は容易に生まれてしまう。[9] ほぼ恣意的な違いにもとづいて見知らぬ人どうしをグループ分けするだけでも、敵対関係が生じることがある。たとえば、一方の集団は黄色い腕章をつけてもう一方の集団はつけない、青い瞳と茶色い瞳の人で分ける、コンピューター画面上の点の数を「多く見積もる人」と「少なく見積もる人」で分けるといった違いであっても、敵対しかねないのだ。[10]

人間は誰にも教えられなくても、自分と似ている人を好むものだ。自分にいちばん近い人を好むという傾向は、乳児のときにすでに見られる[11・12]。生後九カ月の乳児は、自分と同じ食べ物を好むパペット人形など、自分に似ている人形を助ける人形を好む。また、好きな食べ物が自分と異なる人形に危害を加える人形も好む[13]。子どもは、自分と同じ集団の子どもが規範を破ったときよりも、よそ者が破ったときのほうが、その子により強く規範を守らせようとする[14]。子どもは六歳になる頃には、ズルをする人がよそ者である場合、コストを（ここではキャンディで）払ってでも相手を罰しようとするが、自分と同じ集団のメンバーである場合はあまり罰しない[15]。

一九五四年にムザファー・シェリフが行なった有名な「泥棒洞窟実験」では、オクラホマ州でのサマーキャンプで一一歳の白人少年のグループを無作為に二つのチームに分けた。それぞれのチームはキャンプ指導員から、もう一方のチームは彼らを脅かす存在であると伝えられた。すると一週間もたたないうちに、両チームとも相手の旗を焼き、相手が泊まっている小屋を襲い、武器を作るようになった。よそ者集団に否定的な特徴を植えつけるこの傾向は幼い頃から現れ、差別からジェノサイド（大量虐殺）まで、あらゆる行動の動機になると考えられている。

社会科学者はこの傾向を伝統的に「偏見」と呼んできた。偏見は一般に、人々の一つの集団に対する否定的な感情と定義される[16]。ヒトの自己家畜化仮説が示しているのは、ほかの集団に対するヒトの最悪の行動は、他者に対する「否定的な感情」だけでは説明がつかないということだ。

また、ヒトは独特の「心の理論」を生み出す心のネットワークの活動を弱める能力をも進化させたことを、自己家畜化仮説は示唆している。これにより、私たちは脅威を感じたときに自分の集団以外の人々の人間性を無視することができるようになった。人間性を無視することは、偏見よりもはるかに邪悪な力だ。よそ者に対して共感できないと、彼らの苦しみを自分のことのようには感じない。攻撃は容認される。人道的な扱いをするように求める規則や規範、道徳は適用されなくなる。[17]

私たちの仮説が正しければ、自分の属する集団が脅かされたと感じたときに、脳の「心の理論」ネットワークの活動が弱まる証拠を見つけられるはずだ。この活動低下は、自分たちを脅かすよそ者に苦痛を与えてもかまわないという気持ちと関連があるはずだ。他者を非人間化する傾向は人によって異なるだろうし、その度合いは社会化にも大きく影響されるだろう。しかし、私たちの仮説からは、あらゆる人間の脳には他者を非人間化する可能性があると予測される。[18]

他者を人間扱いしない脳

脳の「心の理論」ネットワークの活動低下は、よそ者を否定的に扱う行動と関連している。第5章で説明したように、扁桃体は脅威に反応し、その反応が脳の「心の理論」ネットワーク（内側前頭前野、側頭頭頂接合部、上側頭溝、楔前部）に影響を及ぼす。[20] この関係を調整するうえで重要な役割を果たしているのが、オキシトシンだ。内側前頭前野のニューロンと結合することで、オキシトシンは社会的なやり取りをしているあいだに、脅威に対する扁桃体の信号を強め、内側前頭前野の反応を鈍くする。[21-23]

神経科学者のラサーナ・ハリスとスーザン・フィスクは、人々が互いをどのように分類するかを、人の相対的なやさしさと能力にもとづいて調べた。やさしい人には善意があり、能力がある人には実行力がある。この二つの性質は相互に依存しない。能力が高く、やさしさの度合いが低い人もいれば、その逆の人もいる。たとえば、高齢者は「やさしさの度合いが高くて能力が低い」が、金持ちは「能力が高くてやさしさの度合いが低い」と、大半の人は考える。

ハリスとフィスクは被験者をｆＭＲＩ装置に入れ、ホームレスや薬物依存症の患者など、「能力とやさしさが低い」カテゴリーの人の写真を見せた。すると、その写真が脳内で処理される仕組みが、ほかのカテゴリーの人の写真を見たときとは異なることがわかった。「能力とやさしさが低い」カテゴリーの人の写真は、ほかのカテゴリーの写真よりも扁桃体の活動を活発にさせた。これは、人々がこのカテゴリーの人に脅かされていると感じ、「彼らには人間らしい心が十分に備わっている」と考える可能性が低いことを示唆している。[24]

オキシトシンが他者に対する嫌悪感を調整する役割を果たしていることは、オキシトシンの蒸気を人に吸引させる実験で実証されている。[25] 競争を伴う経済ゲーム実験の最中にオキシトシンを吸引した男性たちは、自分が属するグループのメンバーにお金を寄付することが三倍多くなり、寄付額が少ないよそ者を積極的に罰したいと思う傾向が強まった。[26・27]

オキシトシンがよそ者に対する行動に影響を及ぼすことを示した実験のうち、最も衝撃的だったのは、オランダ人男性のグループを道徳上のジレンマに直面させた実験だ。この実験では、六人組のチームが海のそばにある洞窟を探検するというシナリオを設定した。男性の一人が洞窟の出入り口になっている小さな穴にはまって、身動きがとれなくなった。その男性をどかさなければ、やがて潮が満ちてきて洞窟が水没し、中にいるメンバー全員が溺れ死んでしまう。ただし、穴にはまった男性は、顔が水面よりも上に出ているので助かる。洞窟に閉じ込められたメンバーの一人は、一本のダイナマイトを持っている。ダイナマイトを使って穴を広げれば、閉じ込められたメンバーは助かるが、穴にはまった男性は死ぬことになる。この状況でダイナマイトを使うかどうかを、オランダ人男性たちは問われた。

このシナリオには二つのバージョンがある。一つは、穴にはまった男性がヘルムートのようにオランダ系の名前であるもの。もう一つは、アフマドのようにアラブ系の名前であるものだ。被験者のオランダ人男性にオキシトシンを鼻から吸引させたところ、彼らがオランダ系の名前の男性を犠牲にする割合は、アラブ系の名前のときと比べて、二五%も低かった[28]。

「心の理論」ネットワークのあらゆる領域で活動が低下することは、よそ者を否定的に扱う行動と関連づけられてきた。他者を不当に罰している人の脳では、内側前頭前野と側頭頭頂接合部が活動していない。ある実験では、スイス陸軍の将校をｆＭＲＩ装置に入れ、脳の活動を撮像しながら協力ゲームをさせた。このゲームで、被験者は自分が率いる小隊やそうでない小隊の隊員がズルをする場面を目撃する。自分が率いていない小隊の隊員がズルをするのを目撃した場合、被験者はその隊員を即座に罰し、そのあいだ内側前頭前野と側頭頭頂接合部はあまり活動していなかった。一方、自分の部下がズルをするのを目撃した場合は、同じ脳の領域が活発になり、その部下を罰しなかった。「心の理論」ネットワークが活発になるかどうか、その結果として寛容になるか罰を与えるかを決めるのは、規則違反ではなく、集団アイデンティティだったのだ。[19]

ほかの研究では、ある民族集団に属する人にオキシトシンを投与すると、ほかの民族集団に属する人の顔に浮かんだ恐怖や痛みの表情に気づきにくくなるという結果が出た。[29・30] よそ者の恐怖や痛みを感じにくくなるという現象は、その実験に参加したすべての民族集団で一貫して見られた。さらに、周囲で紛争が起きている環境で育つと、この効果がさらに大きくなることがある。民族紛争が絶えない地域で育った青年は、オキシトシンの血中濃度が高く、敵対する民族に共感しにくい。[31]

どんな時代や文化でも見られる性質

ボノボを除く現生のあらゆる大型類人猿は通常、他者を恐れたり攻撃したりする。その理由は、彼らが見知らぬ者だからだ。ボノボを除く現生の大型類人猿はすべて、見知らぬ者を殺す場面が目撃されている。人類とほかの類人猿との直近の共通祖先はおそらく、見知らぬ者を非常に恐れ

デモサイドとジェノサイド（1818～2018年）

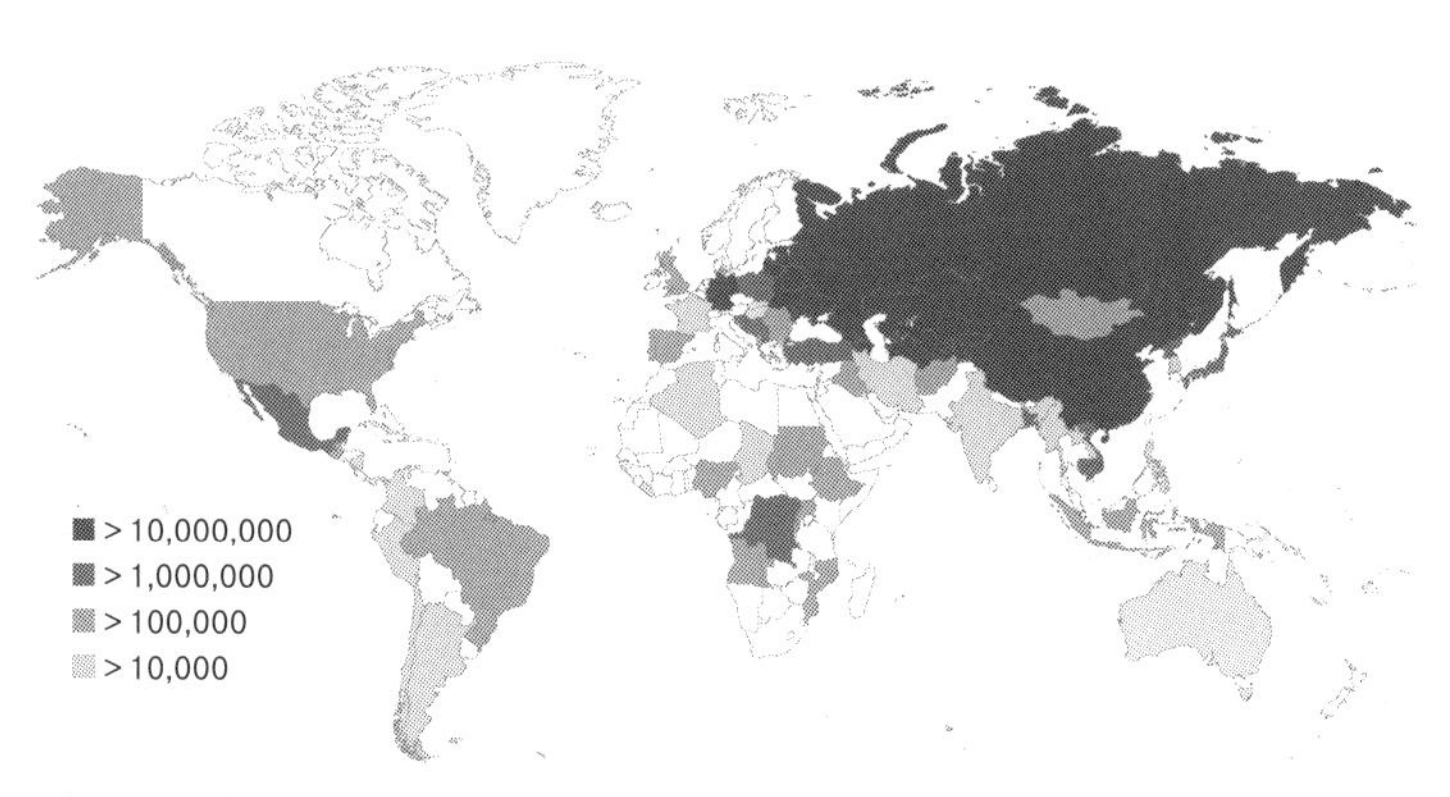

デモサイド（政府が非武装の人々を大量に虐殺する）とジェノサイドによる死者の数を国別に示した。（出典：Rudolph Rommel, "Power, Genocide, and Mass Murder," *Journal of Peace Research*, 31(1) 1994）

ていたか、激しく攻撃していただろう。その後に進化した人類のあらゆる種はおそらく、この形質を受け継いだと思われる。

見知らぬ者に対して友好的であるというヒトの性質はボノボと共通しているが、ヒトの場合、友好的なのは一部の見知らぬ者に対してだけだ。ヒトは集団アイデンティティにもとづいて見知らぬ者を見定める。自分が属する集団に愛着をもっているがゆえに、異なるアイデンティティの集団に属する見知らぬ人に対しては、恐怖や攻撃的な感情がいっそう強くなる。

これは、狩猟採集民に関する研究からわかったことと一致している。これまでに研究された狩猟採集民のどの集団でも、男性は自分の集団を守るために、よそ者に対して先制攻撃を仕掛ける。成人の死因で最も多いのが、襲撃による死亡[32・33]だ。

「ジェノサイド」という言葉自体は第二次世界大戦後に生まれたものだが、古代のカルタゴやメロスでも大虐殺があったという記録があるし、ペルシャやアッシリア、イスラエル、エジプト、そして極東では古代にジェノサイドに匹敵する暴力行為があったという記録が残っている。[34] 工業化された近代世界であっても、この種の暴力がたびたび起きる。過去二〇〇年間で、南極大陸を除くあらゆる大陸で大規模なジェノサイドが複数起きている。

非人間化が行なわれた証拠は、私たちが研究したすべての文化で見つかった。[35] そして、社会心理学者のノール・クテイリーが最近、共同研究者らとともに一連の先駆的な研究を始めた。そこで使われているのが、二五〇〇万年前からのヒトへの進化を示したイラスト「進歩の行進」だ。

「進歩の行進」というのは一九六五年にタイムライフブックス社の委託で制作されたイラストで、ヒトの進化を誤って伝えているものではあるが、「適者生存」と同様に一般の人々の心に響いた。このイラストが示しているのは、進化は直線的に進むものであり、ヒトはその頂点に立っているという考えだ。だが、そのどちらの考えも正しくない。イラストに添えられた文章はそれが正しくないとはっきり伝えていたのだが、編集者のF・クラーク・ハウエルは「図版が文章を圧倒してしまった。あまりにも強く人々の感情に訴えかけ

たんだ」と悔やんでいる[36]。

このイラストは進化に関する一般人の理解に悪影響を及ぼしてきたのだが、クテイリーはこれが非人間化の度合いを測る尺度として使えることに気づいた。そこで、この図の名前を「人類の進歩のスケール」に変更し、五〇〇人以上のアメリカ人に対して調査を実施した。その調査では、多くの人がぎょっとするような質問をした。まずクテイリーは、一七二人のアメリカ人（大半が白人）に、次の文章を読ませて、人々を評価するように求めた。「どの程度人間らしく見えるかは人によって異なります。高度に進化したように見える人もいれば、下等動物と見分けがつかないように思える人もいるでしょう。下に示したイラストを使って、それぞれの集団の平均的なメンバーがどの程度進化していると思えるかを、スケールで評価してください」。このスケールでは、完全な人間が一〇〇点となる。

クテイリーの調査の結果、被験者は提示された民族集団の半数を完全な人間に満たないと評価した。最も非人間化されたのはイスラム教徒で、そのスコアは完全な人間（一〇〇点）を一〇点も下回った。この調査で報告された評価の違いはどれも、長年の生物学研究や、誰もが平等だという現代の規範に反するものだ。どのような民族集団も完全な人間であることは明らかなのに、被験者の大部分は存在しない違いを見いだした[37]。そしてこの非人間化は、現実とかかわりのない抽象的なものではなかった。イスラム教徒を人間扱いしなかった人は、中東で彼らが拷問されるのも、無人機で攻撃されるのも容認する傾向が強かった。

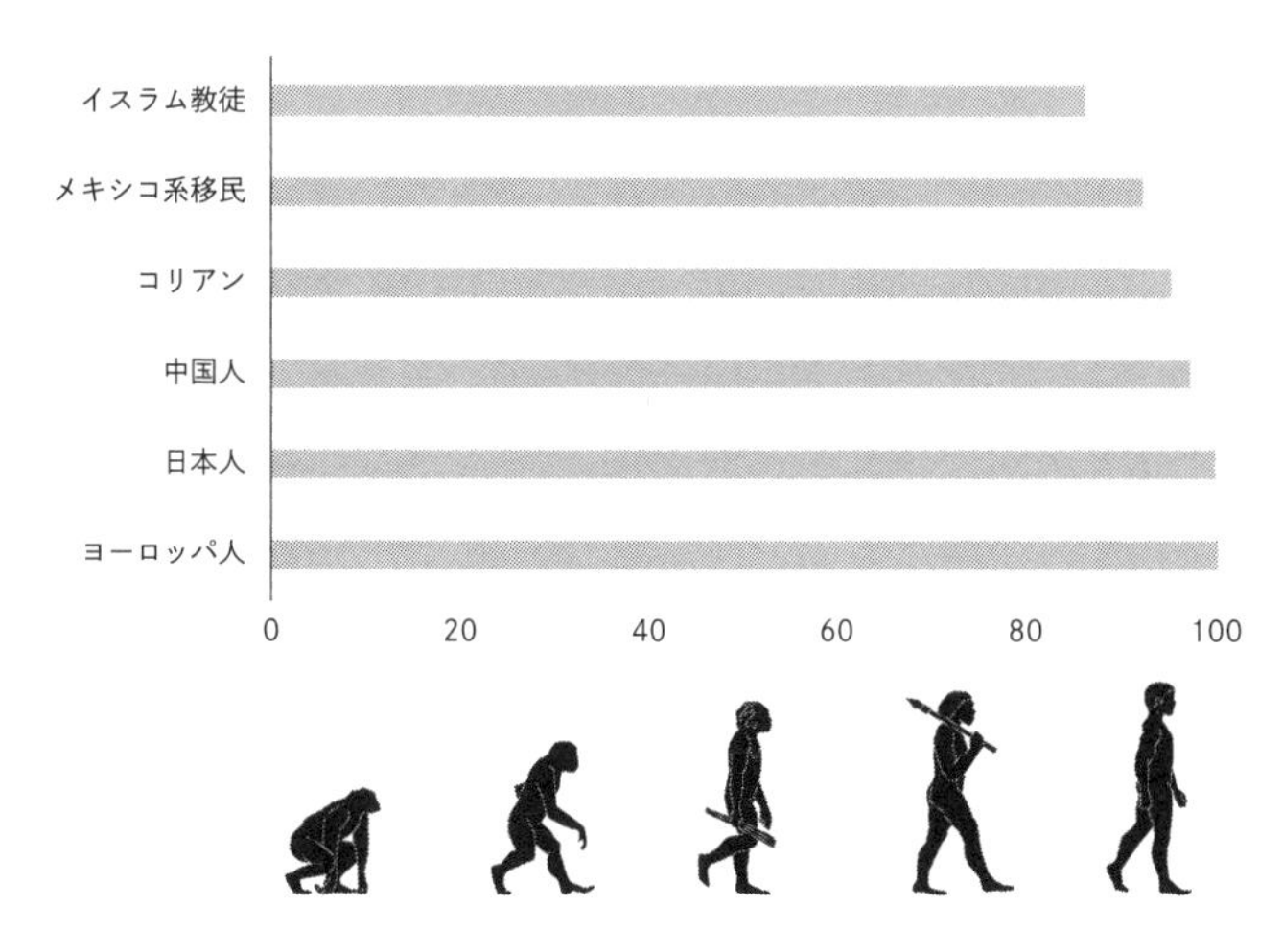

クテイリーの発見によると、ヒトは特定の集団からの脅威が高まっていると感じるにつれて、その集団を非人間化する度合いが高まるという。彼はボストンマラソンのフィニッシュ地点で二人のイスラム過激派が爆弾テロ事件を起こす前後に、被験者がイスラム教徒を非人間化する度合いを測定した。その結果、爆発事件の後にはその度合いが五割近くも高まったことがわかった。[38] 同様の傾向は、イスラム教徒の男がイギリス兵士を殺害した事件の後のイギリスでも見られた。この調査でも、イスラム教徒を最も非人間的と見なした人は、無人機による攻撃や対テロ対策を支持する傾向が強かった。これら二つの事件からは、一人の襲撃犯の行動がイスラム教徒全体に当てはめられる傾向があることも予測できた。[37]

こうした反応を示すのはアメリカ人だけではない。クテイリーはさらに、ハンガリー人がロマ（かつてジプシーと呼ばれた人々）を人間扱いしないことにも目

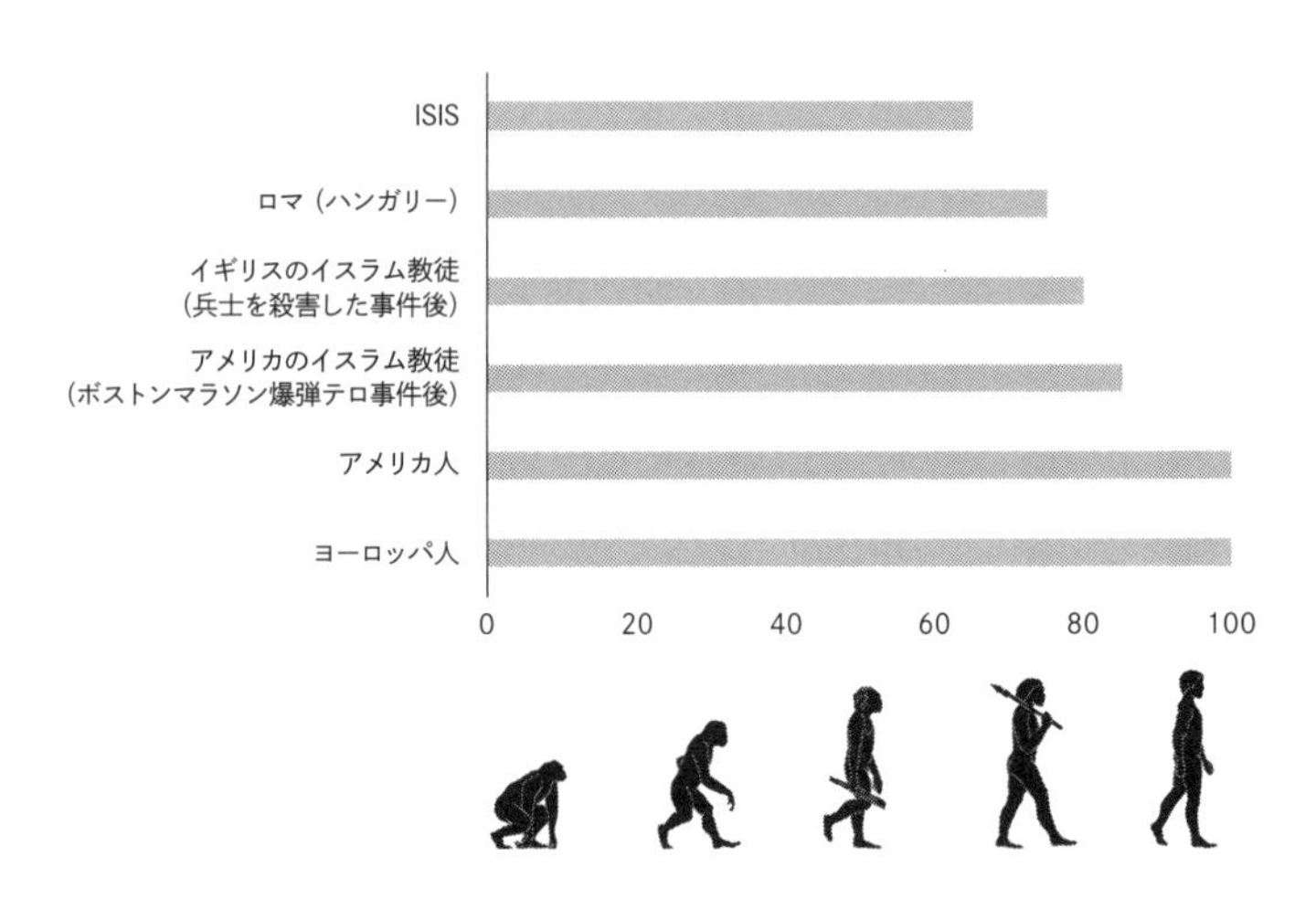

を向けた。ロマはヨーロッパの民族集団で、長年迫害を受けてきた。中世ヨーロッパで奴隷として扱われ、その後、定住を強制され、文化的なアイデンティティを奪われた。ナチスはロマの人口の五分の一を殺害した。ロマの大部分は最低限の生活を維持できる所得水準をはるかに下回る貧しい暮らしをしており、嫌がらせや差別の標的となっている。クテイリーの研究チームがハンガリー人に対してスケールを使った評価テストを実施したところ、アメリカ人がテロ事件後にイスラム教徒を非人間化する度合いは、ハンガリー人がロマを非人間化する度合いよりも高かった。それどころか、ハンガリー人はスケール上でホモ・エレクトスとアウストラロピテクスの中間あたりにロマを位置づけたのだ。

これと同様の結果が、二〇一四年のガザ侵攻後にパレスチナ人とイスラエル人が互いを非人間化する度合いを比較したときにも見られた。どちらの集団も、相

手の集団を非人間化する度合いは同じくらい極端に高かった。[31・39]

以上すべての研究で、クテイリーは好き嫌いの尺度をそれとなく紛れ込ませ、偏見は非人間化よりも、ヒトが他者に対して暴力的な態度をとる理由をうまく説明できるかどうかを調べた。その尺度には、他集団の人々をあからさまに非人間化する必要のない、暗黙の尺度もいくつか含まれていた。そして、クテイリーがいくつもの研究で繰り返し発見したのは、彼が考案した非人間化の尺度が、他集団の人々に危害や苦痛を与えたいと思う人の気持ちを最もうまく説明できるということだった。[37・40]

クテイリーはまた、他者を人間として見なすかどうかを判断するとき、脳の「心の理論」ネットワークの一部が選択的に活性化することも発見した。アメリカ人の被験者がさまざまな集団の人々（アメリカ人、ヨーロッパ人、イスラム教徒、ホームレス）を完全な人間と見なすべきかどうかを判断したときには、楔前部の活動が強まったり弱まったりした。[41] 思い出してほしいのだが、楔前部が急激な成長を遂げたのは主に、頭部がヒト独特の球状になったのが原因だった。そして、球状の頭部になったのはヒトがネアンデルタール人から枝分かれした後のことだ。

常識的に考えると、他集団を非人間化するよう促す最大の要因は、資源や威信、あるいは経済的な価値のある物品が脅かされることだと思われる。集団どうしで政治的なイデオロギーが対立することもあるだろうし、複数の集団が属する大きな社会のなかで、一方の集団が他方よりも相対的な地位が高いとき、多少なりとも相手を非人間化することもあるだろう。しかし、クテイリーが見いだしたのは、こうした要素が影響を及ぼすこともあるとはいえ、一つの集団が他集団を非人間化する原因として最もありがちだったのは、「彼らが自分たちを人間扱いしていない」と気づくことだった。これは「相互の非人間化」と呼ばれる。[42・43]

たとえば、ある実験で、「イスラム世界の大部分でアメリカ人は動物だと思われている」という見出しがついた『グローブ』誌の架空の記事をアメリカ人に見せた。その記事からは、それが大部分のイスラム教徒の考えであると受け取れる。すると、それを読んだアメリカ人が「人類の進歩のスケール」でアラブ人を非人間化する度合いは二倍に上昇した。相互の非人間化からは、敵対する集団どうしの平和に対する姿勢もわかる。イスラエル人もパレスチナ人も、「自分が相手側から非人間化されている」と感じる度合いに応じて、相手に対する懲罰的で反社会的な方策を支持する傾向が強くなった。[42] これまでに調査されたどの集団や文化でも、集団が脅威を感じると、脅威を与えている集団を非人間化するという同じパターンが見られた。

誰もが影響を受けやすい

私がいわゆる「ナイラの証言」を聞いたのは、一四歳のときだった。クウェートの病院に突入してきたイラク兵が新生児を保育器から放り出したと語った、ナイラという女性の証言だ。ナイラは私より一歳だけ年上だった。声を震わせながら、赤ちゃんたちが冷たい床に放置されて死んでいった状況を描写していた。私は当時、クウェートについて何も知らなかったが、ナイラの話を聞いてぞっとした。「こんなことをするイラク兵は動物だ。何かすべきじゃないか」と思ったのを覚えている。

そう思ったのは私だけではなかった。当時のアメリカ大統領、ジョージ・H・W・ブッシュは、その翌週に軍事介入の必要性を訴えるなかで、保育器の話を一〇回も持ち出した。七人の上院議員がこの話を引用し、戦争に賛成する票を投じた。ちなみに、この動議はわずか五票差で可決された。サダム・フセインをヒトラーになぞらえる声があちこちで聞かれた。フセインとイラクのクウェート侵攻に反対するようにアメリカ世論を誘導したのは、ナイラの証言だったと、多くの人が考えている。

しかしその後、ナイラの証言が作り話であることが判明した。彼女はクウェート大使の娘で、その証言は「ヒル・アンド・ノウルトン」というPR会社が仕掛けたキャンペーンの一環であり、アメリカの世論をクウェート擁護に仕向けるためのものだった。ヒル・アンド・ノウルトンは、ベトナム戦争以降で最も大規模な軍事行動を支持する世論を形成するにはどうすればいいかを、はっきりわかっていたのだ。[44・45]

ほとんどの人は、苦しんでいる子どもに手を差し伸べるし、配偶者を亡くした同僚を慰めるし、親戚が病気になったら看病するものだ。私たちはみな友だちをつくるが、彼らも元をたどれば見知らぬ人だった。ヒトには、他者に同情を寄せるという並外れた能力がある。人間は自分の集団内の見知らぬ人に対して友好的な態度をとるという独特な能力を進化させてきた。しかし、こうした親切心は、他者に対して残酷な態度をとる性質とつながりがある。ヒトの本性を制御し、協力的コミュニケーションを促進した脳の領域は、同時にヒトの最悪な性質の種(たね)をもまいたのだ。

第7章　不気味の谷

アフリカのコンゴ盆地の多雨林に「バカ・ピグミー」と呼ばれる民族集団が暮らしている。彼らはこの地域に残る数少ない狩猟採集民だ。二〇〇七年、バカ・ピグミーの一団が宿舎としてコンゴ共和国の首都ブラザビルの動物園をあてがわれた。

コンゴの主要な民族集団であるバントゥー系民族は、身長が低いピグミーの人々をしばしば非人道的に扱う。バントゥー語でピグミーを指す「エバヤア」は「奇妙で下等な存在」という意味だし、[1] バントゥーの人々は時にピグミーを奴隷として扱ってきた。一九九八年のコンゴ戦争では、バントゥーの兵士がピグミーを動物のように捕まえて、食べることまでしていた。

動物園に収容されたバカ・ピグミーの一団は音楽家だった。コンゴ政府はブラザビルで開かれる音楽祭で演奏させるために、彼らを連れてきた。ほかの音楽家たちはホテルに宿泊したが、女性や乳児を含む二〇人のピグミーは動物園のテントに押し込まれたのだった。動物園のほうがピグミーの「ふだんの生活環境」に近いから快適だろうというのが、コンゴ政府の主張だった。[2]

ピグミーが動物園に収容されたのは、これが初めてではない。一九〇六年には、オタ・ベンガという名のピグミーがニューヨークにあるブロンクス動物園のサル園で展示された。このような先住民の展示は一九世紀〜二〇世紀初頭の欧米で人気があった。身なりの整った来場者が人間動物園で「遅れた人種」[3]を眺め、驚きの声を上げる。展示は一人の場合もあれば、数百人の集団の場合もあり、彼らの故郷の環境を模した展示もあれば、動物といっしょに檻に入れられることもあった。

オタ・ベンガは当時二三歳で、身長は約一五〇センチ、体重は約四七キロだった。歯は先が鋭く磨かれ、展示中には腰巻きだけを身につけていた。毎週月曜に腰巻きが洗濯されているあいだは、真っ裸にされた。

展示用の囲いには、彼を見物しようと動物園に押し寄せた何千人もの来園者から身を隠せる場所はなかった。ベンガは囲いを出入りするときには、彼の母国語が通じない管理人に頼まなければならず、管理人の対応は日によって違った。ごくたまに動物園内を散歩させてもらえても、嫌がらせをされ、追い立てられるように囲いの中に戻された。来園者はベンガが若いチンパンジーと遊んでいるところを見たがり、ベンガとチンパンジーがよく似ていることに感嘆の声を上げた。彼らにはベンガとチンパンジーが同じ言葉を話しているように聞こえ、両者の区別がつかないこ

ともあった。

その後、ベンガは動物園から解放され、孤児院に送られた後、たばこ工場で働くようになった。歯に覆いをし、アメリカ人が着るような服を買い、英語を覚えた。ベンガは自分の経験について文字で記録を残していない。だが、三三歳のとき、儀式用の火をおこし、歯の覆いを切り落として、みずからの頭を銃で撃ち抜いて自殺したことはわかっている。

中世以降、南北アメリカやアジア、アフリカに生息しているサルは一種のステータスシンボルとして富裕層に購入されていて[4]、茶目っ気たっぷりでいたずら好きのところが好まれていた。古くはアリストテレスなどの哲学者たちが、サルは人間と獣をつなぐミッシングリンク（失われた環）かもしれないと述べてはいるものの、この近い関係に脅威を感じている者はいなかったようだ。

大型類人猿はこれとは違った。数百年前まで、彼らの生息環境から遠く離れた場所に住む人にとって、大型類人猿は伝説にすぎなかった。一七世紀の探検家は、直立二足歩行をして武器を使う巨大な類人猿を見たという話を伝えている。大型類人猿は一律に、マレー語で「森の人」を意味する「オランウータン」と呼ばれ、ピグミーの人々と混同されたり、「未開の」アフリカ大陸の未知のジャングルにすむという架空の怪物といっしょにされたりすることもしばしばだった。[5]

一八世紀に入る頃には、多数の大型類人猿が、生きている個体も死んでいる個体もヨーロッパに運ばれてくるようになった。そして、死んでいる個体は解剖学者に解剖され、生きている個体は王族の視線を浴びた。[6]大型類人猿は小さなサルのように衣装を着せたり、からかったり、首輪と縄でつないで飼えるような存在ではない。黒々とした体は並外れて大きく、成長して二本足で立つと、人間を正面からにらみつけ、部屋の端から端まで投げ飛ばすことができる。

ロボット工学者の森政弘が唱えた説によると、ロボットが人間らしく見えるようになればなるほど、人間にとって魅力的になるという。だが一方で、人間との類似がある度合いに達すると、すなわち、ロボットが人間と完全に同じではないが、ほぼ同じに見えるようになった時点で、薄気味悪さや嫌悪感を引き起こすとも述べている。森はこの現象を「不気味の谷」と呼んだ。[7]

「不気味の谷」はまさに、ヨーロッパの人々が大型類人猿を初めて見たときに抱いた気持ちを表

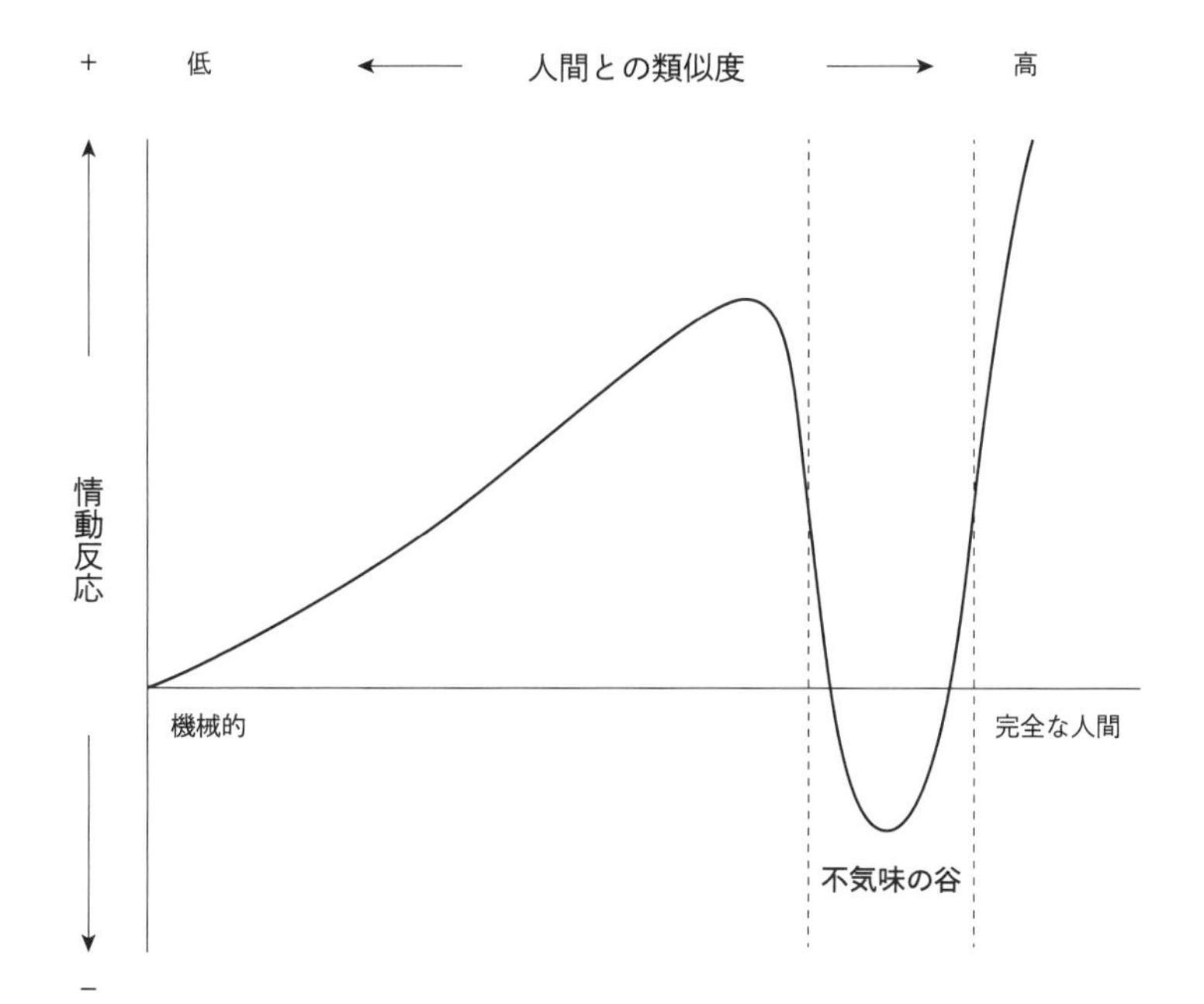

森の「不気味の谷」

している と言えるだろう。当時の人々による類人猿の記述には強い興味と恐怖が入り交じってい
る。人間を退化させたような奇怪な生き物で、性的衝動が異常に強く、破壊好き、といった具合
だ。大型類人猿はヒトとサルが異常に交わった結果として生まれたと推測する人もいた。

偉大な分類学者、カール・フォン・リンネが一八世紀に大型類人猿をヒトと同じ階層に分類し
ようとすると、ほかの科学者たちは抗議の声を上げ、「人間の権利を擁護し、人間と類人猿を結
びつける馬鹿げた行為に異議を申し立て」なければならないと感じた。[8] こうした議論は一九世紀
を通して再燃を繰り返した。とりわけ顕著だったのは、ダーウィンの著書『人間の由来』が出版
された後だ。

人間を類人猿やサルにたとえる「猿化」(英語で simianization ラテン語でサルを意味する
simia に由来)は、非人間化の典型的な形だ。大型類人猿はこの行為に利用するのにうってつけ
の存在である。人をおとしめる目的で引き合いに出される動物のなかでも、大型類人猿はネズミ
やブタ、イヌなどの動物とは異なり、人々を不気味の谷に陥れて、不快感や嫌悪感といった強い
感情を引き起こすからだ。

ヨーロッパ人は早くも一四世紀には、エチオピア人はサルのような顔をしていると述べていた
が、[9] 黒人を大型類人猿になぞらえる動きが活発になったのは、奴隷貿易が行なわれた一五世紀か
ら一九世紀のことだった。大型類人猿が初めてヨーロッパに輸送されてきた頃にはすでに、アフ

リカから何百万人もの人々が大西洋を渡って連れてこられていた。一七世紀の大半にわたり、ヨーロッパの上流階級の多くの人々が、人間のピグミーとボノボとゴリラの区別がつかないと言い張っていた。[10]

ヨーロッパの科学者は、彼らの誤った「進化のはしご」のどこに大型類人猿を位置づけてよいかわからなかった。彼らは白人を最上位に置いた。そして、大型類人猿とヒトは明らかに似ているので、リンネやダーウィンが提唱するように、すべての人類と大型類人猿をホモ（ヒト）属に分類するのが理にかなった措置だと考えた。[8]

厳密な社会的階層があった当時、多くの人にとってこの説は受け入れがたかった。ヒトと類人猿との関係を受け入れやすくするために、一九世紀の人類学者は、進化のはしごの中に、もう一つ段を設けた。人類学者のジェームズ・ハントは一八六四年にこう書いている。「類人猿とヨーロッパ人よりも、類人猿と黒人のほうが圧倒的に似通っている」[11]。類人猿が人間と動物界の中間に位置するとしたら、黒人は白人と類人猿の中間に位置すると言えるというのだ。

この考え方には、もう一つの難題を解決できるという利点もあった。それは、奴隷貿易というぞっとする行為と、上流階級の人々の道徳との折り合いをどうやってつけるか、という問題だ。黒人を「猿化」することで、すべての人間に生まれつき備わっていると彼らが主張する生存と自由、幸福の権利を黒人から奪うことを、道徳的に正当化することができた。[12]

「猿化」は奴隷貿易が禁止されてもやまず、アフリカ系以外の人々も対象になった。一九世紀にはイギリスとアメリカでアイルランド人が、第二次世界大戦中には日本人が「猿化」された。さらには、ドイツ人、中国人、プロイセン人、ユダヤ人もまた、二〇世紀の大規模な紛争へと向かうなかで「猿化」された[13]。

こうした人々への行為はやがて時代遅れになったが、それでもアメリカに住む黒人を類人猿になぞらえる行為は続き、女性や血に飢えた存在として描かれることもしばしばだった。なかでも、性欲に飢えた頭のおかしい類人猿として描かれた例でよく知られているのが、一九三三年の映画『キングコング』だ。今考えると、この映画には人種差別的な意識がはっきりと感じられる。白人の女性が密林の島に行き、黒い巨大ゴリラに支配されている黒人の原住民たちと遭遇する。巨大ゴリラはその白人女性に異常な性的興味を示し、彼女に連れられて白人の文明社会にやって来たものの、そこはゴリラに理解できる世界ではなかった。白人の男性たちは白人の文明社会が壊されるのを阻止するために黒いゴリラを殺し、白人女性はなすすべもなくリーダーの白人男性に身を委ねた。こうして以前の秩序が戻る、という物語だ[14]。

一九三三年、アメリカのアラバマ州で九人の黒人の若者たちが列車の車内で二人の白人女性をレイプしたとして逮捕された。それは虚偽の告発だったのだが、ほとんど何の証拠もなしに、九人のうち八人が電気椅子での死刑を言い渡された。一二歳だった最年少の被告は死刑と無期懲役のあいだで陪審員の意見が割れ、評決不能になった。当時のリノリウム版画には、黒人の若者の一人ががぐったりした裸の白人女性を抱えている場面が描かれている。これは明らかに『キングコ

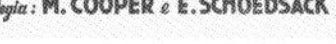

ング』にならったものだ。

第二次世界大戦後でも、市民権運動のさなかには、類人猿に似た黒人男性が白人女性を口説いている風刺漫画がよく見られた。一九五九年には、サウスカロライナ州カルフーン郡の日用雑貨店の外に「ニグロ、すなわちサルは立入禁止」という看板が掲げられた[15]。

他者を「猿化」するこうした傾向を説明するときには、文化がよく引き合いに出される[16]。文化は固定したものではなく無限に形を変えられるので、その結果として、間違った思い込みや、悪意のある社会規範、道徳的に問題がある品行の影響を受けやすい。だが、それは無知や経済状態に起因することが多いから、こうした文化の腐敗を修復することはできるはずだ。

第二次世界大戦後の研究では、ジェノサイドを起こしやすい文化があると結論づけられた。

ドイツには階層文化があったために、市民は権力者を受け入れやすかったのだと言われた[17]。「ドイツ社会の重要な領域がほかの社会とは根本的に異なっていた[18]」と述べる人もいれば、「嘘をつくことがドイツの国民性の欠かせない一部になっていた[19]」との見方もあった。第二次世界大戦中の日本の戦争犯罪は「道徳的に破綻した政治戦略と軍事戦略、軍のご都合主義と慣行、国民文化[20]」、または「日本人の精神力の強さで重大な欠陥を補うことができるという信念[21]」に起因すると考えられた。ベルリンで何百万人もの女性たちがロシア兵にレイプされる事件が起きたのは、「伝統的なロシア文化には独裁的に振る舞う根深い素質がある[22]」からだとか、家父長制と大酒を飲む習慣[23]のせいだとされた。

多くの社会学者は、進歩的な欧米文化が勝利したおかげで、戦後に偏見が減ったと述べてきた。特に、露骨な人種差別が減ったという。この見方に従えば、アメリカが超大国になったとき、世界の道徳的な指針がいっせいに正しい方向を向いたことになる。今やアメリカでは「意図的な差別はなくなり[24]」、「あからさまな人種差別も、隠された人種差別も減少した」というのだ[24-27]。

人種差別は比較的新しいもので、「中世後期か近世初期になるまでヨーロッパには存在しなかった」と主張する者もいる[26]。アメリカでは公民権運動が「人種差別と黒人を政治的に排除する法的な仕組みを粉砕した」。寛容性が高まったのは知識が増えたからだと主張する研究者もいる。「人種的偏見はかつて知識人や文化人から支持されていたが、今ではもう支持する者はいない」とある研究者は主張する。「白人が人種的に優位であるという主張は、遺伝学者や生物学者によって誤りであることが完全に証明されたうえ、ナチスのファシズムやホロコーストと強く結びついていたので、政治的にも社会的にも敬遠されるようになった[28]」

二〇〇〇年には、人種差別の文化はアメリカから消え去ったと、一部の社会科学者が言い切った。少なくともリンチや人種隔離、強制収容所につながるような種類の人種差別はなくなったというのだ。「古い人種差別（黒人に対する否定的な感情、および黒人は白人よりも劣っているとの信念）は時代とともに急速に衰退した[29]」という。ポスト・オバマの時代には、人種差別はもはや政治的判断を左右する要因ではなくなり、「黒人候補者への投票を拒む白人はようやく、白人用と黒人用で分離された水飲み場と同じ道をたどることになった」と、政治学者は主張した[30]。

新たな偏見の文化

しかし、心理学者のフィリップ・ゴフが指摘したように「態度と食い違った不平等」があるせいで、人種問題を乗り越えたとされる社会に暮らしているマイノリティは、雇用や教育、住宅、収入、健康の面で多大な不平等に苦しんでいる。「黒人やアジア系のイギリス人は……白人のイギリス人よりも雇用されにくく、条件の悪い仕事に就くことが多く、住居の環境も悪く、健康状態も悪い[28]」。「ドイツに暮らすさまざまな民族集団のなかでは、トルコ人は境遇が以前とまったく変わっておらず、最も激しい敵意にさらされている[31]」。「アボリジニは、オーストラリアのほかの社会的集団と比べると、失業や貧困、投獄、病気の割合が異常に高い[32]」

この格差が特にはっきり表れているのが、アメリカの刑務所制度だ。一九九〇年代のアメリカの麻薬撲滅運動では、刑務所に収監される人の数が増え、刑期も長くなった。現在のアメリカでは、中国やロシア、イランも含めたどの国よりも受刑率が高い。そして、黒人はアメリカの全人口の一三%しか占めていないにもかかわらず[33]、受刑者の四〇%を占めている[34]。首都ワシントンのような都市では、一九九八年はどの日においても、そこに住む黒人男性の四二%が、刑務所での懲役や保護観察を含めた矯正監督下に置かれていた。ボルティモアでは、その割合は五六%にのぼった[35]。

この食い違いを説明するために、古い偏見（ジェノサイドにつながりかねないタイプの偏見）が新しいタイプの偏見に置き換えられたのだという説が提唱されている。「学者のあいだでは、『古いタイプの人種的偏見』はおおむね現代的な形の偏見に入れ替わったという見方でコンセンサスがとれている」のだという[36]。今や人種差別は「とらえがたい[37]」ものであり、「拡散[38]」し、「経路依存的[24]」であり、「象徴的」「嫌悪すべき」「現代的」「ひそかな[39]」といった言葉で形容することができる[40]。

一方、黒人が直面している現在の問題は、主に彼ら自身の道徳上の欠点に起因すると主張する者もいる。「確かな事実として、黒人、とりわけ若い黒人男性は不法行為に手を染めている。その多くは暴力行為で、その犯罪率（人口に占めるパーセンテージ）はほかの人種集団あるいは民

族集団よりもはるかに高い」とアンドリュー・マッカーシーは『ナショナル・レヴュー』誌に書いている。[41・42]

第二次世界大戦の終わりにナチスのホロコースト計画の全貌が明らかになったとき、最も衝撃的だったのは、お役所仕事のように効率よく計画が進められたことだった。とはいえ、大規模な残虐行為はナチスドイツだけに見られたわけではない。旧日本軍による南京事件、ハンガリーにおけるユダヤ人の死の行進、ソ連軍によるベルリンでのレイプ、さらには、ルーマニアでのユダヤ人大虐殺もあった。心理学者はこの原因を説明できなかった。精神を病んだ数人の指導者に責任の大半を押しつけるのは簡単ではあるのだが、大虐殺の圧倒的な規模からすると、数個の腐ったリンゴだけの仕業だったとは考えにくい。普通の人々を残酷な行為に駆り立てたものは何なのか。主としてそれを理解するために、社会心理学という分野が生み出された。

社会心理学の研究から、原因として有力な説が三つ提示された。それは「偏見」「同調したいという欲求」「権威への服従」だ。心理学者のゴードン・オールポートは、偏見とは「誤った頑固な一般化にもとづく嫌悪感」であると説明した。[43] それは若い頃に始まり、しつこく持続するのだと、オールポートは主張する。子どもは両親や家族が他者に対して抱いている偏見に接し、自分のアイデンティティを確立するにつれて、自分の属する集団に魅力を感じ、ほかの集団に反発を抱くようになる。オールポートやその後の世代の研究者によれば、社会的、政治的、経済的な不平等の根本原因は偏見なのだという。そのため、偏見を減らすためには、文化的な影響に着目

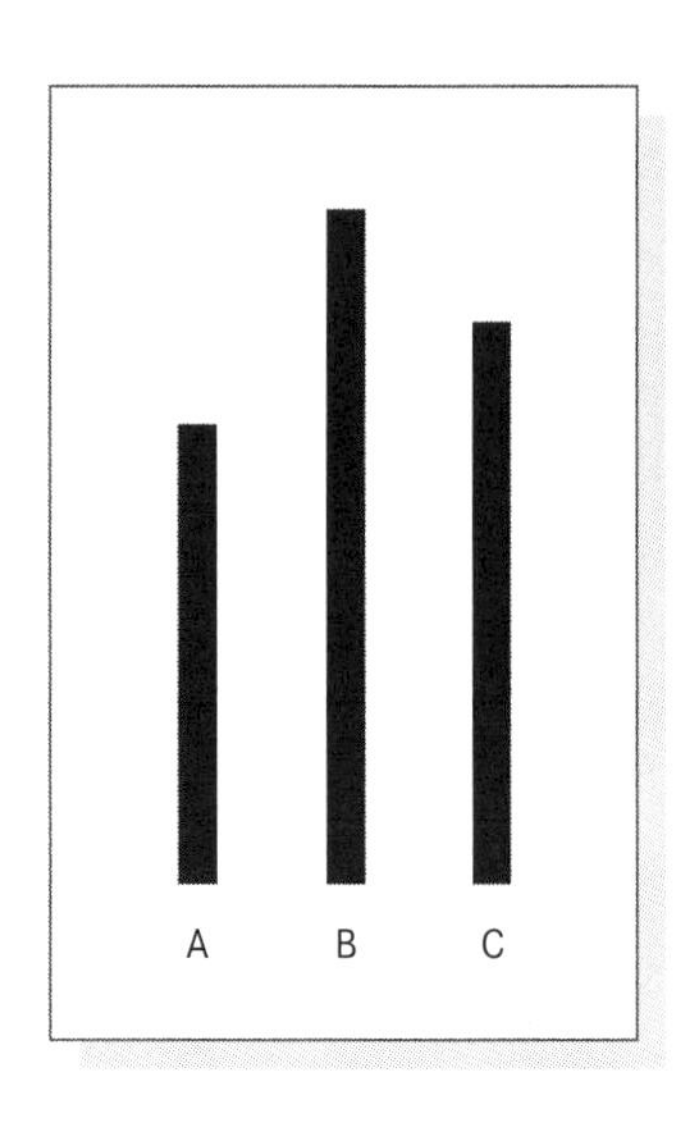

した改善策を考えるべきだ。それは偏見を生み出すものであり、また偏見を減少させることもあるからである。

心理学者のソロモン・アッシュは、オールポートが唱える偏見の理論に、同調したいという人間の欲望を付け加えた。アッシュはポーランドのユダヤ人で、第一次世界大戦中にロシア軍とドイツ軍の残虐な侵攻を生き延び、一三歳だった一九二〇年に、家族とともにアメリカへ移住した。

アッシュが知りたかったのは、なぜ何百万人もの人々がおとなしくナチス政権を受け入れて死に至ったのか、あるいは、なぜ友人や隣人が目の前で殺されていても何もしなかったのか、ということだ。アッシュは「集団行動がどのようにして個人の心理に影響を及ぼす力になるか」を解明しようと没頭するようになった。(44)

アッシュが行なった有名な「同調実験」は単純

なものだ。アッシュは一つの部屋にいっしょに座っている一〇人弱の被験者に二枚のカードを見せた。

そして、右のカードに描かれた三本の線のうち、左のカードに描かれた線と同じ長さの線はどれか、被験者たちに尋ねた。一人を除くすべての被験者はアッシュに雇われていた人々で、同じ間違った答えを言った。ここで問題になるのは、実験の目的を知らない一人の被験者が、ほかの人の答えを聞いて、どのように答えるかだ。正解を選んだ場合、部屋にいる多数派の意見に反対することになる。実験の結果、七五％の割合で、被験者は多数派の間違った答えに同調していた。[44]

それからほぼ一〇年後、オールポートとアッシュに師事したスタンレー・ミルグラムが、アドルフ・アイヒマンの裁判に強い興味を抱いた。アイヒマンはナチ党員で、戦時中に何百万ものユダヤ人を強制収容所に移送する指揮をとり、死に至らしめた人物だ。ミルグラムの記述によると、裁判を傍聴したジャーナリストはアイヒマンを「自分の席で机に向かって自分の仕事をこなすだけの平凡な官僚」と描写したという。[45] それを読んだことがきっかけとなり、ミルグラムはかの有名な実験を行なって、権力に服従したいという人間の欲求の限界を調べた。

以上の説明は完璧なように見えた。人種差別的な文化、道徳体系、教育、経済状態はすべて、集団の行動を形成する際に重要な役割を果たすが、第二次世界大戦中に起きた惨事の原因として、心理学的に有力な説となったのは、偏見、同調、権威への服従の三つだった。しかし、その分析からは人の最悪の弱点が漏れていた。

ミルグラムが権威への服従に関する有名な論文を発表した一年後、発達心理学者のアルバート・バンデューラが非人間化に関する先駆的な実験の結果を発表した。バンデューラが突き止めたかったのは、普通の人々が残酷になれるのは、ほかの人に従っているからではなく、罰を与える責任をほかの人々と共有しているからではないか、ということだった。決定に複数の人々がかかわっていて、残酷な行為が誰か一人の責任だと特定できないようになっている場合、人々はより残酷になるのではないかと、バンデューラは考えた。[46]

被験者は監督の役割を与えられ、電気ショックを使った従業員の訓練を管理するよう頼まれた。監督の主な仕事は、従業員の答えが間違っていたときに与える電気ショックの強度を決めることだ。微弱から激烈まで、一〇段階のレベルがある。

このとき、電気ショックの強度を決める全責任はあなた一人にあると言われる監督もいれば、決定の責任は複数の監督のあいだで分散されると言われる監督もいる。与えられる目標は常に同じで、従業員が正解する数を増やして成績を上げることだ。バンデューラの予測どおり、決定に対する全責任が自分にあると思っていない監督のほうが、電気ショックを強くする傾向にあった。

だが、ここで一つ大きなからくりがあった。訓練が始まる直前に実験者が部屋を出るとき、実験者の部屋と監督の部屋の連絡に使うインターフォンを切り忘れ、実験者たちが従業員について話す声が監督に聞こえてくるのだ。従業員は「洞察力」や「理解力」があるという話を耳にする監督もいれば、「性根が腐っている」うえに「動物みたい」だという話を聞く監督もいる。

バンデューラにとって意外だったのは、従業員をわずかに非人間化するほうが、責任を分散させたときよりはるかに大きな効果があったことだ。監督は人間的に扱われていた従業員には最も弱い電気ショックしか与えなかったが、非人間的に扱われていた従業員には二倍あるいは三倍のボルト数のショックを与えた。

さらに驚いたのは、電気ショックを与えても成績が上がらなかった場合、人間的に扱われていた従業員の監督は電気ショックを弱めたが、非人間化された従業員の監督は強度を上げたことだった。バンデューラが監督たちに、従業員への懲罰が妥当だったかどうかを尋ねると、非人間化された従業員への懲罰については八割以上の監督が妥当だと答えたのに対し、人間的に扱われていた従業員への懲罰を妥当だと答えた監督は二割にとどまった。

被験者は非人間化された人物を傷つけても責任を感じる必要がないだけでなく、そうした人物は痛みにも鈍感で、強い電気ショックを与えなければ変わらないと考えていた。人間の残虐性を説明するための決め手になるのは非人間化だ、とバンデューラは結論づけた。

ミルグラムの服従実験は心理学専攻の学生なら誰もが知っているが、バンデューラの非人間化実験を知っている学生はほとんどいない。研究者のあいだでも状況は同じで、ミルグラムの研究はバンデューラの研究より二〇倍近くも多く引用されてきた。私たちは、ほかの集団をあからさまに非人間化する行為は遠い過去の遺物で、文明化された現代社会ではもはや容認されていないと考えがちだ[47]。そのため、より目立たない形をとる「新たな偏見」を阻止するための対策へと、問題の焦点は移っている。

しかし、私たちが他者を非人間化する理由を理解することは、人間の残虐性を理解するうえで欠かせない[48]。それが何よりはっきり示されているのが、アメリカの司法制度における黒人の処遇に関するフィリップ・ゴフの研究だ[49・50]。アメリカの裁判では、未成年の黒人が判決で成人と同様の刑罰を科される事例は、白人が被告である場合より一八倍も多い。成人同様の刑罰を科される未成年のうち、黒人は五八％を占める[51]。

ゴフが見いだしたことは、ほかにもある。メディアで「毛むくじゃら」「ジャングル」「獰猛な」といった類人猿を連想させる言葉で描写された黒人の被告は、州の裁判で死刑になることが多くなるという。あまりにも多くの黒人未成年が異常に厳しい刑罰を受けているというこの状況は、偏見だけでは説明できないと、ゴフは主張している。黒人を非人間化する言葉と判決との関係は、偏見からでは説明できない。それに、ジェノサイドなど、黒人に対する極端な暴力も予測できない[50]。

ゴフによると、その原因は偏見ではなく、非人間化、具体的には「猿化」なのだという。人物や人々の集団を「猿化」すると、道徳を無視できたり、彼らの基本的人権を否定できるようになったりするというのだ。偏見よりも「猿化」に着目するほうが、アメリカに存在する人種間の格差をうまく説明できる。

今日、「猿化」の事例は枚挙にいとまがない。最も有名で影響力のあるアフリカ系アメリカ人でさえ、「猿化」されているのだ。黒人のアスリートは「攻撃的」「でかい」「モンスター」「巨大」「激しやすい」といった、類人猿を想起させる言葉で描写されることが多い一方で、白人の選手たちは黒人よりも「知的」「献身的」「がんばり屋」といった言葉で描写される傾向がある。[52]二〇〇六年には、アメリカのプロバスケットボールNBAの試合で、観客がディケンベ・ムトンボ選手を「サル」と呼んだ。二〇一四年には、ブラジルのサッカー選手、ダニエウ・アウヴェスに向かって観客がバナナを投げつけた。二〇〇八年には、プロバスケットボール選手のレブロン・ジェームズが写真家のアニー・リーボヴィッツに撮影され、黒人男性として初めて『ヴォーグ』誌の表紙を飾った。残念ながら、その写真はジェームズが雄叫びを上げながら白人のスーパーモデル、ジゼル・ブンチェンのほっそりしたウェストを抱いている写真で、一九三三年の映画『キングコング』のポスターにそっくりだった。二〇一七年には、アメリカのプロフットボールNFLの選手たちが国歌斉唱のあいだに片膝をつき、アメリカの人種的な不公平に対して平和的に抗議した。しかし、その行為を批判する人々は抗議した選手たちをたびたび「猿化」していた。

大統領でさえも例外ではない。バラク・オバマが大統領選に出馬したときには、サルのTシャツとサルの人形がつくられた。ジョージア州のバーのオーナーが売ったTシャツには、バナナを食べる「おさるのジョージ」の下に「OBAMA in '08（二〇〇八年のオバマ）」と書かれていた。[53]

Linda Kimball

19 mins ·

You bunch of piece of shit porch monkeys need to stand up. Did I just call you porch monkeys? I sure did! Your ignorant sorry ass entitled pieces of shit and yep your ALL black! The civil war was fought and won a few hundred years ago cut the crap!!
Oh and calling you a monkey was actually in insult to apes since they are intelligent creatures!

おい、くろんぼのサルたち、立ち上がんなよ。「くろんぼのサル」と呼んだかって？　呼んだとも。おまえらみたいな無知な奴らはクズみたいな呼び方がぴったりだし、そもそもおまえら全員くろんぼじゃないか！　南北戦争で数百年前に勝ったなんて、ふざけんな!!
あ、おまえらをサルと呼ぶなんて、サルに失礼だった。サルは知的な生き物だからな！

こうした行為はオバマ政権を通じて続いた。二〇〇九年に『ニューヨーク・ポスト』紙に掲載された風刺画には、銃で撃たれ、三カ所の弾痕を残したチンパンジーが二人の警察官の前で死んでいる姿が描かれていた。その上の吹き出しには、警察官のこんなせりふが書かれている。「政府は次の景気刺激法案を書く人を見つけないといけなくなったな[54]」。このようなたとえはオバマの家族にも及んだ[55]。

　このようにアメリカの黒人を「猿化」するのは、比較的高齢で、田舎に住んでいて、大学を出ていない、共和党を支持する白人男性だろうと安易に考える人もいるかもしれない[56]。しかし、話はそれほど単純ではない。

　政治学者のアシュリー・ジャーディナは、アメリカの白人の典型的な集団になるよう、さまざまな属性の集団から二〇〇〇人を慎重に抽出し、こんな調査を行なった。[57] 回答者にクテイリーの「人類の進歩のスケール」を見せ、黒人は白人と比べてどの程度進化しているかを尋ねたのだ。

白人の回答者は平均して、黒人はスケール上で白人よりも進化していない、つまり類人猿のほうに近いと回答した。具体的には、白人が十分に進化していると評価した回答者は六三％いたが、黒人が十分に進化していると評価した回答者は五三％にとどまった。

ジャーディナはこれらの回答を、民主党支持者と共和党支持者、保守派とリベラル派、男性と女性、高収入と低収入、アメリカ南部出身者と南部以外の出身者、そして若者と高齢者というように、さまざまな属性ごとに分けて比べてみた。すると、どの白人グループにも「黒人は白人よりも進化しておらず、類人猿に似ている」と評価した人がいることがわかった。黒人を非人間化する度合いはグループによって異なっていた。そして、クテイリーの調査でイスラム教徒とロマが非人間化された度合いと比べれば、黒人が非人間化された度合いは、どのグループでもたいてい小さかった。とはいえ、非人間化の影響は、あらゆる属性の白人グループに見られた。

この結果の正しさを確認するため、ジャーディナは回答者にこんな質問もした。黒人は獰猛、野蛮、あるいは動物のようにセルフコントロール能力がほとんどないという考えをどう思うか、という質問だ。同じアメリカ人に関するそうした考えに「強く反対する」と答えた回答者は、四四％にとどまった。大半の白人の回答は「ある程度反対する」から「強く賛成する」の範囲にあったのだ。ジャーディナはまた、回答者にコメントする機会を与えている。以下がそのコメントの一部だ。

「私は黒人が動物界により近いと考える。彼らはほかのどの人種よりも足が速く、力が強く、運動能力が高い。また、ほかの人種がもつ知能や道徳心が欠けている」

「全体としてみれば、そうした人々は品行方正。その振る舞いには幅があり、ほとんど動物のように振る舞う人もいれば、とても礼儀正しい人もいる」

「殺人を犯す人、良心の呵責もなく殺人を犯す人が最も多いのはどの人種か。動物のように振る舞う人々だ」

アシュリー・ジャーディナは二〇一七年にこう話していた。「コメントを見始めたとき、新しい形のとらえがたい人種差別だという印象は受けませんでした。黒人の人々が人間性を否定されているように感じました」[57]

こうした露骨な「猿化」は、教育不足によるものだと説明することもできない。二〇一六年、心理学者のケリー・ホフマンによる調査で、黒人、白人、ヒスパニック、アジア系を含む医学部二年生の四割が、黒人の皮膚は白人よりも厚いと思っていることがわかった。[58]

この誤解は、黒人は痛みを感じにくいという、奴隷制度の時代から根強く残る根拠のない説を支えている。黒人の皮膚のほうが厚いと考えている医学生は、黒人患者の痛みを適切に治療しない傾向にある。[58] 医師たちは救急処置室に来た黒人患者の痛みを過小評価することが多い。腕や脚を骨折した黒人は痛み止めの薬を処方されない傾向がある。この状況は、黒人のがん患者、そして偏頭痛や背中の痛みを抱えた黒人でも同じだ。[59] 黒人の子どもが虫垂炎を患ったときでさえ、白人の子どもに比べると、痛み止めを処方されないことが多い。[59]

脅しから暴力まで

どんな社会でも、子どもはおとなよりも手厚く守られるものだ。子どもはおとなよりも無垢で、それほど危険な存在ではなく、世話しなければならないと思われている。[50] にもかかわらず、フィリップ・ゴフが黒人の子どもの写真を白人の大学生に見せたとき、彼らは黒人の子どもの年齢を実際よりも五歳ほど上に見る傾向にあることがわかった。これはつまり、黒人の子どもが一三歳だとすると、白人の大学生はその子がすでに一八歳だと思うということだ。これは、アメリカの法廷では成人として裁かれる年齢だ。[50] 同じ大学生が白人の子どもの年齢を実際よりも年上に見ることはなかった。

ゴフによる別の実験では、黒人または白人の子どもの写真と事件の経緯を説明する文章を組み合わせた。たとえば、「キショーン・トンプキンズは逮捕され、動物虐待の罪に問われた。彼は自宅の裏庭で近所のネコを溺れさせようとした」といったものだ。その結果、人々は黒人の子どもの年齢を実際よりも年上だと判断するだけでなく、その子どもが犯した罪をより重く判断することがわかった。[50]

こうした傾向は、黒人の子どもに対する不必要な有形力の行使で告発される警察官が後を絶たない状況と関係していると、ゴフは考えている。ゴフがシカゴの警察官の記録を閲覧する許可を得て調べたところ、ほぼ半数の警察官が未成年に対して何らかの有形力を行使していることがわかった。「有形力の行使」はリストロック（手首固め）から武器の使用までさまざまだ。ゴフの調査では、子どもに対して最も強い有形力を使った警察官は、黒人を「猿化」する傾向が最も強かったことがわかった。標準的な尺度を用いて彼らの偏見も調べたが、有形力の行使との関連は見られなかった。

ジャーディナの調査結果では、黒人は白人よりも類人猿に近いと評価した人は、死刑を支持する傾向が強かった。[57] また、サンプリング調査で白人の回答者に「処刑される人々の大半はアフリカ系アメリカ人」だと伝えると、死刑に対する支持が高まった。[60] 弁護士のサビー・ゴシュレイは「生きるか死ぬかは、被告が仲間の目に写る自分を人間らしく見せられるかどうかにかかっている」と述べている。[61]

相互の非人間化

自分たちが非人間化されていることに気づいた集団は、今度は相手を非人間化するようになる。イスラエル人とパレスチナ人が「相手集団から人間以下だと見られている」と知らされると、互いに相手を非人間化する傾向が強くなったように、ヒトの自己家畜化仮説からは、黒人もまた自分たちを脅かしている集団を非人間化するだろうと予測される。

実験で得られた証拠がはっきり示唆しているのは、黒人も白人も、自分と同じ人種の見知らぬ人の身体的な痛みに対して、より強く共感するということだ。ある研究では、[62]親指と人さし指のあいだの皮膚の敏感な部分に針が刺さっている黒人または白人の手の写真を、黒人の被験者に見せた。その結果、黒人の被験者は白人の手よりも黒人の手のほうに強い共感の反応を示した。白人の被験者の反応はその逆だった。

別の研究では、アメリカ人の典型的な集団になるように抽出された被験者に、「人類の進歩のスケール」を使ってアメリカ人の他集団がどの程度進化しているかを評価させた。人種と宗教にもとづいて他集団を評価させたところ、白人とアジア系、ラテンアメリカ系、黒人の被験者はイスラム教徒を極度に非人間化した。また、白人と黒人の一部は互いを非人間化した。[63]この結果は、相互の非人間化が普遍的に起こると仮定した場合に予測される事態と合致している。

ヒトの自己家畜化仮説は、ヒトの友好性を説明するうえでも、ヒトの潜在的な残虐性を説明するうえでも役に立つ。よそ者を非人間化するというヒトの性質は、自分と同じ集団に属していると思われる人々に対して感じる親愛の情の副産物だ。しかし、垂れ耳や多色の被毛とは異なり、この副産物は劇的な変化をもたらしかねない。自分と似ていない誰かに脅威を感じたとき、ヒトはその誰かを自分の心のネットワークから除外することができる。つながりや共感、同情心があるはずのところに、何もなくなってしまうのだ。思いやりや協力行動、コミュニケーションをもたらすヒト独特のメカニズムが機能しなくなると、ヒトはぞっとするような残虐性を示す危険を秘めている。この傾向は現代のソーシャルメディアの世界で増幅され、加速される一方だ。大きな集団どうしが互いに偏見を表明すると、相互の非人間化が驚くほどのスピードで進行してしまうおそれがある。

人間を品種改良する

私がヒトの自己家畜化について講演すると、必ず聞かれる質問がある。「人間がもっと友好的になるように品種改良すればいいんじゃないでしょうか?」というものだ。友好性の高まりがホモ・サピエンスの繁栄の秘訣なのだとしたら、さらに友好的になるように、みずからを選抜育種すればいい、というのは明白であるように思われる。イヌやキツネを品種改良して、穏やかな気質や友好的な性質を生み出せるのなら、ヒトも品種改良すればよいではないか？　この論法に従えば、ほかの望ましい形質もつくり出し、ヒトの最も邪悪な性質を取り除いて、次々と改良してもいいのではないか？

残念ながら、この論法で進んでいくと、どの道もたいてい優生学に行き着いてしまう。イギリスの科学者フランシス・ゴルトンが、ギリシャ語で「よい」を意味する eu と「人種」を意味する genos から、eugenics（優生学）という用語を考案した[64]のだが、その時点ですでに、ヒトを選抜育種するという思想には数千年以上の歴史があった。古代ギリシャの哲学者プラトンは、生殖は国家によってコントロールされるべきだと書いている。古代ローマの法律では、奇形の子どもは死なせるように命じられた。イヌイットからインドネシアのアチェまで、世界中の狩猟採集民は身体や精神に明らかな異常がある子どもを殺していた。

二〇世紀初めまでには、優生学は最先端の科学と見なされており、世界中のあらゆる問題を解決できると考えられていた。そして、それは子どもをつくらせないという形で具現化した。たとえば無期限に監禁したり、断種（不妊手術）をしたりすることによって、子どもをもてないようにしたのだ。断種には複雑な手術が必要な場合もあれば、日帰りですむ簡単な処置もあった。

一九一〇年から一九四〇年にかけて、アメリカでは優生学という言葉が日常的に聞かれた。教師も、医師も、政治指導者も、さらには宗教指導者でさえも、授業や会話で優生学という言葉を使っていた。[65] 政治家は「優生な候補」として選挙戦に出馬し、球界のスターはこの話題についてスピーチし、学校や大学のカリキュラムには優生学が含まれ、キリスト教婦人禁酒同盟は「よりよい赤ちゃん」コンテストを開催した。アメリカで女性として初めて大統領選挙に立候補したヴィクトリア・ウッドハル・マーティンは、「育種家の技法の第一原則は劣った動物を取り除くことである」と書いている。[66] ここで問題になるのは、その劣った動物というのが誰であるかということだ。

まず対象になったのは、犯罪者だ。二〇世紀前半には、犯罪者は生まれつき暴力的な堕落者で、人間の本性の邪悪な面が表れやすいと考えられていた。[67] 当時は罪を犯すのは人間の本性の一部であり、したがって親から子へ受け継がれると考えられていた。そのため、そうした攻撃的な犯罪者の生殖を阻止することが、優生学運動では不可欠だったのだ。優生学にもとづいた断種が最初に刑務所で行なわれたのは意外ではない。

狂気もまた、生まれつき備わった暴力的な性質と見なされていた。優生学運動が広まるにつれて、その対象は暴力的な犯罪を犯す性質から、ほかのタイプの「精神障害」へと移っていく。てんかん、統合失調症、認知症、あるいは知能指数が七〇未満の人々はすべて「悪い遺伝子」の犠牲者で、将来の世代の完全性を脅かす存在だと考えられた。

しかし、優生学運動の最前線にいた活動家が最も脅威を感じていたのは、それとは別のタイプの精神障害をもつ人々だった。そうした人々は、正常だと言ってもほぼ通用するのだが、精神的な欠陥を次世代に伝えることによって、集団全体の知能を低下させると考えられていた。「好ましくない」とされた人々は、全員ひっくるめて「精神薄弱」という用語で呼ばれることになった。誰とでも寝る女性や、貧しい人々、黒人、私生児、シングルマザーなど、これに当てはめられた人々はあまりにも多く、この汚名を逃れた集団があったのが不思議なくらいだ。

アメリカでは合計六万人を超す人々が断種された。強制的な断種が最後に行なわれたのは一九八三年だから、それまでに生まれていた読者もいるだろう。アメリカで断種された人の数は、ナチスドイツで断種された人数の七分の一ではあるが、アメリカの断種計画はナチスドイツのそれより六倍も長く続いた。

アメリカの断種計画は世界中で手本とされた。優生学会が四〇カ国で創設されたほか、デンマーク、ノルウェー、フィンランド、スウェーデン、エストニア、アイスランド、日本では断種を求める法案が可決された[68]。ナチスの高官たちは、カリフォルニア州の断種計画の幹部に助言を求めた[65]。そして、ドイツに戻って独自の断種法案を提出したとき、アメリカを例に挙げて、こうした法律がもたらす成果を説明した。

優生学は必ず失敗する運命にあった。それは、優生学が道徳に反しているからだけではない。キツネでは攻撃性を抑える淘汰は容易だったように思えるが、あのキツネたちは極端な選抜の事例だ。何世代にもわたり、人間に近づくかどうかにもとづいて、実験されたキツネのわずか一％

だけが繁殖を許された[69]。また、後期旧石器時代にヒトが友好的になる淘汰を受けたときには、人口はおそらく一〇〇万人に満たないほど少なかったので、淘汰の影響が何万年も持続した。

人口が七〇億人を超えてなお増え続けている現代において、あのキツネが受けたものに相当する淘汰圧が生じたら、六九億人を超える人々が子孫を残せないことになる。たとえそうなったとしても、キツネの実験では友好性を容易に測定できたが、人間の友好性を測定する簡単な方法はない。さらに、淘汰圧が効果を発揮するためには、広めようとしている友好性に関与することがわかっている遺伝子をもつ人を特定しなければならない。環境要因が生んだ友好性の違いにもとづいて人々を選抜したら、何世代を経ても変化は起こらないだろう。

身長などの比較的単純な身体的特徴でさえ、それに関与する遺伝子群にもとづいてヒトを選抜育種するのは不可能だ。大部分の人の身長は一五〇センチから一八〇センチの範囲に収まるとはいえ、人間の身長の決定にかかわる遺伝子は七〇〇個近くもある。しかも、そうした遺伝子が最終的な身長の違いに影響を及ぼす割合は、わずか二割だ（残りの八割は、環境などの要因によって決まる[70]）。

行動に関する形質は身長よりはるかに複雑だ。一つの行動には何千個もの遺伝子がかかわっているし、そのすべてが互いに影響し合って連携する。一つの遺伝子だけでは行動の多様性のごくわずかしか説明できない[71]。人間のどの遺伝子ネットワークがどの種類の行動に関与しているかを特定する方法は、いまだに見つかっていない。選抜したい友好性をもたらす適切な遺伝子を備えた人を特定するのは不可能だ。友好的になるように意図的に育種しようとしても、うまくいく見込みがないのは明らかである。

道具や投射する武器を使うことによって氷河時代の頂点捕食者となって以来、人間は次々に新しいテクノロジーを受け入れてきた。現代では、イノベーターたちは広大なネットワークを築けるようになり、それによって過去に類を見ない勢いでテクノロジーが進歩している。テクノロジーは人類の邪悪な側面を抑える鍵となりうるだろうか?

技術革新が目まぐるしく進む様子は「加速度的な変化」と呼ばれることがある。例を挙げると、トランジスタ(電気信号の増幅やスイッチングを行なう電子部品)は私たちのテクノロジーの大部分を牽引する部品だ。一九五八年に登場した最初のコンピューターチップには、二個のトランジスタが搭載されていた。それが二〇一三年には、一つのチップに二一億個も収められるようになった。[72] 一九八〇年代には、インターネットにつながっている機器の数が二年間で二万から八万に増えたが、それに気づいた人はほとんどいなかった。一〇年後、機器の数が同じ期間に二〇〇万から八〇〇〇万に増えたときには、あらゆる人に影響を及ぼした。[73] 二〇〇四年、初めてヒトゲノム配列が解読されたとき、そのコストは数億ドルにも及んだ。しかし今、年間一万八〇〇〇を超すゲノムが解読され、そのコストは一つにつき一〇〇〇ドルまで下がっている。[74] 未来学者のレイ・カーツワイルは、人類はこの先一〇〇年間で二万年分に相当する進歩を遂げるだろうと予測している。

私たちの暮らしには今、テクノロジーがあふれている。だから、新たなテクノロジーが近い将来に私たちの社会をよくしてくれると考えるのは自然なことだ。シンクタンクの「ミレニアム・プロジェクト」[75]は毎年、一五の最も重要な地球規模の課題を発表し、それらの課題のほとんどについてテクノロジーを用いる解決策を提案している。気候変動が大きな被害をもたらしている？ならば、再生可能エネルギーへの転換を進め、化石燃料を使う発電所には二酸化炭素を再利用する設備を整えよう。人口過密で地上に人があふれかえっている？　だったら、環境にやさしいスマートシティを築き、シャーレで幹細胞を培養してステーキ肉を製造し、遺伝子操作で干ばつに強い高収量の作物をつくればよい。誰もが教育を受けられるようにしたい？　それなら、世界中の子どもたちが一八カ月ちょうどで読み書きと算数をオンラインで自習できる拡張可能なソフトウェアを開発しよう[76]。

とはいえ、アップル社のティム・クックCEO（最高経営責任者）は「テクノロジーはそれだけでは解決策にならない。時には問題の一部にさえなる」と言っている。昔も今も、テクノロジーには良い面と悪い面の両方があるからだ。人間が協力してマンモスを狩るときに使っていた投射する武器は、仲間を殺すためにも使うことができた。原子力はエネルギー危機にとって欠かせない解決策になりうるが、それには核戦争の勃発をどうにか阻止しなければならない。自動運転車はいずれ年間で何十万もの人々の命を救うことになるだろうが、そうなる前にテロリストがネットワークを乗っ取って事故を次々と起こし、何十万もの命を奪うかもしれない。インターネットは人類の進歩にとってすばらしい技術だが、それを使って他国の民主的な選挙に影響を及ぼそうとした政府もある。

テクノロジーを世の中に役立てるためには、人間の本性の最善の面と最悪の面を見越して開発しなければならないが、実際にはほぼそうなっていない。人々がさらに友好的になる未来を実現するための解決策には新たなテクノロジーが必要だが、人間の邪悪な側面を抑えるほどのものは登場しないだろう。社会的な問題には社会的な解決策が必要だ。

第8章　最高の自由

ヒトは独裁者になるようには進化しなかった。ヒトは狩猟採集民の小さな集団で暮らすように進化した。そこでは社会的な価値のみが尊ばれ、権力を独占しようとした者は誰でも、追放されたり殺されたりした。人類のほかの種が次々と姿を消していくなか、こうした平等主義の集団は何千世代もかけて世界の隅々まで移住していった。[1・2]

ヒトが初めて作物の種(たね)をまいたときに、独裁制の種もまかれた。[3] ヒトが大量の食料の生産と保存を始めると、社会の規模はだんだん大きくなった。人々は協力して資源を独占するようになり、狩猟採集民の小さな集団で独裁者の出現を抑えていたメカニズムが崩れ始めた。一〇〇人ほどの集団では独裁者の正体を暴いて処罰していたが、もっと大きな匿名性が高い集団では、独裁者は正体を隠しながら、社会内の下位集団を扇動したので、下位集団どうしが争うようになった。部

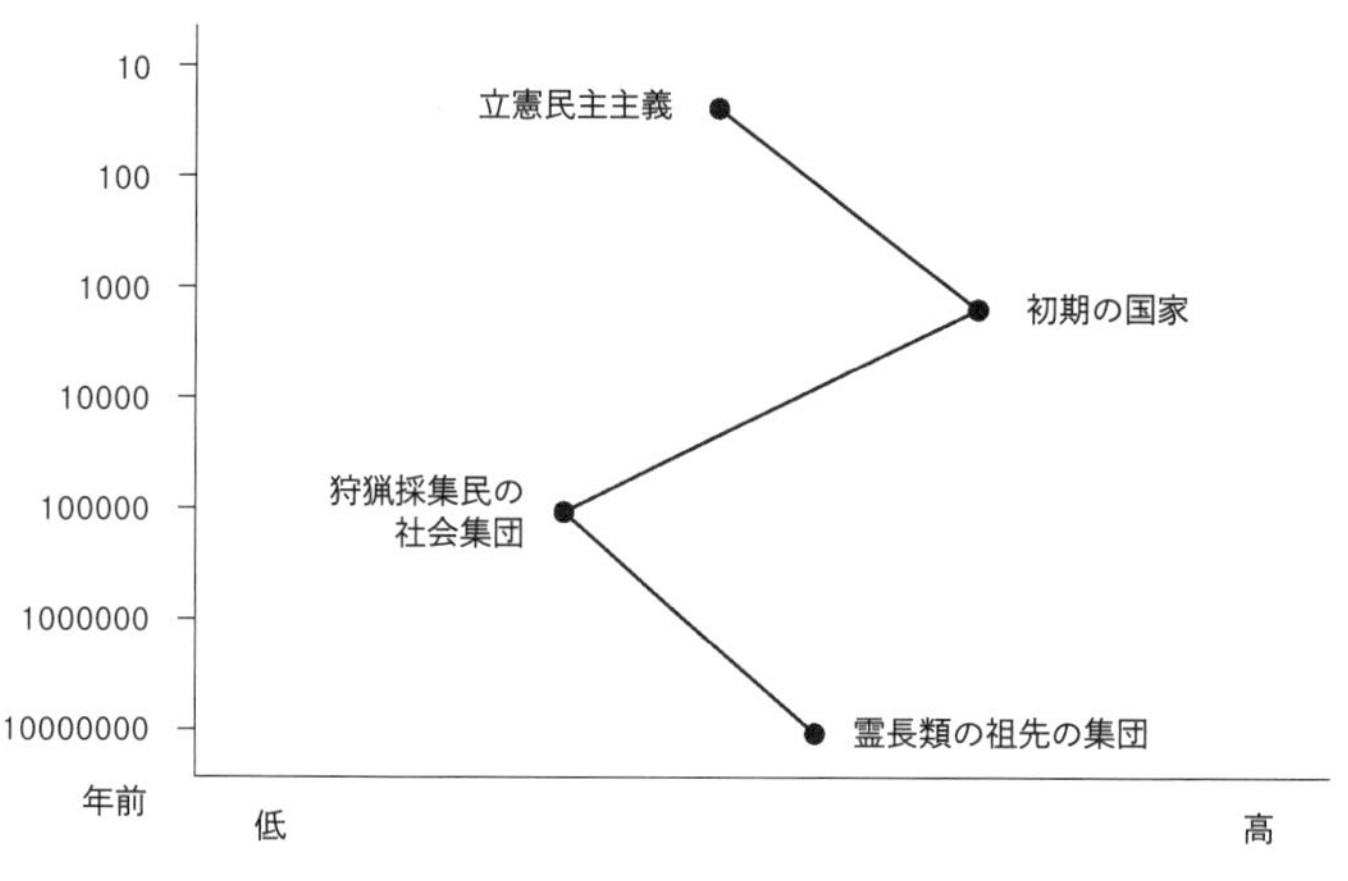

族や王国、帝国、国民国家はすべて、本質的には「集団と集団が権力の独占をめぐって争う」という図式にもとづいて築かれたのだ。

結局のところ現代社会は、社会の中で最も強い力をもった下位集団の気まぐれによって形成された。力の弱い集団や小規模な集団の声は社会に届かず、農奴や奴隷の立場に追いやられた。人々は過去何千年にもわたり、この新たな秩序に対抗し、その状態を覆そうとして戦争を繰り返してきた。たとえ反乱が成功したとしても、往々にしてほかの氏族や政党、部族、宗教、民族から新たな独裁者が生まれ、その支配下で同じような階層にもとづいた秩序が確立されることになった。農業を営む人々はゼロサムゲームのなかで身動きがとれなくなった。

産業革命が始まると、西ヨーロッパの社会のなかには、立憲民主主義と呼ばれる代議制の社会システムを形成することで、この悪循環から脱却する道を見つける者が出てきた。一六八九年にイギリスで定められた権利章典により、国王の権限が制限され、議会には選挙の自由と言論の自由が与えられた。ほかの国々も徐々にこのシステムを取り入れた。階層制は残ったものの、強大な権力を抑え込む仕組みが社会システムに組み込まれて、権力から締め出された人々が多少なりとも力をもてるようになった。権力分担と妥協を可能にする規範がつくられた。市民は神や家系によって選ばれた支配者ではなく、市民のニーズに応じて選ばれた市民の代表者の指示を受けることになった。[4]

ここ五〇年で世界の暴力が徐々に影を潜め、これまでになく平和が続いているのは、一九七〇年代以降に民主国家が着実に増えているからだと、政治学者は指摘している。[5] 民主国家が戦争を起こす事例はまだまだあるとはいえ、互いに戦争を始めることは少なくなっている。民主国家どうしでは、小規模な攻撃でさえもほとんどない。[6]

民主主義の確立によって訪れた平和は、一部の独裁者がつくり出した安定とは異なる。民主主義は人間の権利を守り、平等主義の原則を維持するためにつくられた。そうすることによって、ある集団が権力の座から転落しようとも、あるいはそもそも権力の座に就いたことがなくとも、そこに属する人々は守られる。民主国家はそれ以外の国に比べ、人権侵害の記録が少ない傾向にある。そうした国々では、信教、報道、表現の自由[7]が尊重されることも多い。これらはすべて、民主主義の平等の精神を守るものだ。民主主義は所得格差を小さくすることができる。[8] また、一八世紀に世界に先駆けて誕生した民主国家では、産業革命のあいだにいち早く大幅な経済成長が見られた。民主国家ではほかの国よりも医療体制が充実し、子どもの死亡率が低く、妊産婦の健康状態もよい。民主国家ではまた、教育により多くの費用が使われ、教師一人当たりの生徒数が少なく、学費を下げるための奨励策が多い(9)。民主主義は市民の健康や幸福のために重要であり、平和を維持していくために必要不可欠な条件の一つだ(5・8・10–12)。

アメリカ合衆国建国の父たちは新たな政府を築くとき、人々がそれぞれの勝手な考えに沿って、さまざまな集団アイデンティティを形成しがちであることを理解していたし、非人間化の悪循環のことも痛いほどわかっていた。神経生物学や認知心理学が科学として認識される一〇〇年以上も前に、合衆国憲法の執筆者の一人であるジェームズ・マディソンは、ヒトの自己家畜化仮説が示したのと同じ重要な特徴を次のように巧みに述べている。

相互に敵意を抱くという、この人間の性向はあまりにも強いため、はっきりした理由がなくとも、取るに足らない気まぐれな違いがあるだけで、人々は敵意を燃やし、激しい暴力的な紛争を起こすものである(13)。

当時、こうした「相互の敵意」が生じたために、ヨーロッパ全体で民主主義が混乱に陥っていた。建国の父たちはヨーロッパの民主主義が失敗に終わった状況をつぶさに研究していた。真の平等というのは実現できないように思われた。「王政および王位継承は、（そこかしこの王国だけでなく）世界をも血なまぐさい廃墟にしてきた」（『コモン・センス』小松春雄訳（岩波書店））とトーマス・ペインは書いている。[14] 最も強い力をもつ集団が常に少数派を踏みにじるのだ。

さまざまな意見を追い求めた結果……それがかえって人々をいくつもの集団に分けることになり、相互の敵意を焚きつけて、人々をさらにいら立たせ、公共の利益のために協力するのではなく、弾圧し合うことが増えてしまった。[13]

「多数派による専制政治」から少数派を守るために、建国の父たちが最終的に合意したのは、当時のヨーロッパの国々のようにそれぞれの州に自治を許すのではなく、強力な中央政府を置いて国民意識を強めることだった。[15] 真の民主主義では選挙で五一％の票を獲得した者が多数決の原理で勝利するが、アメリカはそうした民主主義というよりも、共和主義の国だ。アメリカの政治制度は「より強い力をもつ者だけでなく、弱者もすべて保護する」ことを意図している。[16] 人口の多い州の住民が、人口の少ない地方の州にみずからの意向を押しつけるのを防ぐために、合衆国憲法では選挙人団が制定された。政府の一部がほかよりも強大な力をもつことを防ぐために、憲法では「抑制と均衡（チェック・アンド・バランス）」のシステムを導入し、拒否権、三権分立、連邦議会の上院と下院を制定した。[15] 建国の父たちは人間の本性にある欠陥について臆せず議論した。ジェイ、ハミルトン、そしてマディソンは『ザ・フェデラリスト』〔アメリカ合衆国憲法批准を推進するために執筆された政治論集〕で人間の本性について五〇回以上もはっきりと言及し、人間の邪悪な側面を抑制できるような民主主義を考案した。[17]

このアメリカの大実験は今、各方面から批判を浴びている。利益を追求するメディアは、情報を伝えるだけでなく人々を楽しませるべきだという市場原理に促され、選挙人団の問題、政治家たちの言い争い、金融関係者の汚職、二極化する市民といった、民主主義の欠陥ばかりを伝えている。政治理論学者は政治制度が経年劣化していると指摘する。合衆国憲法は「機能不全に陥り、時代遅れで、大規模な修復が必要」とされ、[18]権利章典は「店のショーウィンドウでデジタル時計に囲まれた大きな振り子時計」と評された。[19]二〇一六年の大統領選挙の後、イギリスの経済誌『エコノミスト』の調査部門、エコノミスト・インテリジェンス・ユニットは、アメリカの民主主義指数〔各国の政治の民主主義のレベルを評価する指数〕の評価を「完全な民主主義」から「欠陥のある民主主義」に引き下げた。政治学者のマシュー・フリンダーズはこう書いている。「民主主義の勝利を目の当たりにしたのが二〇世紀ならば」、二一世紀は「民主主義の失敗」と結びついているようだ、と。[20]

政府でさえも政府に反対している。この原稿を書いているときにも、アメリカの内閣には、環境保護庁を訴えている環境保護庁長官のほか、エネルギー省をなくそうと訴えているエネルギー長官、学校教育を支持していない教育長官、人間の労働者をロボットに取り替えたい労働長官が含まれている。

二〇〇八年、テキサス州の政治家たちが、憲法に書かれていない連邦政府機関をすべて廃止する案を提出した。それには、環境保護庁、社会保障局、エネルギー省、保健福祉省が含まれる。この提案はさまざまな州で何度か繰り返されてきた。全米税制改革協議会の創設者であるグローヴァー・ノーキストはこう話している。「私の目標は二五年間で政府の規模を半分にすることだ。バスタブに沈められるぐらいまでにな[21]」

さらに悪いのは、自国の政府がどのような機能を果たすようにつくられているかを理解しているアメリカ人がほとんどいないことだ。アメリカ人の三分の一が政府の省の名前を一つも挙げられず[22]、二九％が副大統領の名前を言えず、六二％が上院や下院を支配している党がどちらなのかを知らない[23]。

アメリカ人が自分たちの共和国にこれほど幻滅している時代は過去にない[24・25]。何より懸念されるのは、若者たちが幻滅していることだ。民主主義のもとで暮らすことが何よりも重要だと考えている若者は三分の一しかいない。四分の一が、民主主義は国家運営の手法として「悪い」か「非常に悪い」と考えている[26]。ほかの三分の一は、選挙に煩わされない強いリーダーを見たいと思っている。そんなリーダーは誰が考えても独裁者だろう[27]。

「民主主義は政治形態としては最悪であると言われてきた」とウィンストン・チャーチルは認めている。「ただし、ほかのすべての政治形態を除けばの話だが[28]」。私たちの民主主義は今でも完璧にはほど遠い。しかし民主主義は、人間の本性の邪悪な側面を抑えながら、より善良な側面を利用できることを確実に実証した唯一の政治形態だ。トーマス・ペインは一七七六年にこう書いている。「さて以上に述べたところに政府の起源や発生がある。つまり徳行に頼っていては世の中を治めることができないので、政府という様式が必要になったのだ[14]」(『コモン・センス』小松春雄訳〈岩波書店〉)。今までのところ、それは私たちを私たち自身から守ってくれている。

民主主義は確立と維持が難しいだけでなく、独裁者に容易に屈することもある。「あまりにも民主的すぎると、民主主義は失敗する」と、ジャーナリストのアンドリュー・サリヴァンは二〇一六年に警告している[29]。民主主義が過剰になると、民主主義が不寛容を強く助長し、みずからを蝕み始める。プラトンは『国家』にこう書いている。「自由が最大限に達すると、残酷をきわめる奴隷制がはびこる」ことになり、独裁者が生まれる。その独裁者は「第一にさまざまな紛争を巻き起こすことを考える。そういう状況になると、民衆が指導者を必要とするからだ[30]」。

オルタナ右翼の台頭

「オルタナ右翼（オルトライト）」とは、主流の保守主義を拒否し、社会的支配志向性（SD

O）尺度または右翼権威主義（RWA）尺度のスコアが高い傾向にある、極右イデオロギーを信奉する人々を大まかにひっくるめて言う言葉だ[31]。

SDO尺度のスコアが高い人、つまり社会的支配志向性の強い人は、広く知られている戯画化された「適者生存」を信じている。「人間の一部の集団はほかの集団よりも明らかに劣っている」、そして「理想的な社会では一部の集団が頂点に立ち、ほかの集団を底辺に置かなければならない」と信じているという[32]。欧米では、そうした人々は白人至上主義の思想に引きつけられる。彼らは自分が共感している集団が絶対に支配権を獲得しなければならないと考えている。

一方、RWA尺度のスコアが高い人、つまり右翼権威主義性の強い人は、右翼のポピュリストと見なされる傾向にある。人々は決まった身なりや行動をとるべきであり、それに賛同する人は報われ、反対する人は罰せられるべきだというのが、彼らの考えだ。彼らは慣習などの順守を重視し、それによってもたらされると彼らが信じている安定も大事にしている。自分たちの集団のやり方に従わない人に対しては強い嫌悪感を示す一方で、同じ集団のメンバーには多大な思いやりを示す。

社会的支配志向性の強い人と右翼権威主義性の強い人は、どちらも極度に不寛容だという傾向があるものの、その思想はまるで異なる。右翼権威主義性の強い人は、よそ者は脅威をもたらすと信じているが、社会的支配志向性の強い人は、よそ者は劣っていると信じているのだ。右翼権威主義性の強い人は権威に従う。社会的支配志向性の強い人は、自分たちの集団が支配者になってほしいと考えている。[31]

オルタナ右翼の台頭はアメリカだけの現象ではない。本書を執筆している時点で、この現象は世界中の自由民主主義国で起きている。二〇一六年七月には、ヨーロッパの三九カ国の国会でオルタナ右翼系の政党が議席をもっていた。[33・34] そうした政党はアメリカの連邦議会でも議席を確保しており、ジャーナリストやイスラム教徒、移民に対する暴力を扇動してきた。

メディアはオルタナ右翼が台頭している主な理由の一つとして経済不安を挙げているが、ノール・クテイリーの調査では、オルタナ右翼支持者は現在と将来の経済について不支持者よりも楽観的な見方をしていることがわかった。[35] この結果は、地方の貧しいコミュニティが最も不寛容になりやすいという見方に矛盾している。[36] クテイリーの調査で測定されたオルタナ右翼支持者の不寛容さは、個人的なトラウマや無知によるものでもない。

社会的支配志向性や右翼権威主義性が強い人々のほぼすべてに共通する特徴は、自分たちの集団アイデンティティを脅かすように思えるよそ者に対して極度に不寛容であるということだ。社会的支配志向性が強い人々は、支配権をめぐって自分の属する集団と争うよそ者を脅威と感じるが、右翼権威主義性が強い人々は、「『われわれ』を『われわれ』たらしめている一体感と同一性」を示さないよそ者を脅威に感じる。[37] それは規範による秩序を脅かすことであり、多様性と自由によって、その脅威はさらに大きくなる。

社会的支配志向性や右翼権威主義性が強い人が脅威を感じると、ほかの集団のメンバーを非人間化する反応を示すことが多い。

第7章で紹介した「人類の進歩のスケール」を使ってクテイリーが調査したところ、オルタナ右翼に属する集団のうち、他者を非人間化する度合いが最も強かったのは、白人至上主義者（社会的支配志向性が強い人）だった。これは誰が調査しても同じだろう。

白人至上主義者は、フェミニストとジャーナリスト、民主党支持者を人間よりも類人猿に近いと評価した。回答者の一人はこのように書いている。

ヨーロッパ人がいなかったら、第三世界しか存在しなかっただろう。人種差別主義者の定義がほんとに必要。コンゴから自分のコミュニティにＩＱが低い黒人が三〇〇〇人も押し寄せてくるのは嫌だと思ったら、それは人種差別主義者なのか？　来てほしくないって、ほとんど誰もが思うんじゃないか。自分と同じような人たちと住みたいと思うのは人種差別主義者ではない……メディア［ユダヤ人］はホロコーストのことで嘘をついているし、奴隷貿易のこともだ。奴隷貿易をしたのはユダヤ人で、ヨーロッパ人じゃない。こんな簡単なことさえわかっていない人がたくさんいる。

この調査を受けた集団が、歴史や社会問題について誤解しているのは明らかだが、社会的支配志向性や右翼権威主義性の強い人に関する最も重要な発見は、教育が彼らにほとんど影響を及ぼ

オルタナ右翼

白人至上主義者（n=217）vs. ポピュリスト（n=226）

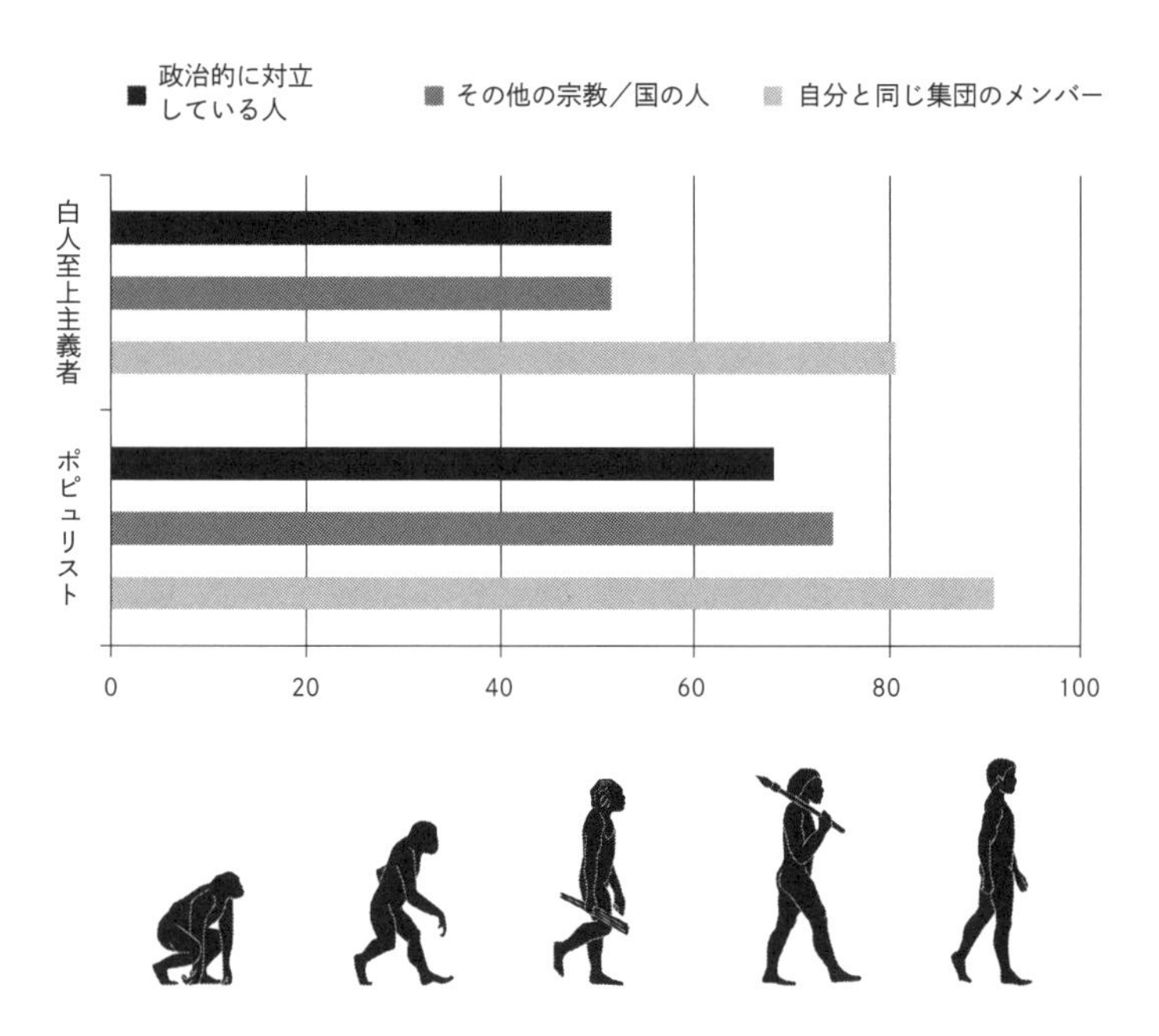

出典：Forscher & Kteily, 2017

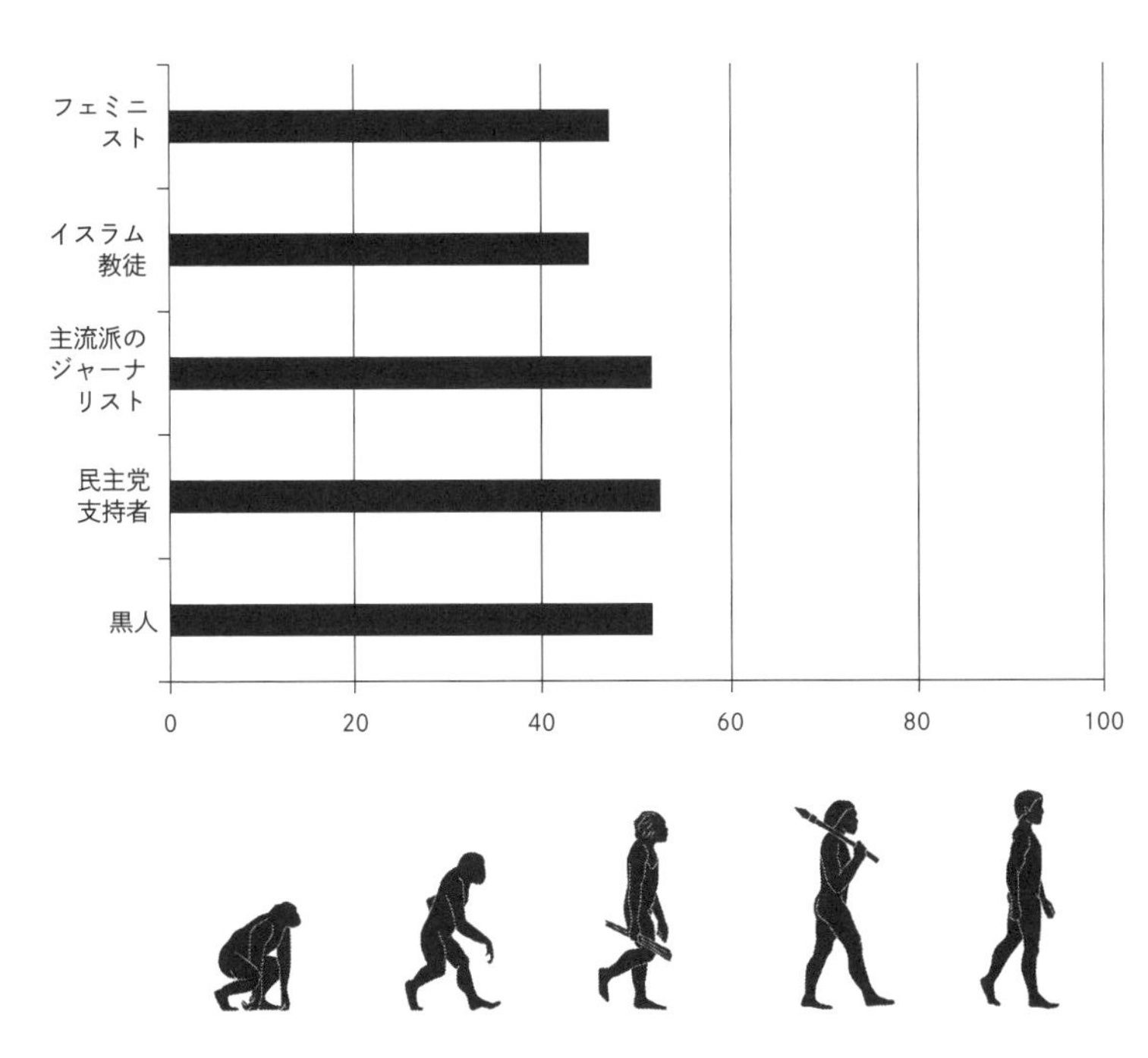

出典：Forscher & Kteily, 2017

していないということだ。

「生まれながらにして、肌の色や出自、宗教を理由に他人を憎む者はいない」とネルソン・マンデラは述べている。「人々は他人を憎むことを学んだはずだ。憎むことを学べるのなら、愛することを教えてもらうこともできる。愛は、その反対の感情よりも、人の心に自然に入り込むのだから」。これは美しい言葉だ。そして、不寛容について人々が信じたがっていることをうまくとらえている。それはつまり、不寛容は「狭量な考えと無知[38]」の結果であり、そんな考えをもたないように教えることが可能だという見方だ。政治学者のカレン・ステナーはこう書く。「現実を希望的に解釈するこの見方によれば、異なる人々は彼らの好きなだけ違ったままでいられるし、不寛容な人々は最終的に教育によって不寛容を脱することができる[37]」

しかし、不寛容な人々を「教育」しようとすると、かえって状況が悪化するおそれもある。第7章で紹介した政治学者のアシュリー・ジャーディナの研究を思い出してほしい。黒人が不当に投獄や死刑の対象になっていることを白人の回答者に伝えると、もともと黒人を非人間化していた人は、非人間化の度合いをさらに強め、懲罰を与える政策をいっそう強く支持するようになった。つまり、知識を得ることで問題がいっそう悪化したのだ。

価値観の違いに向き合うことや、多様性に寛容になるように教えること、多文化主義を教え込むことは裏目に出るおそれがある[37]。こうした手法は、すでに寛容性の高い人々に対して最も効果を発揮するようだ。その正反対の人々にとって、多文化への感受性を高める所定のトレーニングは、自分のイデオロギーに対する執着をいっそう深めるだけになるおそれがある。[39]

社会的支配志向性や右翼権威主義性が極端に強い人々は「現代の自由民主主義のもとでは決して快適に暮らせないだろう[37]」。民主主義は本質的に権力の統合ではなく分散を促し、類似ではなく相違をたたえ、すべての人に平等な権利を付与するようにつくられているからだ。国内にあるさまざまな集団のうち、自分の属する集団が優れていると見なしていたり、集団間の違いのせいで、自分の集団の同調性が脅かされると考えていたりするなら、多様な相違をたたえることは難しいだろう。[37]

左派にも右派にもならなくていい

非人間化は単に一つの国や経済、文化の産物ではないし、オルタナ右翼は民主主義にとっての難題のごく一部でしかない。

ヒトの自己家畜化仮説によれば、「他者」を非人間化する能力は全人類に共通するものであり、あらゆる政治的勢力が非人間化を行なう可能性があると予測される。どの政治的イデオロギーでも極端に過激な思想をもつ人々は、政敵を非人間化する傾向が最も強い。

ここで、政治的イデオロギーを標的に見立ててみよう。その標的では、中心部分の円がかなり大きい。

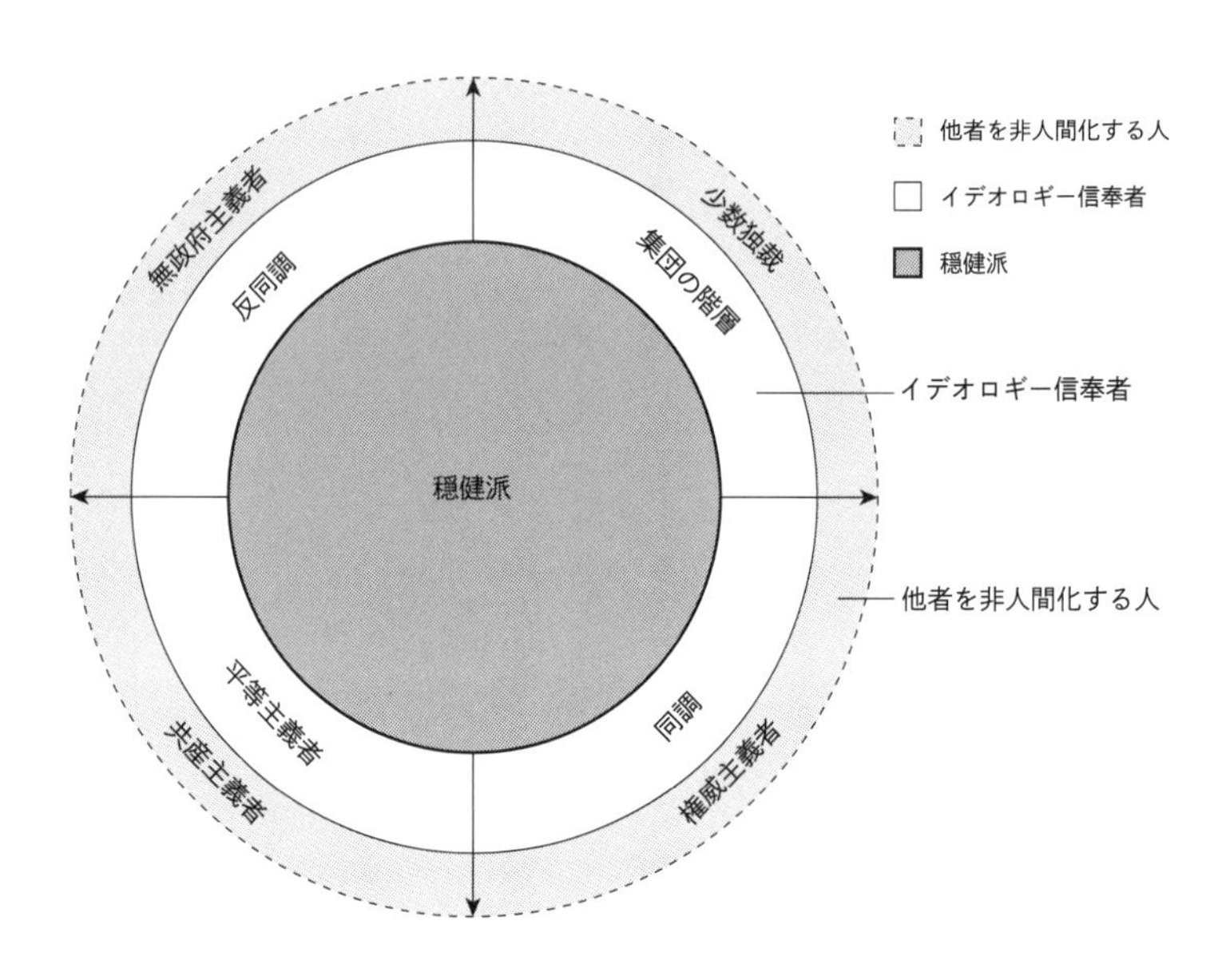

議会制民主主義の国に住む大部分の人々は「穏健な中道派」だ。彼らは出来事に応じて立場をいろいろ変えるかもしれないが、事実に対して敏感に反応する。市場の効率性と政府支出との対立について議論して、資本主義と平等主義的な目標を両立させようとする。また、同調性と非同調性のバランスについても議論する。市民が法律を守るためには同調性が必要だが、技術革新を促進するには同調しないことが必要だからだ。とはいえ、中道派は困難な場面でも概して妥協することができる。

穏健な中道派の外側にはイデオロギー信奉者がいる。彼らは自分の政治観が正しく、ほかのすべてが間違っていると信じている。イデオロギー信奉者はたいてい、自分の政治信条に反する事実には反応せず、妥協しようとする気はあまりない。彼らは自分と同質な人だけが集うソーシャルメディアのコミュニティで同じ意見を見聞きし続ける「エコーチェンバー」をつくり出し、自分の信条に合う報道にだけ反応する。どちらかというと、彼らの教育レベルは高い傾向にあるようだ[40]。

図の最も外側は過激派だ。これには、社会的支配志向性が強くて（自分の集団のメンバーが支配者であれば）少数独裁制を歓迎する人々や、右翼権威主義性が強くて、危機にさらされた価値を守ってくれる独裁的な指導者を信頼する人々が含まれる。だが、彼らは過激派全体の半分にすぎない。ほかには、共産主義のように極端な平等主義もあるし、無政府主義のように、あらゆる政府の権威を否定する見方もある。

ヒトの自己家畜化仮説の予測によれば、図の外縁部に位置するどの過激派も、彼らの世界観を脅かす人や彼らの思い込みに異議を唱える人を道徳的に排除する（つまり、非人間化する）可能性が高いだろう。

しかし、人々の政治理念は変わりやすい。都市に移り住んだり、都市を離れたり、年をとったり、お金を稼いだり失ったりするなど、身の上や政治に起きた出来事に応じて、中道派から過激派に移り、また中道派に戻る人もいるだろう。外側のイデオロギー信奉者が自分の集団アイデンティティが脅かされていると感じて、さらに外側の過激派に移行すると、政治は不安定になる。あまりにも大きな脅威を感じると、中道派からいきなり過激派に豹変する人も出てくる。

どんな政治的立場の者であろうと他者を非人間化する傾向が普遍的に見られるという証拠を、ここまで検討してきた。先に紹介したアシュリー・ジャーディナの発見によれば、アメリカでは共和党支持者と民主党支持者、高齢者と若者、女性と男性、地方在住者と都市在住者など、あらゆる属性の人々の中に、黒人を非人間化する白人集団が存在している。どんな社会的集団や政治的集団も、それとは無縁ではない[41]。

白人至上主義者による極端な非人間化に対し、暴力で応じざるを得ないと感じた過激派は反撃を開始した。二〇一七年、「アンティファ」（反ファシスト、反白人至上主義者）の抗議者たちが、アメリカ南北戦争時の南部連合を象徴する銅像に「クラン死ね」と落書きし、南部連合旗を燃やし、斧を持って抗議した。こうした動きは特定の政治運動や文化、時代に限ったことではない。

中国の文化大革命、第二次世界大戦後のスターリン主義、無政府主義者によるテロ、フランス革命、大日本帝国――あらゆる形態の政府が、非人間化とそれに続く暴力に取り込まれる可能性がある。脅威にさらされていると人々を納得させるだけでよいのだ。ナチスの指導者の一人だったヘルマン・ゲーリングは、ニュルンベルクの刑務所の独房でこう言った。「国民をリーダーの言いなりにさせることなど、いつでもできる。簡単だ。国民に向かって、われわれは攻撃されていると伝え、平和主義者は愛国心に欠けており、国を危険にさらしていると非難すればいいだけだ。どの国でも通用する[42]」

時代や文化、国に関係なく、その根底にある心理は常に同じだ。非人間化の悪循環を始めるには、過激派が「別の集団から非人間化されている」と自分たちの集団を納得させればいい。現実の脅威、あるいは脅威だと感じられるもののレベルが高まるにつれ、中道派の人々でさえもだんだん過激派寄りに立場を変え、敵に対して暴力で応酬する心構えをもつようになる。月ロケットの打ち上げや共通の脅威への抵抗など、両陣営が結束して互いに人間として接したり奮起したりできるような目標がなければ、穏健な中道派は、過激派とイデオロギー信奉者を交渉の席に着かせるのに苦労する。

自由民主主義はこうしたヒトの友好性の邪悪な側面を抑えるためにつくられた。この政治形態が直面する難題については、これまで数々の議論があった。国を弱体化させる負債、軍事力を拡大しすぎること、弱体化するインフラ、誤った情報を伝える選挙運動、時代遅れの制度など、少し挙げただけでもこんなにある。アメリカに限って言うと、市民どうしの対話の欠如[43]、ゲリマンダー（自党に有利になるように、選挙区を区割りすること）、超党派の協力を阻む難解な議会のルール（ハスタート・ルールなど）、ボーター・サプレッション（ライバル陣営の支持者が投票に行かないように仕向けること）、個人の政治献金に上限がないことによる選挙の腐敗が、議論の的になってきた[44-47]。しかし、自己家畜化仮説から、こうした問題の多くはもっと根本的な難題の兆候にすぎないことがわかる。その難題とは、自分と同じ集団にはやさしく、ほかの集団には残酷に振る舞うという、人間の本性に潜むパラドックスだ[48]。

これで問題を引き起こしている病を特定できたから、治療法を探ることができる。理想的には、予防接種で非人間化に対する免疫を獲得するのがいい。そうすれば、建国の父が思い描いていたとおりに、アメリカの民主主義が機能できるようになるだろう。さいわいワクチンはあるし、それが有効であることもわかっている。

接触の効能

彫刻家のアンジェイ・ピティンスキは、第二次世界大戦が勃発したときには、すでに数人のユダヤ人をポーランドの自宅にかくまって助けていた。ナチスが侵攻してくると、アンジェイはドイツの会社での職を利用してユダヤ人地区への通行証を手に入れ、ユダヤ人の孤児たちにこっそり食料を届けた。

しかし、一九四一年にそのことがばれると、彼は二カ月にわたって刑務所に拘留される。看守には顎の骨が折れるほどひどく叩かれた。出所後、アンジェイは妻とともにウクライナに逃れ、石油精製所で働いていたユダヤ人を救う活動をした。しかし、それもナチス親衛隊に見つかり、妻とともに逃げ出してポーランドに戻る。アンジェイは地下組織に加わり、終戦までユダヤ人の支援を続けた。[49]

ホロコーストが行なわれていたとき、何千人もの人々が命懸けでユダヤ人を迫害や死から救っていた。そうした行為が発見されると、拷問や国外追放、さらには死刑といった懲罰を受けた。家族全体が懲罰の対象になることもあった。それでも彼らはユダヤ人を納屋や屋根裏、下水管、動物の檻に隠した。一晩だけのこともあれば、一年間もかくまった事例もあった。彼らはそうしたユダヤ人を自分の姪や甥だと言ったり、長らく行方不明だった祖父母がヨーロッパの反対側から来たのだとごまかしたりした。

こうした人たちは、ほかの人がただ見ているだけで何もしない状況のなかで、なぜ自分の命を危険にさらすようなことをしたのか。一見、彼らを結びつける要素は何もない。勇敢でもなければ、反抗的な人でもない。男性も女性もいるし、高学歴の学者もいれば、読み書きができない農民もいる。信心深い人もいるが、まったくの無神論者もいる。裕福な人、貧しい人、都市の住民、地方の農民、教師、医師、修道女、外交官、使用人、警察官、漁師とじつにさまざまな人たちだ。[50]

社会学者のサミュエル・オリナーと妻のパールが、ユダヤ人を救出した数百人の人々の証言を分析したところ、彼らに共通する要素が一つだけ見つかった。彼ら全員が、戦前からユダヤ人の隣人や友人、職場の同僚と親しい関係にあったのだ。アンジェイの場合は、義母がユダヤ人だった。[49] 仕事上の立場を利用して二〇〇人近いユダヤ人少女の書類を偽造したステファニアには、ユダヤ人の大親友がいた。わずか一四歳でレジスタンスグループに加わったエルンストは、ユダヤ人の遊び仲間とともに育った。[49]

第二次世界大戦以前、国境地帯が戦場になったり、隣り合った民族集団どうしが長いあいだ紛争を続けたりしているのを見て、研究者は異なる集団どうしの接触が紛争を引き起こすのだと推測した。そして、人々は自分自身のコミュニティ、つまりほかの人が自分と同じ言葉を話し、同じ食べ物を同じように食べるコミュニティにいると、より安心するだろうと推測した。とりわけ、自分たちが不利な立場に置かれていると感じているマイノリティ集団にとっては、文化的なアイデンティティを守ることが最優先であるように思われた。

黒人の公民権運動家の多くは、人種隔離政策の撤廃に反対した。「肌が黒すぎるからと言って白人学校の親睦会に招かれなくても、別に悲しくない」と作家のゾラ・ニール・ハーストンは一九五五年に書いている[51]。そうした活動家は、子どもたちが将来苦労することや、優秀で思いやりのある黒人の教師や学校の管理職が何千人も解雇される事態を予見していた（白人の保護者は、自分の子どもが黒人の子どもと同じ教室で学ぶことは許容するかもしれないが、黒人の教師に教育されるのは許容しないだろう）。公民権運動家のW・E・B・デュボイスはこのように書いている。「白人から隔離された黒人学校では、子どもたちは人間として扱われ、同じ人種の教師から教育を受ける。教師は黒人であることの意味をよくわかっている[52]。私たちの少年や少女がないがしろにされるより、黒人学校のほうがはるかにましだ[53]」。この論法は、権力をもっている多数派にも、不利な立場に置かれた少数派にも、人種隔離を正当化するために長年使われてきた[52・54]。

しかし第二次世界大戦後、集団間の争いを確実に減らせるのは接触だけだということが、研究によって明らかになった。争いを静めるための最善の方法は、集団間に脅威が存在するという感覚を小さくすることだ。両方の集団が歩み寄り、脅威に対する懸念を小さくすることができれば、見知らぬ者どうしでも互いに共感する見込みがあることに気づくだろう。こうした懸念を減らすことが、集団間の争いを減らすうえで鍵となる要素の一つだ。脅威を感じることが「心の理論」のネットワークを切断するのならば、脅威を感じない形で相手と接触することによって、切断されたネットワークが再び動き出すのではないか。

「まず態度を変えることが、行動の変化につながる」という前提のもとに、たいていの方策は定められる。だが、集団間の争いの場合はどうやら、まず接触するという形で行動を変えることが、態度の変化につながるようだ。

＊　＊　＊

人々を教育して不寛容をなくそうとしても限定的な効果しかないとはいえ、教育は社会化を通じて重要な役割を果たしている。学校や大学は人々が友好的に接触し続ける場としては理想的である。[55]「はじめに」で紹介したカルロスとジグソー法のことを思い返してみよう。一九六〇年代に学校での人種隔離が撤廃されると混乱が生じ、この試みは必ずしも成功しないのではないかとの見方もあった。しかし結果を見てみれば、学校での人種間の接触は、人種にかかわる否定的な固定観念をなくす一助となった。一九六〇年代に黒人の子どもといっしょに通学した白人の子どもは、成人した後に異人種間の結婚を支持し、黒人の友人をもち、近所に移り住む黒人を喜んで迎え入れる傾向が強かった。[56]

現在でも、教育の場での接触には効果がある。カリフォルニア大学ロサンゼルス校（UCLA）の寮の同じ部屋で異人種のルームメイトと暮らした新入生は、そうでない新入生と比べて、異人種間の付き合いを心地よく感じ、異なる人種どうしのデートに対しても寛容だという。異なる人種の友人も多く、ほかの人種の相手とデートする傾向も強い。黒人やラテンアメリカ系のルームメイトをもつ白人学生もまた、そうでない学生よりも寛容だった。この効果は、新入生時代のルームメイトと暮らして数年たち、四年生になっても持続していた。[55・57・58]

軍隊もまた、友好的な接触を継続できる場としてうってつけの組織だ。アメリカ陸軍が第二次世界大戦のバルジの戦いのために二五〇〇人の黒人兵を採用したとき、アメリカ南部出身の不寛容な白人兵でさえも、黒人の新兵といっしょに戦った後、そうではない白人兵に比べ、黒人に対して肯定的になった。[52] この効果は一九四八年にアメリカ海兵隊で人種隔離が撤廃されたときにも見られた。

第二次世界大戦後、一九四〇年代半ばにアメリカでは住宅不足に陥ったために、同じ地区に異なる人種が暮らさざるを得なくなった。黒人の隣人と親しく会話した白人女性は、そうでない人に比べて黒人の隣人を好み、さまざまな人種が混じり合って暮らす住環境を支持した。それだけでなく、人種隔離を撤廃した賃貸住宅に暮らしている白人の半数は、将来も人種を隔離しない住宅を制限なく利用できることを支持する傾向が強かった。一方、人種を隔離している住宅に住む白人のうち、この見解を支持した人は五%にすぎなかった[59・60]。

こうした利点をもたらす接触は、何げない会話や、仕事での共同作業、さまざまな人種の混じった教室といった簡単なもので実現できる。このような状況はレストランなどで自然に生じることもあるが、実験室で人工的につくり出すこともできる。ある研究では、最も非人間化されている集団の一つ（ホームレス）と積極的に触れ合う場面を想像するだけでも、彼らに共感しやすくなることがわかった[61-63]。ほかの集団の人々について語るときに人情味のある言葉を使うだけでも、彼らに近づいて交流したいと思わせることができる[64]。

以上のことから、架空の登場人物との接触であっても意識が変わるのは意外なことではない。ハリエット・ビーチャー・ストウの小説『アンクル・トムの小屋』は奴隷制度廃止運動の転換点となった。ルワンダでは大虐殺の後、あるメロドラマがツチとフツのあいだの偏見や争いを和らげることに役立った[39]。物語を通じて何かを伝えるこうした「ストーリーテリング」は、新しい手法でも最先端の手法でもないが、よそ者のように見える人々に対して共感する能力を高めるうえでは定評がある。

何よりも、接触は最も不寛容な人々に対して最も大きな影響を与えるようだ。心理学者のゴードン・ホドソンの発見によれば、社会的支配志向性と右翼権威主義性が強い人々は、同性愛者や

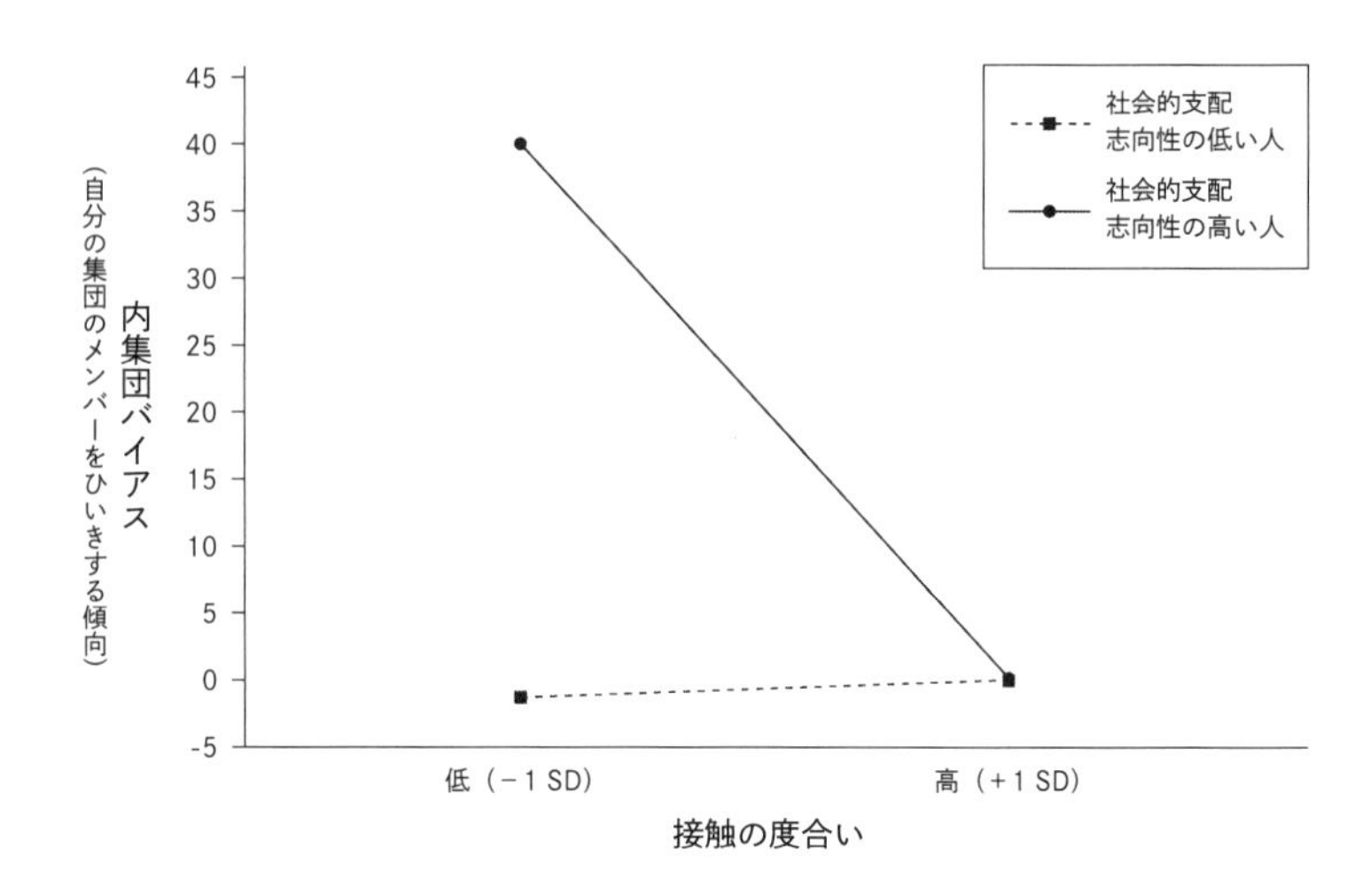

黒人の受刑者、移民、ホームレス、エイズ患者といった、ステレオタイプなイメージのある集団と交流することによって、最も大きな影響を受けるという。自分とは異なる集団のメンバーと繰り返し交流すると、最後には、上の図のように標本集団のなかで最も寛容な人々と同じ状態になる(65・66)。

自己家畜化仮説を用いれば、なぜヒトは接触するようにつくられているか、そして、接触がどのような好ましい影響をもたらすかを説明することができる。自分の集団の仲間が脅かされると、通常はよそ者に対しても抱くことができる共感が遮断される(67・68)。すると、そのよそ者は逆に脅かされたと感じて、相手の集団を非人間化する。こうして相互の非人間化のフィードバックループが形成される(69)。相手と接触することによって短時間だけでも脅威の感覚を取り除くことができたら、「相互の人間化」とでも呼べそうな別種のフィードバックループをつくり出すことができる。相手と接触できる状況をつくることで、社会的なつながりを深め、他者の考えに対する感受性全体を高めることができるのだ[70]。イデオロギーや文化、人種が異なる人どうしの交流は、どんな人にも普遍的な効果を発揮し、私たちは全員同じ集団に属しているのだと気づかせてくれる[71]。

さまざまな形態の接触のうち最も強力なのは、真の友情である。友情がもたらす寛容さは周囲に広がりやすいようだ[52]。たとえば、友人のネットワークを通じて、自分とは異なる性的指向や性自認をもつ人々と広く触れ合うと、LGBTQ（性的少数者）の人を非人間化する傾向が弱まる[72]。ほかにも、イスラエルとパレスチナのティーンエイジャーがいっしょにアメリカへ行き、三週間のキャンプに参加した事例がある。彼らにキャンプで最も親しみを感じた人を五人挙げるように尋ねると、彼らの六割ほどが、上位五人のなかに相手集団のメンバーを含めた。この結果から、相手集団全体に対する態度が良好になることが予測された。

残念ながら、集団を超えた真の友情は強力である一方で、きわめて稀であるようだ。二〇〇〇年に行なわれたある調査によると、白人のアメリカ人の八六％に黒人の知り合いがいたが、黒人の親友がいると答えた人はわずか一・五％だったという[73]。白人の親友がいると答えた黒人は八％にとどまる[74]。

集団を超えた友情が稀であることから、ホロコーストが起きていた時期に命懸けでユダヤ人を助けた人が非常に少なかった理由の一端を説明できるかもしれない。一方、ユダヤ人を助けた人々が躊躇なく命を危険にさらした理由については、はっきりと説明できる。彼らは人並み以上に勇敢だったわけでも、信心深かったわけでも、反抗的だったわけでもない。ユダヤ人の誰かと過去に親しかったか、あるいは、そのとき親しいユダヤ人がいたからだ。こうした人々にとって、人間らしく振る舞うことが何よりも優先された。ほかのことは全部そっちのけになった。

大統領の孫娘

ロサンゼルスへ向かう飛行機の中で、ブロンドの髪をショートヘアにした上品な女性の隣の座席になった。会話を始めると、彼女はメアリーという名前で、非営利組織の「ピープル・フォー・ピープル」で働いていることがわかった。「私たちは世界中の人々を一つにし、友情を通じて平和を築こうとしています」と彼女は語った。

「その仕事をするようになったきっかけは何ですか?」

「私の祖父、ドワイト・アイゼンハワーです」

まさか、隣に座っているのがアメリカ合衆国の第三四代大統領の孫娘だとは思っていなかったが、メアリーは話をしやすい人だった。私は自己家畜化に関する研究について少し話した。友情はヒトの繁栄をもたらした戦略だが、ときどきショートを起こして、他者を非人間化するおそれ

が高まるのだと。

「祖父は決して戦争の話をしませんでした」とメアリーは話した。「でも、ホロコーストの写真をいっぱい綴じた本を一冊持っていました」

アイゼンハワーは個人的に強制収容所を訪れていた。写真には、地面に横たわる遺体やうつろな目をした囚人を陰鬱な目で見つめる彼が写っている。

「覚えておかなければならないから、写真を保管してあるんだと、祖父は言っていました」

祖父が大統領というのはどんな気分かと、私はメアリーに尋ねた。

「特に何とも思いませんでした。それが普通だと思っていましたから。でも、子どもの頃に、普通じゃない出来事があったのを一つ覚えています」

ソビエト連邦の首脳だったニキータ・フルシチョフが訪米してホワイトハウスを訪れ、アイゼンハワーの孫たち全員におもちゃを贈った。メアリーがもらったのは美しい人形だ。メアリーが床に座って人形で遊んでいると、誰かが叫ぶ声が聞こえた。バルコニーの外で、祖父が顔を真っ赤にして、フルシチョフに何かを叫んでいる。「あんなに怒った祖父を見たことがありませんでした」。アイゼンハワーは部屋に駆け込み、孫たちからおもちゃを取り上げて出ていった。

それは、核兵器の脅威が訪れたばかりの頃の話だ。広島に投下された原子爆弾の一〇〇〇倍以上も強力な爆弾がつくられていた。人々は自宅の裏庭に防空壕を設け、核の冬に備えて食料を備蓄した。

メアリーは後年、子どもたちが新しいおもちゃで遊んでいる姿がはっきり見えるそのバルコニーで、フルシチョフがアイゼンハワーを自分のほうへ引き寄せて、こうささやいたことを知った。

「私はきみの孫たちが埋葬される姿を見ることになるだろう」

メアリーが泣いて人形を返してほしいと懇願すると、お人よしの祖父は人形を返してくれた。しかしメアリーは、祖父をあれほど怒らせたフルシチョフに対する嫌悪感を常に抱いていた。

それから何年もたった頃、ピープル・フォー・ピープルのある催しにゲストとして招かれたメアリーは、会場を見回して、恐怖に襲われた。ニコライ・フルシチョフの息子、セルゲイ・フルシチョフがいたのだ。主催者は何を考えているのだろう。祖父をたたえる催しにフルシチョフ家の人間を招くなんて。

互いに紹介されると、セルゲイはメアリーの手をとり、体を近づけてこうささやいた。「ねえ、きみが私ほど居心地悪いと思っていなければいいんだけれど」

メアリーは思わず噴き出した。二人はその晩、次から次へと冗談を言って過ごした。その日以来、二人は親友になった。メアリーはピープル・フォー・ピープルで働き始め、まもなくその理事長となった。

「自分の怒りや嫌悪感を何か別のものに変えられることがわかったんです」とメアリーは言った。「たった一つのやさしい言葉が、敵を友人に変えられるんです。人々が一つになれば、平和を実現できます。祖父がそうしたかったように」


二〇一七年一月二一日、ドナルド・トランプが大統領に就任した翌日、三〇〇万人を超える人々が集まって、「ウィメンズマーチ（女性の行進）」というデモ行進を繰り広げた。ほとんどのデモ行進はアメリカ国内で実施されたが、遠くはオーストラリアや南極大陸といった場所でも行なわれ、その行進の様子が放映された。

それから一〇日ほどたった二〇一七年二月一日、「アンティファ」（反ファシスト）と呼ばれる急進左派の抗議者一五〇人が、予定されていた右翼活動家マイロ・ヤノプルスの講演に抗議するために、カリフォルニア大学バークレー校に乗り込んだ。アンティファのデモ参加者たちは黒い衣装に身を包み、マスクをし、棍棒と盾で武装していた。火を放ち、火炎瓶を投げつけ、窓ガラスを割った。この騒動で六人が負傷し、一人が逮捕され、一〇万ドル相当の被害を大学のキャンパスにもたらした。(75)

どちらの抗議運動のほうが実を結びそうだろうか？　ウィメンズマーチは声明を出したものの、彼らの抗議が目標達成に及ぼした影響を測ることはできない。一方、アンティファは表面的には成功したように見える。ヤノプルスの講演は中止され、「アンティファ」の名称は一躍有名になった。この集団は右翼の集会に出現しては、オルタナ右翼の支持者と暴力沙汰を引き起こすこともしばしばで、そうした行動によってさらに知名度を上げた。白人ナショナリストのリーダー、リチャード・スペンサーがテレビ出演中に黒い服を着た襲撃者に殴られた後、ソーシャルメディアで#PunchANaziというハッシュタグがネット上で流行し、殴られた瞬間の動画に一〇〇もの曲がつけられてネットで公開された。

哲学者のジャン＝ポール・サルトルは「農民はブルジョワジーを海に抛りこんでしまわねばならぬ」〔フランツ・ファノン『地に呪われたる者』鈴木道彦・浦野衣子訳（みすず書房）のサルトルによる序文〕と書いた。(76)政治学者のジェイソン・ライアルは、機動的な反乱集団はおそらく既存の政府の鈍重な軍隊を打ち負かすだろうと述べている。(77)マルコムXは、マーティン・ルーサー・キング・ジュニア牧師によるワシントン大行進についてこう言った。「怒れる革命家たちがその圧迫者とならんで、睡蓮の葉の浮いた公園の池に足をポチャポチャつけながら、ゴスペル・ソングを歌いギター

LOVE
TRUMPS
HATE

THIS IS

を鳴らし、『私には夢がある』式の演説を聞いている――こんなばかな話があるだろうか？」[78]（『完訳マルコムX自伝』濱本武雄訳〈中央公論新社〉）しかし、ヒトの自己家畜化仮説からは、より平和的な手法のほうが、効果が高いと予測できる。暴力的な抗議運動は、脅かされているという感覚を強め、相互の非人間化のフィードバックループを始動させてしまうのだ。極端な政治イデオロギーの持ち主が、自分たちの集団を脅かしていると見なした集団を非人間化すると、暴力は拡大する一方になるだろう。

政治学者のエリカ・チェノウェスは当初、「権力は銃身から生まれる」と信じていたという。「痛ましいことではあるが、人間にとっては……暴力を利用して変化しようとするのは理にかなっている」[79]。抗議運動やボイコット、ストライキといった平和的な抵抗は、環境の改善やジェンダー関連の権利、労働改革といった「比較的ソフトな権利」には有効かもしれないが、「独裁者を失脚させようとしたり、新たな国を築こうとしたりする場合には概して効果を発揮しない」と、チェノウェスは予測した[79]。

この仮説を検証するため、チェノウェスは一九〇〇年以降に政権交代という難しい目標を成し遂げようとした大規模な運動に関するデータを、平和的なものも暴力的なものも含めてすべて集めた。その結果は意外だった。平和的な運動の成功率は二倍も高く、暴力的な運動の失敗率は四倍も高かったのだ。

運動が成功した後の状況を見てみると、平和的な運動のほうが、民主主義を確立した後に内戦

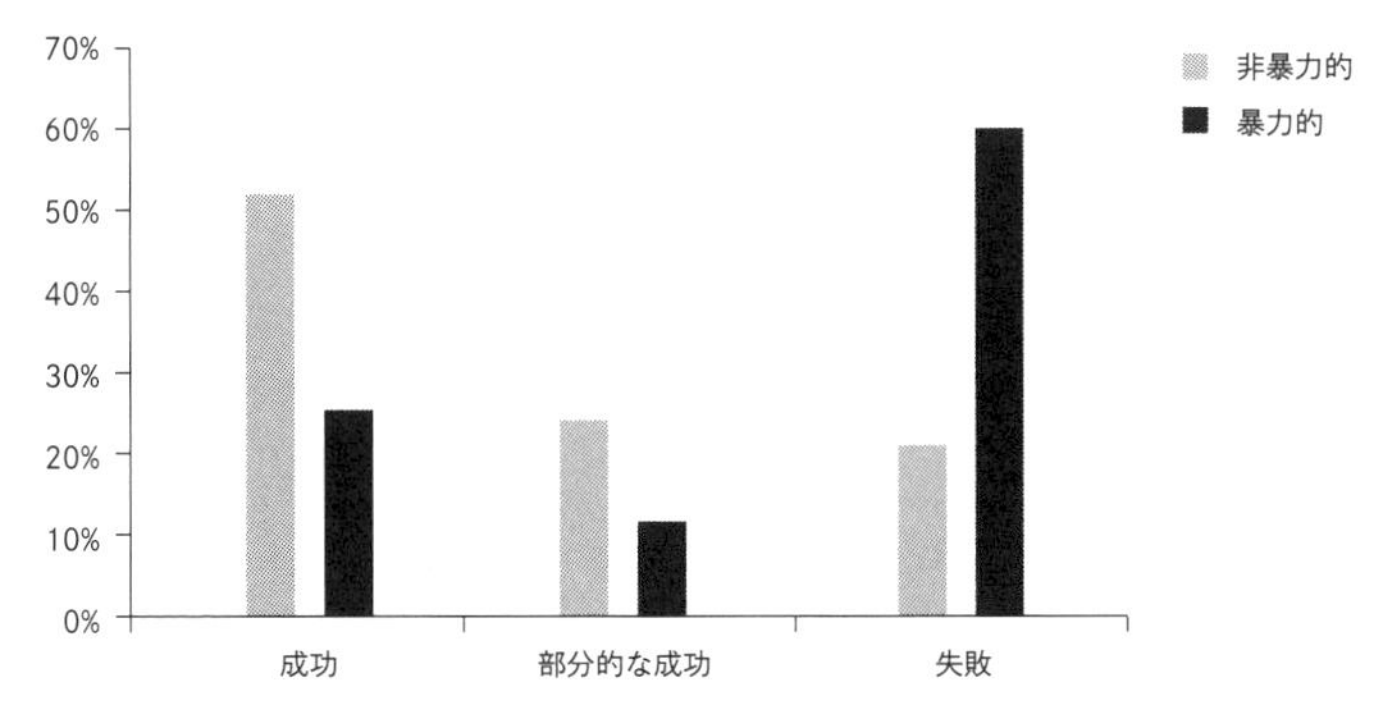

非暴力的な抗議運動と暴力的な抗議運動の成功率（1900-2006年）

に逆戻りすることが少ない[80]。この傾向は時代とともに強まり、平和的な運動が成功することがだんだん増えてきている。

チェノウェスは平和的な運動が成功しやすい理由として、それにかかわる人数の多さを挙げている。平和的な運動にかかわる人の数は、暴力的な運動よりも平均して一五万人以上多い。平和的な抗議運動には女性や子ども、高齢者を含めて誰でも参加できる。また、暴力的な運動は闇に隠れてこっそりと行なわれる傾向があるが、平和的な運動は誰もが見られる開かれた場所で行なうことができる[80]。

どのような抗議運動も、その主張への関心を集めることと、支援を募ることのあいだでバランスをとらなければならない。ある研究では、路上封鎖、器物損壊、人に対する暴力といった過激な抗議手法は、メディアの注目を集めたり、知名度を上げたりするには都合がよいが、運動に対する大衆の支持はかえって低下することがわかった[81]。

一方、女性や子どもを含め、平和的なデモに参加している何千人、時には何百万人もの人々が穏やかに合唱したりシュ

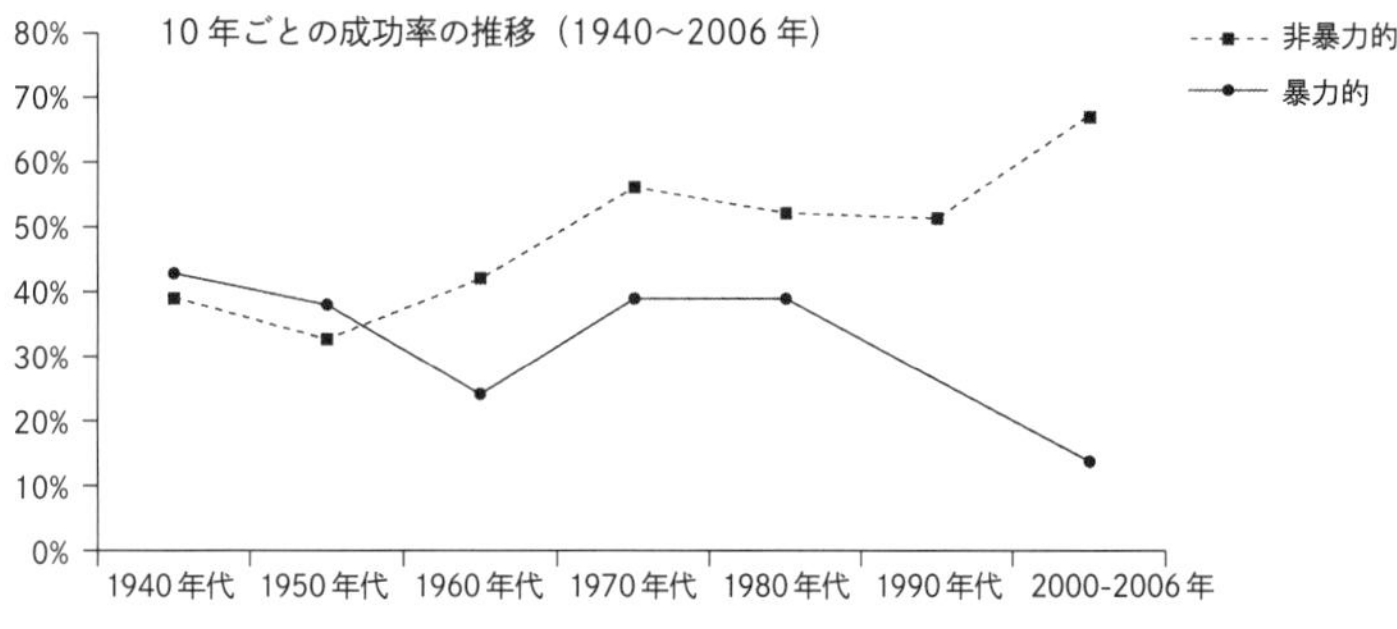

非暴力的な抗議運動と暴力的な抗議運動の成功率（チェノウェスが集めたデータ）

プレヒコールをあげたりしている姿を見ると、その運動を脅威だと感じる気持ちが静まっていく。また、チェノウェスの発見によると、暴力的な抗議運動よりも平和的な抗議運動のほうが、運動の最中に治安部隊の隊員が離反しがちなのだという。

アメリカ自由人権協会は白人至上主義者の抗議する権利を擁護してきたが、二〇一七年にバージニア州のシャーロッツビルで三二歳の女性、ヘザー・ハイヤーが車に襲撃されて死亡した後、その方針を修正した。同協会はあらゆる集団が抗議する権利を支持するが、それは平和的な抗議運動に限るという条件をつけた。今後は、どのような主義主張であっても、武装した抗議運動を支持することはないという。

集会の権利は民主主義の基本だが、変化を求める人々にとっては、その集会が平和的であるのが重要だ。そうすれば、ほかの人々から脅威と見なされる可能性が低くなるだろう。友好的な態度が勝つということだ。平和的な取り組みのほうが、長続きする変化をもたらす可能性が高い。

一九六〇年代に「言論の自由運動（ＦＳＭ）」を起こしたカリフォルニア大学バークレー校では、二〇一七年にほぼ毎月、抗議運動が起きた。マイロ・ヤノプルスやアン・コールターといった極右の保守派がキャンパスで講演するのを許すべきか、というのがその論点だ。

リベラル派は白人至上主義者やネオナチ、オルタナ右翼の発言を「ヘイトスピーチ」と呼び、キャンパスから締め出すべきだと訴えた。それに対してオルタナ右翼は、「連邦議会は……言論の自由を侵す法律を制定してはならない」という合衆国憲法修正第一条を引き合いに出し[82]、その「ヘイトスピーチ」という言葉は検閲と同じだと言い張った。

ヘイトスピーチの禁止を目指す取り組みはあるが、その法的枠組みは入り組んでいる。というのも、何がヘイトスピーチに当たるかを定義するのはきわめて難しいからだ。「何らかの人種や宗教、民族、国民集団を攻撃していると思われる、あらゆる形式の表現[83]」なのか？　それとも「歴史的に劣っていると見なされてきた集団に属する人に向けられた[84]」場合にのみヘイトスピーチになるのか？

アメリカでは発言できる内容にいくらか制限がある。テレビの全国放送で、誰かを誹謗中傷したり、わいせつな言葉を叫んだりしてはならない。暴力で誰かを脅してはならない。殺し屋になる方法を教える手引き書を書いてはならない（一九九七年にそうした本が一冊出版されたが、その後起訴された）。とはいえ、いくつかの法律上の例外に触れない限り、あなたの言論は守られる。

ほかの民主国家にはヘイトスピーチを禁じる法律がある。オーストラリアでは「ほかの人や人々の集団を傷つけたり、侮辱したり、恥をかかせたり、威嚇したりする」ことは違法だ。[85] 二〇〇〇年には、ホロコーストを否定するウェブサイトがオーストラリアで違法と判定された。ドイツでは、ヘイトスピーチは「国民集団、人種集団、宗教集団に対する憎悪をあおる」言論として定義されている。[86] 二〇一七年にはドイツの法律で、フェイスブックなどのソーシャルメディアはヘイトスピーチを二四時間以内に削除しなければ五〇〇〇万ユーロの罰金を科されることになった。イスラエルでは「宗教について人の心を傷つける」表現はヘイトスピーチに含まれる。[87]

ヒトの自己家畜化仮説からは、次のように明確な予測を立てられる。ある集団のメンバーが別の集団の人々を非人間化する、つまり人間未満だと言うと、その発言を聞いた人はみんな最悪の暴力行為に走るだろう。要するに、人を動物や機械になぞらえたり、「ごみ」「寄生虫」「ヘド」「汚物」といった本能的に嫌悪感を呼び起こす言葉で他者を形容したりするのは、ヘイトスピーチのなかでも最も危険な行為なのだ。

第6章に書いたように、fMRIを用いた研究から、人は他者を非人間化すると、脳の「心の理論」ネットワークに関連する領域の活動が弱まることがわかっている。[88] 誰かほかの人が他者を非人間化するのをたまたま耳にするだけでも、あなたがその集団のメンバーを非人間化する傾向が強まる。子どもでさえ、この影響を受ける。

私たちは言論の自由を脅かすことなく、強力な文化的規範を使って、他者を非人間化する言葉に対抗することができる。テレビや新聞といったメディアで誰かがある人物や集団を人間未満だと述べたら、警戒を始めるべきだ。私たちは市民として、そうした言葉が決して普通にならないように手を打つことができる。イタリアの詩人、ジャンバティスタ・バジーレが書いているように「舌は骨がないが、背骨を折ることができる」のだ[89]。

「想像してみてほしい。人の首をはねる中東のケダモノたちが、仲間どうしでのんびり座って、アメリカ人には水責めができないと話しているのを」と、ドナルド・トランプは大統領選の演説で発言している。「水責めの拷問はやるべきだし、水責め以上の拷問もやるべきだ[90]」

大統領選挙戦でのドナルド・トランプの遊説は多くの理由で独特だったが、なかでも気がかりだったのが、選挙戦を通じて彼が使っていた、人を人間扱いしない言葉づかいだ。トランプは、自分の支持者がよそ者と見なしそうな集団を嗅ぎ分ける並外れた直感を備えており、そうしたよそ者は脅威であると言いくるめるのがうまい。トランプは自分の支持者を侮辱したレポーターを「くず」で「げす野郎」で「胸くそ悪い」と呼んだ。また、ヒラリー・クリントンを「汚らわしい」と評し、彼女の支持者を「動物」と呼んだ[91]。

トランプは自分の仲間でない人々の名前を列挙し、彼らが脅威をもたらすと力説した。それだけではなく、その後には、彼らに対して暴力をふるうことを奨励し始めた。戦火に引き裂かれた国から逃れてきた難民を拷問しろとか、死刑にしろとか、国外追放しろと主張したのだ。トランプの遊説活動を取材するジャーナリストも安全ではなく、身を守るために、書く内容を抑えなければならなかった。トランプが使う言い回しですら暴力に満ちていた。「[抗議者の]顔を殴りたい」と発言し、抗議者が「痛めつけられる」のを喜び[92]、自分が五番街の真ん中に立って「誰かを撃っても、票を一つも失わない」と豪語した[93]。

アメリカの政治制度は、たとえ自分の宿敵であっても、すべての人が人間として見なされるに値するという民主主義の原則にもとづいている。私たちは一つの社会として力を合わせて、他者を非人間化するリーダーを避け、党派を超えて他者の人間性を重視するリーダーを応援しなければならない。

都会暮らしの動物

自己家畜化がもたらした結果のなかで何よりも影響が大きかったのは、ヒトがより大規模かつ人口密度の高い集団で生活できるようになったことだ。後期旧石器時代のネアンデルタール人はおそらく十数人程度の集団しか維持できなかっただろうが、ヒトは数百人の人口を擁する半定住の集落を維持することができた。やがて集落の定住化はさらに進み、人口も数百人から数千人、さらには数百万人にまでふくれ上がった。

二〇〇八年、ヒトは都会暮らしの生物となった。都市に暮らす人の数が、農村部の人口を上回ったのだ。さまざまな意味でこれは朗報である。最貧国であっても、都会暮らしのほうが農村部に暮らすよりもある程度は好ましい。社会的地位が向上し、より高い教育を受けられ、そこそこの暮らしを送れる可能性が高くなるからだ。

最高の状態にある都市では、さまざまな国や民族、性的指向、人種の人々が入り交じった活気あふれるコミュニティが形成される。こうした多様性によって人々の接触が促進され、その結果、寛容な精神が広まり、技術革新や経済成長が進む。さいわい人々の接触を促進する都市を築く方法はわかっている。あらゆるテクノロジーと同じで、建築も私たち自身の延長線上にあるからだ。最善の効果をもたらすと考えられる都市は次のとおり。ビルは中層（一二階が上限だと考えられている）にして、母親が外で遊ぶ子どもに目を配ることができ、住民が外を通る人々に注意を向けられるようにする。住宅地にはさまざまな所得層の人が混在し、異なる職業や社会経済的地位の人々がともに暮らせるようにする。歩道は小さな店舗やカフェ、レストランをつなぐように整備する。そうした店の従業員はお客さんと顔見知りだ。庭園や遊び場も設けて、母親たちがおしゃべりでき、子どもたちが仲良くなれる場をつくる。(94-96)

一九五〇年代のニューヨークのウェストヴィレッジは、こうした都市だった。都市計画専門家のジェイン・ジェイコブズは、彼女のアパートメントの外で毎朝繰り広げられていた複雑な「バレエ」のことを書いている。「ハドソンストリートでは、見知らぬ人は味方だ。私たち地元住民が通りの治安を維持するのを、彼らの目が手助けしてくれる。そうした見知らぬ人々が大勢いるので、いつも違う人が通っているように見える……ハドソンストリートで同じ見知らぬ人を三回か四回見ると、あなたは会釈し始める[94]」

一方、最悪の都市では人と人との接触が妨げられる。高層住宅がつくり出すのは、同じフロアに住んでいる隣人と一度も顔を合わせずに何年も暮らせる環境だ。そこには小さな商店が並ぶ歩道がなく、チェーンの大型小売店とファストフード店があるだけだし、ゲートや柵があるので、その地区から出たり、ほかの地区をぶらついたりすることも気軽にできない。ほかの地区とは幹線道路で分断され、そこには横断歩道も緑地もない。

現在、アメリカの都市の多くでは、人種ごとに居住地が分離されている。こうした分離は第二次世界大戦直後に始まった。政府は郊外につながる幹線道路の建設に予算をつぎ込み、白人住民が人種の多様な都市部を避けて郊外へ移住する「ホワイト・フライト」を促した。不動産権利書に政府が認可した人種差別的な条項があったために、黒人はこうした郊外の住宅を購入できなかった。連邦住宅局は黒人による住宅ローンの申請を拒否しただけでなく、黒人居住地域の住民を融資対象から除外すること（レッドライニング）までして、黒人が郊外に移れないようにした。このように、黒人と白人のコミュニティが物理的に離れてしまったために、互いに触れ合う機会が奪われ、双方のコミュニティが互いに相手を非人間化しやすい状況になった。

都市建築では、特定の空間から特定の人々を除外するように設計することもできる。それは「敵対的な建築」〔日本では「排除アート」とも呼ばれる〕と呼ばれ、人が座れないように傾斜をつけた窓の下枠や、格子状の金属を使った階段、スケートボードをさせないように球をつけたレッジ

（建造物の棚状の縁）や凹凸をつけた舗道などがその例だ。ほとんどの敵対的な建築は、最も非人間化されやすいホームレスの人々を排除するためのものだ。風雨をしのげそうな橋の下やビルの日よけの下の地面には鋲（スパイク）が打ち込まれ、寝そべって眠れそうな公園のベンチには肘掛けがつけられ、心地よくくつろげるはずの緑地には彼らを追い出すためのスプリンクラーが設置されている。彼らはそうしたものに耐えなければならない。

ほかの人々も、このような建造物の影響を受けないわけではない。作家のアレックス・アンドレウはこう書いている。「私たちは人間の体を拒む都市をつくることで、すべての人間にとって居心地悪い都市をつくっている。住環境を敵対的にしていくと、その中に住む私たちも敵対的になっていく[97]」

かつて都市は、私たちの祖先に恩恵をもたらした。そのときと同じ状態をつくり出すように、都市を設計しなければならない。「都市は人々が接触するよう促さなければならない。そうするには、制度上の支援が必要だ」と都市計画家のマイ・グエンは述べている。都市部の住宅、あるいは公共交通機関の路線のそばにある住宅に補助金を出せば、その住民は職場の集まる地区まで効率的に通勤できるだろうと、グエンは提案している。「他者と接する機会をつくれば、寛容さが生まれる」とグエンは指摘する。

都市はさまざまな経歴や見解、人生経験をもつ人々が自由に交わり、意見を交換できる場であるべきだ。私たちの祖先にとって、それは交易路沿いの集落だった。そこでは、はるか遠くから来た旅人たちと意見や技術、品物を分け合うことができた。現代人にとって、近隣の人たちと出会って親しくなれる場所は、公園やカフェ、劇場、レストランといった公共の場だ。

住環境は変わっても、人間自体が変わったわけではない。私たちは大規模で協力的な集団で暮らしているときに、最も高い生産性を発揮する。私たちは多様な経歴の人々と意見を交換するときに、最も革新的になる。たとえそれが、意見のまったく合わない人々だったとしても。寛容な心をはぐくむように社会が構築されているときに、私たちは最も寛容になる。民主主義を健全に保ち、人間の本性の最善の面を表出するためには、互いに恐れることなく出会うことができ、不愉快になることなく反対意見を表明でき、自分とは最も似ていない人々と親しくなれるような住空間を設計しなければならない。

第9章　友だちの輪

ローラ・ヤ・ボノボの創設者クロディーヌ・アンドレが、軍に接収されたビルの階段を駆け上がる。ビルは爆撃の跡が生々しい。それはコンゴ民主共和国で起きた第二次コンゴ戦争時の話だ。キンシャサの街はルワンダ軍に一カ月にわたって包囲されていた。食料は底をつき、水道の水も出なくなった。街の外れでは、フツの兵士たちがツチの人々に向かってタイヤを投げつけ、それに火をつけた。

クロディーヌの夫はツチとイタリア人のハーフで、もう何週間もイタリア大使館に身を隠していた。彼女は自宅と大使館を行き来しながら、ニュースや物資を届けていた。夫は外出すると危険だったし、たとえ安全だったとしても、どこへも行きようがなかった。飛行機もヘリコプターも飛んでいない。街を脱出できる人はすでに脱出していた。

ビルの二階にある軍の仮設の事務局に到着すると、クロディーヌは兵士に止められた。

「将軍に会いたいんですが」

「彼は忙しいんだ」

「待ちますから」

クロディーヌは待つことにしたが、時間は意外にかからなかった。鮮やかな赤毛の白人女性が事務局の外に立っていると聞いて、将軍は好奇心を抑えられなかったのだ。

「どのようなご用件でしょうか、マダム？」

「あなたの兵隊が公園の木を切り倒しています」

「それで？」

「私は一二頭のボノボを世話しています。みんな戦争で孤児になりました。彼らには、戦争が終わった後にすむ場所が必要なんです」

一二頭のボノボはクロディーヌのガレージで寝ていた。彼女は毎日、ボノボを自分のSUVに乗せて、学校の裏の小さな森へ連れていっていた。クロディーヌが言う公園は、かつての独裁者モブツ・セセ・セコの秘密の隠れ場所の一つで、彼はその広い庭園を熱帯の動植物で満たしていた。しかし、この独裁者は何年も前にこの世を去った。今は兵士たちの管理下にある。

「ボノボはコンゴの誇りです。ほかの国にはすんでいないのです。あの公園は彼らのものであるべきです」

ビルのすぐそばに爆弾が落ちて、壁が揺れ、天井からしっくいが落ちてきた。クロディーヌは悠然と続ける。

「伐採をやめるよう、どうか兵士たちに伝えてください」

「マダム、ここを離れてください。安全ではないんです――」

爆弾がもう一個落ちた。

「このボノボたちには保護が必要なんです」

こちらが首を縦に振るまで、この女は引き下がらないぞ。将軍はそう思ったのかもしれない。

「部下に言っておきます」と彼は言った。

クロディーヌはそのままじっと立っていた。また爆弾が落ちた。

「ここに、あなたを公園の管理者に任命する！六カ月ごとに報告書を提出すること。部下には伝えておきます。さあマダム、早く！」

戦争の最中にボノボのための木々をめぐって口論するなんて、クロディーヌは頭がどうかしていたんじゃないかと思う読者もいるかもしれない。だが、クロディーヌは大の動物好きだ。どんな生き物でも、病気やけがをしたら彼女は面倒を見る。第一次コンゴ戦争のときには、動物園で飢えていた動物たちに食べ物を届けていた。あるときには、六三頭のボノボに加え、三羽のヨウム、一匹のガラゴ、三匹のイヌ、一〇匹のネコ、そして一匹のオオハナジログエノンの面倒を見ていた。

クロディーヌはキンシャサ周辺で「カインドネス・クラブ」という活動を数十カ所で始めた。動物には考えや感情があるので、思いやりをもって動物を扱わなければならないということを、子どもたちに教えるためだ。ある朝、サンクチュアリを訪れたカインドネス・クラブの子どもたちにクロディーヌが話をしているとき、一人の男性が立ち上がって話を遮った。

「よくもまあ、動物のことをそんなふうに話せるもんだ」と彼は言った。「コンゴの人たちは苦しんでいる。なのに、ここのボノボたちは、あなたの目の前にいる子どもたちよりもたくさん食べ物をもらい、よく面倒を見てもらっている」

クロディーヌはこう答えた。「私が子どもたちに動物にやさしくするよう教えているのは、そうすれば、お互いにやさしく接するようになるからです」

動物とのつながり

動物にやさしくすれば、本当に他者に対してやさしくなるのだろうか？ むしろ、これまで研究者たちは動物と親しくすると、ストレスが生じると主張してきた。そうすることによって、ヒトがほかの生物とは異なる特別な存在だという考えが脅かされるからだ。[1] この見解に従えば、ヒトにはほかの動物と共通する性質があることに、私たちは目を向けたがらない。だから、ヒトを動物にたとえることが、非人間化の効果的な手法になるわけだ。

学生を対象にした調査で、一五の異なる要素のうち、偏見と非人間化を最も助長するのはどれかを質問した。大多数が挙げたのは、無知、心の狭さ、メディア、親の影響、文化の相違だった。一方で彼らは、非人間化が他者を動物のように見なす行為だと知ってはいたが、動物に対する自分たちの感じ方は不適切だと思っていた。同じ学生たちは、集団間の関係をよくする主な改善策として、教育と集団どうしの接触を挙げている。[2]

心理学の研究から得られる重要な教訓があるとすれば、自分の態度や行動が何によって決まっているのか、自分ではっきりわかっているとは限らないということだ。人々は無意識のうちに、さまざまな身体的特徴にもとづいてお互いを判断し、動物に対しても同じことをしている。私の共同研究者であるマーガレット・グルーエンはある調査で、さまざまな犬種のイヌの写真を獣医と一般の人々に見せた。そして、それぞれのイヌが痛みに対してどのぐらい敏感かを尋ねたところ、犬種によって痛みの感じ方が異なるという科学的証拠はないにもかかわらず、一般の人々は一貫して小型犬のほうが大型犬よりも痛みを感じやすいと答えた。獣医たちもまた、犬種によって痛みの感じ方が違うと教える獣医学校はないにもかかわらず、犬種ごとに感じ方が異なると答えた。どちらのグループも、攻撃的だと言われている犬種は痛みを感じにくいと評価した。さらに、同じ犬種でも暗い色のイヌのほうが明るい色のイヌよりも痛みを感じにくいと評価した。

人間と動物との関係と、人間どうしの互いに対する見方にどのような関係があるかは、完全にわかっているわけではない。たとえば、動物に対するやさしさと人間に対するやさしさとは関連がないと思っている人もいるかもしれないが、私たちは概して、動物を虐待する人は人間も虐待するのではないかと考える。

子どもの頃に動物を虐待する行動は、将来さらに危険な行動をするという警告のサインであることが多い。これはサイコパス（精神病質者）の子どもに見られる症状の一つだが、激しい症状を呈する精神疾患で見られるだけではない。動物に対する態度は、一般の人々の他者に対する態度とも相互関係がある。心理学者のゴードン・ホドソンとクリストフ・ドントは、人間が動物よりも優れていると考えている人は、人間の一部の集団がほかの集団よりも優れているとも見なしがちかどうかを調べた。彼らが見いだした結論はこうだ。「ヒトは動物とは異なる優秀な存在だという考え方は、移民や黒人、民族的少数派などの外集団を動物になぞらえて非人間化する行為に大きな影響を与えている(3)」

ホドソンは別の研究[4]で、人々が動物と人間をどのくらい違うと考えているかを具体的に調査した。そして、「人間は思考力をもっている唯一の生物ではない。人間以外にも考えられる動物はいる」といった文章にどのぐらい同意できるかを尋ねた。その結果、動物と人間の差が大きいと考えている人々は、移民を非人間化する傾向が強く、「平等の権利を求める移民の要求は、あまりにも度が過ぎる」といった文章に同意する傾向も強かった[4]。一方、動物と人間の差が小さいと答えた人々は、移民を非人間化しない傾向があった。動物と人間の隔たり（人間と動物のあいだに存在すると考えられている距離）は、人間の集団間に存在すると考えられている距離と密接な関係があるようだ。

ディンゴは私たちの母

欧米の工業化された世界では、人間とイヌのあいだの隔たりはここ数十年で大幅に小さくなった。かつては主として使役動物やステータスシンボルと見られていたイヌは、れっきとした家族の一員と見なされる存在になった。ペットのイヌを溺愛する行動は、現代生活の行きすぎた側面の一つでしかないとの見方もあるが、先史時代の埋葬跡からはこうした溺愛がもっと古い時代からあったことがうかがえる。複数の大陸に残る一万年以上前の埋葬跡で、死者が一匹のイヌを腕に抱いて横たわっている姿が発見されているのだ。

平等主義という点で世界屈指の文化の一つでは、人間とイヌのあいだに、さらに驚くべき深い愛情が見られる。それは、地球上で人間が最も住みにくい土地の一つ、オーストラリア西部の僻地に暮らすアボリジニのマルトゥの人々だ。彼らが伝統的に所有してきた土地は、オーストラリア北西部のグレートサンディ砂漠から中西部の町ウィルナにまで及び、アメリカのコネティカット州ほどの広さがある。育つ植物は灌木で、水に乏しく、灼熱の太陽が照りつける過酷な環境を見て、初めて足を踏み入れたオランダの探検家たちは、とてもじゃないが人は住めないと言い切った。

しかし、アボリジニの一員であるマルトゥの人々は、何千年も前からこの地域に暮らし、広大なネットワークを築いてきた。[5] 彼らは今も残る数少ない狩猟採集集団の一つで、ヨーロッパ人と接触したのは一九六〇年代と、アボリジニのなかでも最も遅い部類に入る。マルトゥの人々は水源の場所や地勢の記録法といった秘密の情報を、複雑なアートを通じて次世代へと伝えていき、それは世界中に知られるようになった。ほかのアボリジニと同じく、マルトゥの人々もまた、土地やそこにすむ動物たちと複雑で深い関係を築いている。彼らが代々受け継いできたスピリチュアルな伝統は「ドリームタイム」と呼ばれる。ドリームタイムのなかでも重要な存在の一つが、オーストラリアにすむイヌの仲間、ディンゴだ。

ほかのイヌと同様、ディンゴの祖先はオオカミに似た動物だった。その動物は遅くとも五〇〇〇年前にアジアからオーストラリアに入ったが、現代の大半の犬種とは異なり、人間による極端な品種改良なしに、現在のディンゴへと進化した。ディンゴは家畜と野生動物のはざまで生き、人と暮らす個体もいれば、人々から遠く離れた過酷な自然環境にすむ個体もいる。ペットのイヌが野生化した野犬とは違い、野生のディンゴは人間がいなくても育つが、人の近くにいることもできる。「ディンゴは私たちの母だ」と、マルトゥの一人が人類学者のダグ・バードのインタビューに答えている。

これは単なる比喩というだけではない。彼らがバードに説明した話によると、マルトゥの人々は子どもの頃、家族が野営地から狩猟や採集に出かけているあいだは、年長の子が年少の子を見守り、彼らが疲れたら連れて帰る。野営地に戻ると、いっしょに歩いてきたディンゴが自分の子にやるように食べ物を吐き戻す。そのたんぱく質豊富などろどろの食べ物を、年長の子が火を使って調理して年少の子に食べさせ、親たちが肉や塊茎類、ナッツ、ベリー類を持ち帰ってくるのを待つ。それまで子どもたちは、ディンゴのそばで丸まって暖をとる。ディンゴに見守られているから、何にも襲われることはないと安心しているのだ。

おそらくイヌは、オーストラリアの奥地で何千年も前から人間の家族の一員だったのだろう。それは、ディンゴの側から見ても、オーストラリアのアボリジニの側から見ても、稀に見る特別な関係だ。ディンゴはまるで母親のように、人間の子どもの面倒を見る（今では人間が彼らを狩ったり迫害したりすることが増えてきたが）。アボリジニのきわめて平等主義的な社会では、ディンゴを害獣とも使役動物とも見なさず、家族として迎え入れた。だが、何かが人間とイヌとの関係を変えたに違いない。おそらく社会が産業化した時代の前後に、イヌは家族の輪から追い出されてしまった。

意外なことに、ヨーロッパの犬種の起源はかなり新しい。(6) ヴィクトリア朝の時代にイヌの見た目がイヌに求められる仕事よりも重要になった頃に、人々は犬種を改良するようになった。それ以前は、大型犬はすべて「マスティフ」、ウサギを狩るイヌは「ハリア」、ペット向きの小型犬は「スパニエル」と呼ばれていた。(7)

一九世紀終わりにはドッグショーが開催されるようになった。その目的は、「純粋な」血統をさらに改良できる「優れた」性質をもつイヌを選抜することにあった。ショーで受賞したイヌは、その飼い主に名声と多額の収入をもたらす。イヌは取引の対象となり、それぞれの犬種には、それがいかに優れているか(とりわけ、有名な血統でないイヌと比べてどのように優れているか)を伝える物語が添えられた。ブリーダーで作家のゴードン・ステーブルズは一八九六年にこう書いている。「雑種犬に付きまとわれて平気な者など誰もいない」(8)

そのうち、犬種のあいだで優劣がつけられるようになる。まもなく、受賞歴のある血統書付きのイヌの子や流行の犬種を飼うことがステータスシンボルになった。血統のよいイヌは力や地位の高さを象徴するようになった。(8)「犬種や血統は地位や階層、伝統を表すものだった。とはいえ、すべてとは言わないまでも、その大半が人の手でつくり出されたものだったのだが」(8)。ヨーロッパの犬種は階級や階層にとらわれた文化の産物であり、そのために優生学運動が生まれたのだ。

ここで思い出してほしいのだが、社会的支配志向性とは、集団に階層があることをどれくらい信じているかを示す尺度である。「いくつかの集団はほかの集団よりも優れている」といった主張に強く同意する人は、社会的支配志向性が強い。私の研究室にいる大学院生ウェン・チョウとともに、私たちはイヌに関して社会的支配志向性を調べる調査票を作成した。「集団」という言葉を「犬種」に置き換えただけだ。私たちは一〇〇〇人を超す人に、「いくつかの犬種はほかの犬種よりも優れている」や「すべての犬種に同じ生活の質を保証する必要はない」といった主張に同意するかどうかを尋ねた。

階層を肯定するこのような主張に強く同意した回答者は多かった。そうした人は、純血種のイヌを好む傾向が強かった。しかし、何よりも注目したいのは、人間の集団を対象としたもともとの調査に対する彼らの回答かもしれない。犬種間に明確な階層があると考えた人は、人間の集団にも明確な階層があると答えていたのだ。イヌに関して社会的支配志向性のスコアが高い人は、人間に関しても社会的支配志向性のスコアが高い。私たちはまた、イヌを飼っている人は飼っていない人よりもやや社会的支配志向性が強いことも発見した。ただし、飼いイヌと親密な絆を築き、家族の一員だと見なしている人は、平均的な人よりもはるかに社会的支配志向性が弱い。

アボリジニのマルトゥの人々のように、平等主義の傾向が強い狩猟採集民は、イヌを家族の一員として受け入れる傾向が最も強かった。人類が農耕社会を築き、工業化を進めるにつれて、イヌは家族の一員から使役動物、そして社会的階層を強調するステータスシンボルへと変わったのだろう。自由民主主義が広がり、経済が繁栄すると、イヌはすぐにまた家族の一員へと戻った。人間どうしが互いに平等に接する態度は、ヒトではない親友に対する見方や扱い方に表れている。

イヌの扱いに関する私たちの見方は、他者（人間のほかの集団やほかの生物）に対してどんな扱いなら許容できるかという、私たちの見方を反映しているのかもしれない。イヌに関する社会的支配志向性のスコアが高いことと、「劣っている」ヒトの集団を動物と見なすこととは関連があるのだ。

よそ者だと思われる人間や動物と自分自身との違いを乗り越える方法を探るうえで、人間とイヌとの友情は何よりも強力でわかりやすいヒントになるかもしれない。イヌを愛したことがある人ならば、イヌには考えたり、苦しんだり、愛したりする能力があることを疑うことはないだろう。イヌに愛してもらったことがある人ならば、イヌの愛情の価値が人間の愛情より低いとは思わないだろう。お互いを平等にさせる世界最大の要因が、友情なのだ。人間にとってこれほどイヌが重要であることを、これまで誰も予測できなかった。ヒトが旧石器時代の「スーパー捕食者」だった頃、イヌは牙をむく肉食動物から進化を遂げた。彼らをこれほど繁栄させてきた恐怖や攻撃性を振りかざすのではなく、穏やかに近づいてきたのだ。多くの世代を重ねる必要はあったが、イヌと人間は十分な共通点を見いだし、互いに大切な存在となった。二本足と四本足の違いや、色の濃さの違いはあっても、イヌが人間に与えてくれる愛情の深さは変わらない。そして、その愛情は私たちの人生を変えることができる。少なくとも、私の人生は変えた。

自分たちよりも強いほかの人類を打ち負かす高性能の武器を考案して以降、ヒトは知能に重きを置きすぎてきた。ヒトは知能にまつわる持論を用いて、進化は直線的に進むものだと考え、それを示すスケールを考案した。そのために、動物も人々も残酷に扱い、彼らを苦しめることになった。私の愛犬オレオは、すべての生き物がそれぞれ独自の才能をもち、みずからの生存にまつわる問題を見事に解決できる頭脳をもってこの世に生まれてきたことを教えてくれた。

オレオの才能を発見したことがきっかけで、私はほかの動物が秘めた心の可能性に目を向けた。オレオがいたから、私はチンパンジーの能力をもっと調べようと思った。オレオがいたからこそ、私はボノボに目を向け、すべての見知らぬ者を友だち候補と見る動物がいることを知った。

オレオを愛することで、私は何よりも大切な教訓を学んだ。私たちの人生は、どれだけ多くの敵を打ち負かしたかではなく、どれだけ多くの友人をつくったかで評価するべきだ。それこそが、私たちの生存の秘訣なのだから。

謝辞

私たちは本書の第一稿を二〇一六年一〇月頃に仕上げていた。その原稿では、どんな場所や文化であろうと、ヒトの最悪の性質が再び表れる可能性があるという警告で文章を締めくくった。しかし、その年の大統領選の後、私たちは第一稿の半分以上をボツにした。解決策を提示しなければならないと気づいたからだ。現実的な解決策を見いだすためには、科学論文をさらに深く調べる必要があった。なじみの薄かった社会心理学や歴史学、政治学の分野でも専門知識を身につけなければならなかったのだ。その調査と文章構成の練り直し、原稿の書き直しに、さらに二年を費やした。ホモ・サピエンスがもつ独特な友好性を明示するだけでなく、ヒトの最も悩ましい問題の根本原因と解決策を考えるための材料を提供したかったからだ。

科学において見解の不一致や議論があることは健全であり、心躍る体験だ。見解の不一致がきっかけで研究が進み、理解が深まることはよくある。真実に至る道として科学者が頼っているのは、懐疑心と、実験や観察にもとづいた議論だ。文献を公正に説明するように最善を尽くしたが、私たちの記述に全面的には同意しない科学者もいるだろう。ふだん執筆している科学論文とは異なり、文章を読みやすくするために、本文では異なる視点や相反するデータを強調していない箇所もある。しかし、巻末に幅広い参考文献と注釈を掲載して、重要な詳細情報や異なる発見も盛り込んだ。興味があれば、こうした文献を手に入れる方法は多くあるので、自分自身で読んでみてほしい。*

本書を刊行できたのは、この長丁場で力を貸してくれた大勢の人たちの尽力によるところが本当に大きい。誰よりも大きな感謝を捧げたいのは、編集者のヒラリー・レドモンだ。五年間にわたって、これ以上ないほど懇切丁寧に仕事を進めてくれた。学術書ならば、共著者の一人として彼女の名前を載せるところだ。通常の編集業務の枠を越えて力を貸してくれたおかげで、原稿の構成と文章が目覚ましく向上した。彼女には大変な恩義を感じている。いっしょに仕事ができて嬉しかった。

エージェントのマックス・ブロックマンは、本書の内容についてブレインストーミングを最初に始めたときに、提案を具体的な形にするために力を貸してくれた。このプロジェクトを進めようと決心するうえで、彼の励ましが欠かせなかった。

リチャード・ランガムとマイケル・トマセロがいなければ、自己家畜化仮説は存在しなかっただろう。私たちの共同研究と彼らの研究から、本書に書いた多くのアイデアの着想を得た。彼らはまた、延々と続く議論にも根気強く付き合ってくれた。そのおかげで、種々雑多なアイデアを一つにまとめることができた。同僚のウォルター・シノット＝アームストロングもまた、すばらしい助言をくれる存在だ。いつ話してもやさしく励ましてくれ、そのなかで有益な議論を提供してくれた。

デューク大学の多くの学生にも感謝したい。ゼミや研究室のミーティングで一次情報となる文献を彼らといっしょに読み込んだおかげで、私たちの思いつきが形になっていった。特に感謝したいのは、大学院生やポスドクの面々だ。ヴィクトリア・ウォバー、アレクサンドラ・ロザッティ、エヴァン・マクレーン、ジンジー・タン、カラ・ウォーカー、クリス・クルペニエ、アリア・ボウイ、ウェン・チョウ、マーガレット・グルーエン、そしてハンナ・サロモンズと交わしたすべての刺激的な会話が、この仕事を進める大きな原動力になった。本書の執筆中に私たちの配慮が行き届かないときにも、彼らはとても辛抱強く振る舞ってくれた。アリアとウェンは、人

＊本書で検討した研究の大半はオンラインで閲覧できる。グーグルの「グーグル・スカラー」という機能を使えば、参考文献として挙げた論文の多くをダウンロードできる。多くの学術誌は公式サイトで掲載論文を無料で閲覧できるようにしているし、論文を執筆した研究者のウェブサイトを検索して、そこから論文を無料でダウンロードすることもできる。それに、研究者は自分の論文を共有したがるものだ。ほかの方法で論文を閲覧できない場合、研究者に直接連絡すると、本書で取り上げた論文を喜んで送ってくれるかもしれない。

間の本性の最善の面と最悪の面に関する社会心理学の膨大な文献を理解しようともがいているときに、惜しみなく力を貸してくれた。

学部のスタッフと研究室のコーディネーターにも感謝をささげたい。リサ・ジョーンズ、ベン・アレン、ジェームズ・ブルックス、カイル・スミス、マギー・バンジー、モーガン・フェランズ、そしてマディソン・ムーアは、私たちが執筆中に、何もかもが滞りなく進むように尽力してくれた。最後に、本書に掲載した図版の多くを作成してくれたジェシカ・タンとロン・シアンにも感謝したい。

本書全体で取り上げた私たち自身の研究は、アメリカ海軍研究所（NOOO14-12-1-0095, NOOO14-16-1-2682）、ユニス・ケネディ・シュライバー国立小児保健発達研究所（NIH-HD070649; NIH-1R01HD097732）、アメリカ国立科学財団（NSF-BCS-08-27552）、スタントン財団、イヌの健康財団、およびテンプルトン世界慈善財団という、連邦機関や財団からの助成金に支えられた。

折に触れて子守りを手伝ってくれたヴァネッサの母「ボボ」（ジャッキー・レオン）、「オレオ」という名の落ち着きのない黒のラブラドールを家に連れてきて、すべてを始めるきっかけをつくってくれたブライアンの両親「メマ」と「ポップス」（アリス・ヘアとビル・ヘア）に心から感謝したい。私たちが大声を上げたり、怒り出したり、時にはみんなの前で取り乱したりしたときにも我慢してくれ、「本はできた？」という質問をすばやく察してくれた友人たちにも感謝を。私たちの愛犬タシーとコンゴもありがとう。日々愛情をくれ、友好的になることが最強の戦略であることを教えてくれた。最後に、私たちの愛する子どもたち、マルーとルークにも感謝。ようやく本ができあがったから、これでいっしょに遊べるよ。

この本がきっかけとなり、すべての人がお互いや、この地球を共有する動物たちに対して、もっと思いやりを示してくれるようになったら嬉しい。ボノボの救出活動に取り組み、人間や（イヌを含む）すべての動物にやさしく接することをコンゴの子どもたちに教えているクロディーヌ・アンドレを支援したい読者は、フレンズ・オブ・ボノボ（friendsofbonobos.org）への寄付を検討してみてほしい。私たちの研究グループの活動状況をフォローしたい読者は、evolutionaryanthropology.duke.edu/hare-lab にアクセスを。

訳者あとがき

一人では生きていけない、と最近つくづく思う。

といっても、これは「一人暮らしができない」ということではなく、「誰にも頼らずに生きていくことはできない」という意味だ。

「私は外食せずに自炊しているし、一人で家事をするし、一人で仕事して生活費を稼いでいるし、悩み事があっても誰にも相談せずに自分で解決する」という人もいるかもしれない。だが、自炊するにしても、店で購入した食材や道具を使えば、それらは誰かが作ったものだから、間接的に誰かに頼っていることになる。食材や調味料を自給するだけでなく、包丁や鍋、食器をゼロから作れる人（原料の確保からできる人）はまずいない。たとえそれができたとしても、調理に使う水やガスも自力で手に入れなければならない。

仕事で使うPCをゼロから自作できる人も、いないといっていい。自分でパーツを組み立ててPCを作る人はたくさんいるだろうけど、ここで言う「自作」はそれぞれのパーツも自分で作るという意味だ。CPUやメモリの原料となる半導体の原石を採掘するところから始めなければならない。輸送も自力だ。トラックや飛行機、船を使ったら自力とは言えない。こうした輸送手段も誰かが作り、誰かが動かしているものだから。

私がこの原稿を書くのに使っているPCも、誰かが採掘した半導体を原料に、誰かが建てた工場で誰かが製造したパーツを、誰かが組み立てたものだ。ここで「誰か」と書いたけれど、その誰かは一人ではない。採掘も、工場の建設も、パーツの製造も、組み立ても、それぞれ複数の人たちの共同作業で成り立っている。さらに、半導体の採掘地から工場、工場から販売店、販売店から消費者までの輸送にもたくさんの人がかかわっている。それぞれの現場で働いている人に協力しているという意識はないかもしれないが、このプロセスに携わるすべての人の力を結集しなければ、PCを流通させることはできない。誰か一人でも欠けたら、PCは私の手元に届かないのだ。無事に届いたとしても、PCを仕事で使うためには、電力会社が供給する電気や通信会社が提供するインターネットが必要になる。

だから、「一人では生きていけない」と思う。そう思うと、誰かを敵に回してはいけないと感じる。食材や道具を作ってくれた人に感謝。通販で買った商品を届けてくれる人に感謝。インフラを支えてくれている人に感謝。自分のために時間を使ってくれたすべての人に感謝。人には愛想良く、フレンドリーに接しないと。

このように他者に対して友好的に振る舞う性質（友好性）こそが人類繁栄の鍵であると主張するのが、本書の著者であるブライアン・ヘアとヴァネッサ・ウッズだ。ヒトは自然淘汰を通じて友好的になるにつれて、一〇〇人以上の大きな集団で暮らし始め、そのなかで複雑な協力行動やコミュニケーションがだんだんとれるようになり、仲間との連携を深めていった。それによって「ヒトは新たな手法や技術を生み出し、それをどの人類よりも早く共有することができた。ほかの人類は太刀打ちできなかった」と著者は書いている。ヒトがネアンデルタール人などのほかの人類を打ち負かすことができたのは、「協力的コミュニケーション」という並外れた認知能力を備え、見知らぬ人とでもコミュニケーションをとりながら共通の目標を達成できるからだという。

人間が野生動物を選抜して交配し、飼いならしていく過程を「家畜化」と呼び、家畜化された動物にはさまざまな変化が生じる。そうした変化が自然淘汰を通じて起きた場合、「自己家畜化」と呼ぶ。ヘアとウッズは、ヒトの友好性が自己家畜化によって進化したと考えた。そして、友好性がヒトにとって有利な進化戦略となった過程を研究するため、人為的に家畜化されたキツネのほか、ヒトのように自己家畜化したと考えられるイヌとボノボに目を向けた。

イヌとキツネの研究を通じて、著者は協力的コミュニケーションの能力が家畜化の副産物であることを実証した。ボノボの研究では、近縁のチンパンジーと比較しながら、ボノボが友好的になる自然淘汰を受けて自己家畜化した結果、協力的コミュニケーションの能力を獲得したことを示した。そして、イヌとキツネ、ボノボの研究で得られた手がかりをもとに、ヒトの顔と指、頭骨、目に家畜化した痕跡を見いだし、ヒト特有の認知能力が自己家畜化に伴って発達したと結論づけた。

ヒトには「集団内の見知らぬ人」という社会的なカテゴリーがあり、一度も会ったことがない人でも自分の仲間かどうかを見分け、仲間に対して友好的に接するという独特の能力がある。だが、この能力が厄介な性質も生んだ。他集団の見知らぬ人に対して、攻撃的な態度をとる性質だ。こうした邪悪な側面を抑えるためには、他集団との接触（何げない会話や、仕事での共同作業といった触れ合い）が重要だと著者は主張し、「集団間の争いの場合はどうやら、まず接触するという形で行動を変えることが態度の変化につながるようだ」と述べている。そして、最近の都市で特定の人々を排除する目的で設置される「排除アート」に苦言を呈し、「人間の本性の最善の面を表出するためには、互いに恐れることなく出会うことができ、不愉快になることなく反対意見を表明でき、自分とは最も似ていない人々と親しくなれるような住空間を設計しなければならない」と訴える。

「謝辞」に書かれているように、ヘアとウッズは本書の第一稿を二〇一六年一〇月頃に仕上げていた。その原稿では、ヒトの最悪の性質が再び表れる可能性を警告するにとどめていたが、同年のアメリカ大統領選の後、「解決策を提示しなければならない」と気づき、第一稿の半分以上をボツにして書き直したという。その大統領選で当選した人物は、すでに大統領の座から退いたものの、本書で著者が伝えたメッセージは、争いの絶えないこの世界で、ますます重要な意味を帯びてくるだろう。

私たちが築いた社会では、人と人とがコミュニケーションを通じて力を合わせなければ誰一人として生きていけない。その能力を生み出した友好的な性質を大切にしなければと強く感じる。著者が書いているように、人類がこの先も子孫を残して繁栄していくためには、「自分の仲間と見なす人の範囲を広げなければならない」からだ。

最後になりましたが、二年近くにわたる長丁場で編集の労をとってくださった白揚社の阿部明子さんをはじめ、この訳書の刊行に尽力してくださったすべての方々に、この場を借りて御礼申し上げます。この本もまた、協力行動とコミュニケーションの賜物です。

二〇二二年五月

藤原多伽夫

Home Range, Our Future," *Landscape Ecology* 23 (2008), 251–53.
97. A. Andreou, "Anti-Homeless Spikes: Sleeping Rough Opened My Eyes to the City's Barbed Cruelty," *Guardian* 19 (2015), 4–8.

第9章

1. R. M. Beatson, M. J. Halloran, "Humans Rule! The Effects of Creatureliness Reminders, Mortality Salience and Self-esteem on Attitudes Towards Animals," *British Journal of Social Psychology* 46, 619–32 (2007).
2. K. Costello, G. Hodson, "Lay Beliefs about the Causes of and Solutions to Dehumanization and Prejudice: Do Nonexperts Recognize the Role of Human-Animal Relations?" *Journal of Applied Social Psychology* 44, 278–88 (2014).
3. K. Dhont, G. Hodson, K. Costello, C. C. MacInnis, "Social Dominance Orientation Connects Prejudicial Human–Human and Human–Animal Relations," *Personality and Individual Differences* 61, 105–108 (2014).
4. K. Costello, G. Hodson, "Exploring the Roots of Dehumanization: The Role of Animal-Human Similarity in Promoting Immigrant Humanization," *Group Processes & Intergroup Relations* 13, 3–22 (2010).
5. R. B. Bird, D. W. Bird, B. F. Codding, C. H. Parker, J. H. Jones, "The 'Fire Stick Farming' Hypothesis: Australian Aboriginal Foraging Strategies, Biodiversity, and Anthropogenic Fire Mosaics," *Proceedings of the National Academy of Sciences* 105, 14796–801 (2008).
6. H. G. Parker, L. V. Kim, N. B. Sutter, S. Carlson, T. D. Lorentzen, T. B. Malek, G. S. Johnson, H. B. DeFrance, E. A. Ostrander, L. Kruglyak, "Genetic Structure of the Purebred Domestic Dog," *Science* 304, 1160–64 (2004).
7. H.J.V.S. Ritvo, "Pride and Pedigree: The Evolution of the Victorian Dog Fancy," *Victorian Studies* 29, 227–253 (1986).
8. Michael Worboys, Julie-Marie Strange, Neil Pemberton, *The Invention of the Modern Dog* (Baltimore: Johns Hopkins University Press, 2019).

2011).
83. Samuel Walker, *Hate Speech: The History of an American Controversy* (Lincoln: University of Nebraska Press, 1994).
84. Toni M. Massaro, "Equality and Freedom of Expression: The Hate Speech Dilemma," *William & Mary Law Review* 32 (1991), https://scholarship.law.wm.edu/wmlr/vol32/iss2/3.
85. D. Meagher, "So Far So Good: A Critical Evaluation of Racial Vilification Laws in Australia," *Federal Law Review* 32 (2004), 225.
86. M. Bohlander, *The German Criminal Code: A Modern English Translation* (New York: Bloomsbury, 2008).
87. A. Gow, " 'I Had No Idea Such People Were in America!': Cultural Dissemination, Ethnolinguistic Identity and Narratives of Disappearance," spacesofidentity.net 6 (2006).
88. E. Bruneau, N. Jacoby, N. Kteily, R. Saxe, "Denying Humanity: The Distinct Neural Correlates of Blatant Dehumanization," *Journal of Experimental Psychology: General* 147, 1078–1093 (2018).
89. N. L. Canepa, "From Court to Forest: The Literary Itineraries of Giambattista Basile," *Italica* 71, 291–310 (1994).
90. C. Johnson, "Donald Trump Says the US Military Will Commit War Crimes for Him," Fox News Debate, published online March 4, 2016. https://www.youtube.com/watch?time_continue=9&v=u3LszO-YLa8.
91. B. Kentish, "Donald Trump Blames 'Animals' Supporting Hillary Clinton for Office Firebomb Attack," *The Independent* (2016), published online October 17, 2016, http://www.independent.co.uk/news/world/americas/us-elections/us-election-donald-trump-hillary-clinton-animals-firebomb-attack-north-carolina-republican-party-a7365206.html.
92. M. Miller, "Donald Trump On a Protester: 'I'd Like to Punch Him in the Face,' " *Washington Post* (2016). Published online February 23, 2016, https://www.washingtonpost.com/news/morning-mix/wp/2016/02/23/donald-trump-on-protester-id-like-to-punch-him-in-the-face/.
93. J. Diamond, "Trump: I Could Shoot Somebody and Not Lose Voters" *CNN Politics* (2016). Published online January 24, 2016, http://www.cnn.com/2016/01/23/politics/donald-trump-shoot-somebody-support/.
94. Jane Jacobs, *The Death and Life of Great American Cities* (New York: Vintage, 2016)（ジェイン・ジェイコブズ『アメリカ大都市の死と生』山形浩生訳、鹿島出版会、2010）.
95. Richard Florida, *The New Urban Crisis: How Our Cities Are Increasing Inequality, Deepening Segregation, and Failing the Middle Class, and What We Can Do About It* (UK: Hachette, 2017).
96. R.T.T. Forman, "The Urban Region: Natural Systems in Our Place, Our Nourishment, Our

"Intergroup Contact Theory," *Annual Review of Psychology* 49, 65–85 (1998). 接触しても、集団間の社会的関係が一貫して改善しない、あるいは関係改善に繰り返し失敗するという証拠を、私たちは見つけられなかった。
71. この見解に反対する人はいる。平和を維持するうえで最も効果的なのは、政治的境界で人々の集団を分断することだというのが、彼らの主張だ。A. Rutherford, D. Harmon, J. Werfel, A. S. Gard-Murray, S. Bar-Yam, A. Gros, R. Xulvi-Brunet, Y. Bar-Yam, "Good Fences: The Importance of Setting Boundaries for Peaceful Coexistence," *PLoS One* 9, e95660 (2014). 接触仮説はまだ十分に検証されていないとの主張もある。数十もの研究が一貫した効果を示す一方、効果の多くは中程度であるうえ、大半の研究は偏見の減少のみを検証し、非人間化については検証していない（非人間化はこれまで測定しないのが通例だった）。E. L. Paluck, S. A. Green, D. P. Green, "The Contact Hypothesis Re-evaluated," *Behavioural Public Policy* 3, 129-158 (2019).
72. N. Haslam, S. J. Loughnan, "Dehumanization and Infrahumanization," *Annual Review of Psychology* 65, 399–423 (2014).
73. "American Values Survey 2013," Public Religion Research Institute, retrieved October 18, 2017, from https://www.prri.org/wp-content/uploads/2014/08/AVS-Topline-FINAL.pdf.
74. T. W. Smith, P. Marsden, M. Hout, J. Kim, "General Social Surveys, 1972–2016," NORC at the University of Chicago, 2016.
75. M. Saincome, "Berkeley Riots: How Free Speech Debate Launched Violent Campus Showdown," *Rolling Stone*, February 6, 2016.
76. Frantz Fanon, *The Wretched of the Earth*, translated by Constance Farrington, with a preface by Jean-Paul Sartre (New York: Grove Press, 1963), vol. 36.（フランツ・ファノン『地に呪われたる者』鈴木道彦・浦野衣子訳、みすず書房、2015）
77. J. Lyall, I. Wilson, "Rage Against the Machines: Explaining Outcomes in Counterinsurgency Wars," *International Organization* 63, 67–106 (2009).
78. Malcolm X with Alex Haley, *The Autobiography of Malcolm X* (New York: Grove Press, 1965)（マルコムX『完訳　マルコムX自伝』濱本武雄訳、中央公論新社、2002）
79. E. Chenoweth "The Success of Nonviolent Civil Resistance" in TedX Boulder (2013). Published online, https://www.youtube.com/watch?v=YJSehRlU34w.
80. E. Chenoweth, M. J. Stephan, *Why Civil Resistance Works: The Strategic Logic of Nonviolent Conflict* (New York: Columbia University Press, 2011).
81. M. Feinberg, R. Willer, C. Kovacheff, "Extreme Protest Tactics Reduce Popular Support for Social Movements," *Rotman School of Management Working Paper* 2911177 (2017); B. Simpson, R. Willer, M. Feinberg, "Does Violent Protest Backfire?: Testing a Theory of Public Reactions to Activist Violence," *Socius: Sociological Research for a Dynamic World* 4, 2018, doi.org/10.1177/2378023118803189.
82. E. Volokh, *The First Amendment and Related Statutes* (New York: Foundation Press,

人種と暮らす学生は学期の終わりに黒人に対する積極性が増したのに対し、同人種と暮らす学生はそうではなかった。N. J. Shook, R. H. Fazio, "Interracial Roommate Relationships: An Experimental Field Test of the Contact Hypothesis," *Psychological Science* 19, 717–23 (2008).

59. D. M. Wilner, R. P. Walkley, S. W. Cook, *Human Relations in Interracial Housing* (Minneapolis: University of Minnesota Press, 1955).
60. J. Nai, J. Narayanan, I. Hernandez, K. J. Savani, "People in More Racially Diverse Neighborhoods Are More Prosocial," *Journal of Personality and Social Psychology* 114, 497 (2018).
61. R. Falvo, D. Capozza, G. A. Di Bernardo, A. F. Pagani, "Can Imagined Contact Favor the 'Humanization' of the Homeless?" *TPM: Testing, Psychometrics, Methodology in Applied Psychology* 22 (2015).
62. L. Vezzali, M. D. Birtel, G. A. Di Bernardo, S. Stathi, R. J. Crisp, A. Cadamuro, E. P. Visintin, "Don't Hurt my Outgroup Friend: Imagined Contact Promotes Intentions to Counteract Bullying," *Group Processes & Intergroup Relations* (2019).
63. D. Broockman, J. Kalla, "Durably Reducing Transphobia: A Field Experiment on Door-to-Door Canvassing," *Science* 352, 220–24 (2016).
64. D. Capozza, G. A. Di Bernardo, R. Falvo, "Intergroup Contact and Outgroup Humanization: Is the Causal Relationship Uni- or Bidirectional?" *PLoS One* 12, e0170554 (2017).
65. G. Hodson, "Do Ideologically Intolerant People Benefit from Intergroup Contact?" *Current Directions in Psychological Science* 20, 154–59 (2011).
66. G. Hodson, R. J. Crisp, R. Meleady, M.J.P.o.P.S. Earle, "Intergroup Contact as an Agent of Cognitive Liberalization," *Perspectives on Psychological Science* 13, 523–48 (2018).
67. B. Major, A. Blodorn, G. Major Blascovich, "The Threat of Increasing Diversity: Why Many White Americans Support Trump in the 2016 Presidential Election," *Group Processes & Intergroup Relations* 21, 931–40 (2018).
68. F. Beyer, T. F. Münte, C. Erdmann, U. M. Krämer, "Emotional Reactivity to Threat Modulates Activity in Mentalizing Network During Aggression," *Social Cognitive and Affective Neuroscience* 9, 1552–60 (2013).
69. N. Kteily, G. Hodson, E. Bruneau, "They See Us as Less Than Human: Metadehumanization Predicts Intergroup Conflict via Reciprocal Dehumanization," *Journal of Personality and Social Psychology* 110, 343 (2016).
70. 接触することによって、マイノリティの民族集団（たとえば、アメリカでは中国人学生、南アフリカでは黒人労働者、ドイツではトルコ人の生徒）に対する寛容性が高まることが実証されている。また、高齢者や精神障害者、エイズ患者、身体障害者、さらにはコンピュータープログラマーといった、以前から非人間化されてきた人々に対する寛容性を高めるうえでも、接触は有効だ。T. F. Pettigrew,

Strategy for Reinvigorating Our Democracy, Harvard Business School paper, September 2017, www.hbs.edu/competitiveness/Documents/why-competition-in-the-politics-industry-is-failing-america.pdf.

48. Richard Wrangham, *The Goodness Paradox: The Strange Relationship Between Virtue and Violence in Human Evolution* (New York: Pantheon, 2019)（リチャード・ランガム『善と悪のパラドックス：ヒトの進化と〈自己家畜化〉の歴史』依田卓巳訳、NTT出版、2020）.
49. P. M. Oliner, *Saving the Forsaken: Religious Culture and the Rescue of Jews in Nazi Europe* (New Haven, CT: Yale University Press, 2008).
50. Website: "About the Righteous" (Yad Vashem: The World Holocaust Memorial Center), (2017). Published online, retrieved August 19, 2017, http://www.yadvashem.org/righteous/about-the-righteous.
51. Z. N. Hurston, August 11, 1955, letter to the *Orlando Sentinel*. Retrieved from http://teachingamericanhistory.org/library/document/letter-to-the-orlando-sentinel/.
52. Thomas F. Pettigrew, Linda R. Tropp, *When Groups Meet: The Dynamics of Intergroup Contact* (New York: Psychology Press, 2013).
53. W.E.B. Du Bois, "Does the Negro Need Separate Schools?" *Journal of Negro Education* 4, 328–35 (1935).
54. J. W. Jackson, "Contact Theory of Intergroup Hostility: A Review and Evaluation of the Theoretical and Empirical Literature," *International Journal of Group Tensions* 23, 43–65 (1993).
55. S. E. Gaither, S. R. Sommers, "Living with an Other-race Roommate Shapes Whites' Behavior in Subsequent Diverse Settings," *Journal of Experimental Social Psychology* 49, 272–76 (2013).
56. P. B. Wood, N. Sonleitner, "The Effect of Childhood Interracial Contact on Adult Antiblack Prejudice," *International Journal of Intercultural Relations* 20, 1–17 (1996).
57. C. Van Laar, S. Levin, S. Sinclair, J. Sidanius, "The Effect of University Roommate Contact on Ethnic Attitudes and Behavior," *Journal of Experimental Social Psychology* 41, 329–45 (2005).
58. 大学で行なわれた別の研究では、異人種か同人種のルームメイトを無作為に1年生に割り当て、最初の学期の始まりと終わりに調査をした。その結果、同人種と暮らす学生の満足度は当初高かったものの、だんだん低下していったことがわかった。一方で、異人種と暮らす学生の満足度は低下しなかった。また、異人種と暮らす学生は異人種の学生に対する寛容性が大幅に高まったが、同人種と暮らす学生は寛容性が高まらなかった。学期の終わりには、黒人のルームメイトと暮らす1年生は同人種と暮らす1年生よりも、ほかのマイノリティの学生と交流するときの心地よさの度合いが高くなった。また、潜在的指標を測定したところ、異ス親衛隊の将校によって結成された自由党が、2016年の大統領選挙で接戦を繰り広げ、僅差で敗れる事態が起きた（Daniel Koehler, “Right-Wing Extremism and Terrorism in Europe: Current Developments and Issues for the Future,” *PRISM: The Journal of Complex Operations*, National Defense University 6, no. 2, July 18, 2016）。
34. Koehler, “Right-Wing Extremism and Terrorism in Europe.”
35. P. S. Forscher, N. Kteily, “A Psychological Profile of the Alt-right,” *Perspectives in Psychological Science* doi .org/10.1177/1745691619868208 (2019).
36. J. D. Vance, *Hillbilly Elegy* (New York: HarperCollins, 2016).（J・D・ヴァンス『ヒルビリー・エレジー：アメリカの繁栄から取り残された白人たち』関根光宏・山田文訳、光文社、2017）
37. Karen Stenner, *The Authoritarian Dynamic* (Cambridge: Cambridge University Press, 2005).
38. K. Costello, G. Hodson, “Lay Beliefs About the Causes of and Solutions to Dehumanization and Prejudice: Do Nonexperts Recognize the Role of Human–Animal Relations?” *Journal of Applied Social Psychology* 44, 278–88 (2014).
39. E. L. Paluck, D. P. Green, “Prejudice Reduction: What Works? A Review and Assessment of Research and Practice,” *Annual Review of Psychology* 60, 339–67 (2009); Robin Diangelo, *White Fragility: Why It's So Hard for White People to Talk About Racism* (Boston: Beacon Press, 2018)（ロビン・ディアンジェロ『ホワイト・フラジリティ：私たちはなぜレイシズムに向き合えないのか』貴堂嘉之監訳、上田勢子訳、明石書店、2021）.
40. P. Henry, J. L. Napier, “Education Is Related to Greater Ideological Prejudice,” *Public Opinion Quarterly* 81, 930–42 (2017).
41. Ashley Jardina, *White Identity Politics* (Cambridge: Cambridge University Press, 2019).
42. G. M. Gilbert, *The Psychology of Dictatorship: Based on an Examination of the Leaders of Nazi Germany* (New York: Ronald Press Company, 1950).
43. Walter Sinnott-Armstrong, *Think Again: How to Reason and Argue* (Oxford University Press, 2018).
44. C. Andris, D. Lee, M. J. Hamilton, M. Martino, C. E. Gunning, J. A. Selden, “The Rise of Partisanship and Super-cooperators in the US House of Representatives,” *PLoS One* 10, e0123507 (2015).
45. T. E. Mann, N. J. Ornstein, *It's Even Worse Than It Looks: How the American Constitutional System Collided with the New Politics of Extremism* (New York: Basic Books, 2016).
46. Mike Lofgren, *The Party Is Over: How Republicans Went Crazy, Democrats Became Useless, and the Middle Class Got Shafted* (New York: Viking Penguin, 2012).
47. K. Gehl, M. E. Porter, *Why Competition in the Politics Industry Is Failing America: A*

だ。R. S. Foa, Y. Mounk, "The Democratic Disconnect," *Journal of Democracy* 27, 5–17 (2016).

28. W. Churchill, speech to the British House of Commons on November 11, 1947, https://api.parliament.uk/historic-hansard/commons/1947/nov/11/parliament-bill#S5CV0444P0_19471111_HOC_292.
29. A. Sullivan, "Democracies End When They Are Too Democratic," *New York Magazine*, May 1, 2016.
30. F. M. Cornford, ed., "*The Republic*" *of Plato*, vol. 30 (London: Oxford University Press, 1945).
31. J. Duckitt, "Differential Effects of Right Wing Authoritarianism and Social Dominance Orientation on Outgroup Attitudes and Their Mediation by Threat from and Competitiveness to Outgroups," *Personality and Social Psychology Bulletin* 32, 684–96 (2006).
32. A. K. Ho, J. Sidanius, N. Kteily, J. Sheehy-Skeffington, F. Pratto, K. E. Henkel, R. Foels, A. L. Stewart, "The Nature of Social Dominance Orientation: Theorizing and Measuring Preferences for Intergroup Inequality Using the New SDO_7 Scale," *Journal of Personality and Social Psychology* 109, 1003 (2015).
33. オルタナ右翼はかつて、共通点のない非主流派の複数の小グループと見られていたが、2016年には一つのグループと見なされるようになり、アメリカの政治でかなりの影響力を見せ始めた。世界的に見ると、2016年7月にはヨーロッパの39カ国でオルタナ右翼系の政党が国会に議席をもっていた。フランスでは、マリーヌ・ルペンの「国民戦線」(彼女のネオナチの父親が結成)が大統領選挙の決選投票にまで残った。ドイツでは、同国第3の政党であるフラウケ・ペトリーの「ドイツのための選択肢」が、国境を越えようとする亡命希望者を銃撃すべきだ、またイスラム教のシンボルを禁止すべきであると提案した。ドイツの反イスラム政治団体「ペギーダ」は、トランプ支持者の集会(つまり、ジャーナリストが警備員を必要とする集会)を連想させるような人々の支持を獲得しつつある。オランダでは、イスラム教徒に対する暴力を扇動した容疑で起訴されたヘルト・ウィルダースが、同国で最も人気のある政党を率いている。2016年に選挙が行なわれていたら、ほかのすべての政党を上回る議席を獲得していただろう。ウィルダースの党はイスラム系学校の閉鎖と、オランダ国民の民族を登録することを呼びかけた。同党は外国人の犯罪者を国外に追放し、上院を廃止し、EUを離脱したいと考えている。ウィルダースはイスラム教の聖典であるコーランをヒトラーの自伝にたとえ、反イスラムのプロパガンダに資金を提供した。ギリシャ第3党の「黄金の夜明け」は鉤十字に酷似したシンボルを掲げ、党員はナチス式敬礼をする。ハンガリー第3党の「ヨッビク」は、ヒトラーが喜ぶであろう反ユダヤ主義的な発言をした。スウェーデンの第3党は「スウェーデン民主党」だが、白人至上主義者によって結成された党であり、誤解を招く党名だ。オーストリアでは、ナチ

16. James Madison, The Federalist no. 51 (1788).
17. James Madison, John Jay, Alexander Hamilton, *The Federalist Papers*, edited by Jim Miller (Mineola, NY: Dover Publications, 2014), 253–57（A. ハミルトン、J. ジェイ、J. マディソン『ザ・フェデラリスト』齋藤眞・武則忠見訳、福村出版、1998）.
18. R. A. Dahl, *How Democratic Is the American Constitution?* (New Haven, CT: Yale University Press, 2003)（ロバート・A・ダール『アメリカ憲法は民主的か』杉田敦訳、岩波書店、2003）.
19. Michael Ignatieff, *American Exceptionalism and Human Rights* (Princeton, NJ: Princeton University Press, 2009).
20. M. Flinders, M. Wood, "When Politics Fails: Hyper-Democracy and Hyper-Depoliticization," *New Political Science* 37, 363–81 (2015).
21. D. Amy, *Government Is Good: An Unapologetic Defense of a Vital Institution* (New York: Dog Ear Publishing, 2011).
22. A. Romano, "How Ignorant Are Americans?" *Newsweek*, March 20, 2011.
23. Annenberg Public Policy Center, University of Pennsylvania, "Americans Know Surprisingly Little About Their Government, Survey Finds," September 17, 2014.
24. A. Davis, "Racism, Birth Control and Reproductive Rights," *Feminist Postcolonial Theory —A Reader*, 353–67 (2003).
25. 2013年11月、連邦議会の支持率は9%にまで下がった。これは、1974年にギャラップ世論調査が支持率を調査し始めてから最低の数字だ。その後の数年間でもたいして上がらず、2016年になっても支持率は13%にとどまった（Gallup, "Congress and the Public," 2016）。アメリカ国民は連邦最高裁判所と大統領にはもっと信頼を寄せるのが普通だが、2014年の世論調査では、連邦最高裁判所の支持率は30%という記録的な低さにとどまり、大統領の支持率は35%と、6年ぶりの低水準となった（J. McCarthy, "Americans Losing Confidence in All Branches of US Gov't.," Gallup, 2014）。
26. R. S. Foa, Y. Mounk, "The Democratic Disconnect," *Journal of Democracy* 27, 5–17 (2016).
27. ある調査では、民主国家に住むことが不可欠だと考えているミレニアル世代は32%にとどまった。4人に1人が民主主義は国家運営の手法として「悪い」か「非常に悪い」と考え、政府がその仕事を果たせない場合、軍部が政権を握るのは妥当であると考える人は70%を超えた。しかも、これらの数値は年々悪化してきた。政治に関心があるアメリカの若者は1990年には53%いたが、2005年には41%まで低下した。「軍による国の支配」がよいことだと考えるアメリカ人は1995年には16人に1人しかいなかったが、2005年には6人に1人にまで増えた。さらに、「議会や選挙に煩わされない強いリーダー」を支持するアメリカ人は1995年の25%から、2011年には36%まで増えた。2011年までに3分の1に達したということ

Federation of U.N. Assocations, 2011).

第8章

1. R. W. Wrangham, "Two Types of Aggression in Human Evolution," *Proceedings of the National Academy of Sciences* 201713611 (2017).
2. C. J. von Rueden, "Making and Unmaking Egalitarianism in Small-Scale Human Societies" *Current Opinion in Psychology* 33, 167–171 (2019).
3. これには例外がある。たとえば、ポトラッチという儀式を行なうアメリカ先住民は、沿岸部の豊かな天然資源を享受し、農耕民族ではないが、ある種の社会的階層を発達させた。W. Suttles, "Coping with Abundance: Foraging on the Northwest Coast," in *Man the Hunter* (Routledge, 2017), 56–68.
4. Peter Turchin, *Ultrasociety: How 10,000 Years of War Made Humans the Greatest Cooperators on Earth* (Smashwords edition, 2015, smashwords.com/books/view/593854).
5. E. Weede, "Some Simple Calculations on Democracy and War Involvement," *Journal of Peace Research* 29, 377–83 (1992).
6. J. R. Oneal, B. M. Russett, "The Kantian Peace: The Pacific Benefits of Democracy, Interdependence, and International Organizations" in *Bruce M. Russett: Pioneer in the Scientific and Normative Study of War, Peace, and Policy* (New York: Springer, 2015), 74–108.
7. C. B. Mulligan, R. Gil, X. Sala-i-Martin, "Do Democracies Have Different Public Policies than Nondemocracies?" *Journal of Economic Perspectives* 18, 51–74 (2004).
8. J. Tavares, R. Wacziarg, "How Democracy Affects Growth," *European Economic Review* 45, 1341–78 (2001).
9. M. Rosen, "Democracy," in Our World in Data (May 1, 2017, https://ourworldindata.org/democracy).
10. H. Hegre, "Toward a Democratic Civil Peace?: Democracy, Political Change, and Civil War," in *American Political Science Association*, vol. 95 (Cambridge University Press, 2001), 33–48.
11. H. Hegre, "Democracy and Armed Conflict," *Journal of Peace Research* 51, 159–172 (2014).
12. Peter Levine, *The New Progressive Era: Toward a Fair and Deliberative Democracy* (Lanham, MD: Rowman & Littlefield, 2000).
13. James Madison, The Federalist no. 10 (1787).
14. Thomas Paine, *Common Sense* (Penguin, 1986)（トーマス・ペイン『コモン・センス』小松春雄訳、岩波書店、1953 など）.
15. Cass R. Sunstein, ed., *Can It Happen Here?: Authoritarianism in America* (New York: Dey Street Books, 2018).

Blacks and Whites," *Proceedings of the National Academy of Sciences* 113, 4296–4301 (2016).

59. A. Cintron, R. S. Morrison, "Pain and Ethnicity in the United States: A Systematic Review," *Journal of Palliative Medicine* 9, 1454–73 (2006).
60. M. Peffley, J. Hurwitz, "Persuasion and Resistance: Race and the Death Penalty in America," *American Journal of Political Science* 51, 996–1012 (2007).
61. S. Ghoshray, "Capital Jury Decision Making: Looking Through the Prism of Social Conformity and Seduction to Symmetry," *University of Miami Law Review* 67, 477 (2012).
62. A. Avenanti, A. Sirigu, S. M. Aglioti, "Racial Bias Reduces Empathic Sensorimotor Resonance with Other-Race Pain," *Current Biology* 20, 1018–22 (2010).
63. N. Lajevardi, K. A. Oskooii, "Ethnicity, Politics, Old-fashioned Racism, Contemporary Islamophobia, and the Isolation of Muslim Americans in the Age of Trump," *Journal of Race, Ethnicity and Politics* 3, 112–52 (2018).
64. F. Galton, *Inquiries into Human Faculty and Its Development* (Macmillan, 1883).
65. P. A. Lombardo, *A Century of Eugenics in America: From the Indiana Experiment to the Human Genome Era* (Bloomington: Indiana University Press, 2011).
66. V. W. Martin, C. Victoria, *The Rapid Multiplication of the Unfit* (London, 1891).
67. H. Sharp, *The Sterilization of Degenerates* (1907).
68. S. Kühl, *For the Betterment of the Race: The Rise and Fall of the International Movement for Eugenics and Racial Hygiene* (Palgrave Macmillan, 2013).
69. Lyudmila Trut, "Early Canid Domestication: The Farm-Fox Experiment; Foxes Bred for Tamability in a 40-year Experiment Exhibit Remarkable Transformations That Suggest an Interplay Between Behavioral Genetics and Development," *American Scientist* 87, 160–69 (1999).
70. A. R. Wood, T. Esko, J. Yang, S. Vedantam, T. H. Pers, S. Gustafsson, A. Y. Chu, K. Estrada, J. a. Luan, Z. Kutalik, "Defining the Role of Common Variation in the Genomic and Biological Architecture of Adult Human Height," *Nature Genetics* 46, 1173–86 (2014).
71. C. F. Chabris, J. J. Lee, D. Cesarini, D. J. Benjamin, D. I. Laibson, "The Fourth Law of Behavior Genetics," *Current Directions in Psychological Science* 24, 304–12 (2015).
72. M. Lundstrom, "Moore's Law Forever?" *Science* 299, 210–11 (2003).
73. R. Kurzweil, "The Law of Accelerating Returns," in *Alan Turing: Life and Legacy of a Great Thinker* (New York: Springer, 2004), 381– 416.
74. J. Dorrier, "Service Robots Will Now Assist Customers at Lowe's Stores," in *Singularity Hub* (2014).
75. J. J. Duderstadt, *The Millennium Project* (1997).
76. J. Glenn, *The Millennium Project: State of the Future* (Washington, D.C.: World

50. P. A. Goff, M. C. Jackson, B. A. L. Di Leone, C. M. Culotta, N. A. DiTomasso, "The Essence of Innocence: Consequences of Dehumanizing Black Children," *Journal of Personality and Social Psychology* 106, 526–45 (2014).
51. 社会心理学では非人間化は「たいして注目されず」(N. Haslam, "Dehumanization: An Integrative Review," *Personality and Social Psychology Review* 10, 252–64 [2006])、「非人間化に関する心理学的な研究論文はこれまで比較的乏しかった」(P. A. Goff, J. L. Eberhardt, M. J. Williams, M. C. Jackson, "Not Yet Human: Implicit Knowledge, Historical Dehumanization, and Contemporary Consequences," *Journal of Personality and Social Psychology* 94, 292–306 [2008])。
52. A. Gordon, "Here's How Often ESPN Draft Analysts Use the Same Words Over and Over" in *Vice Sports* (2015), published online May 4, 2015, https://sports.vice.com/en_us/article/4x9983/heres-how-often-espn-draft-analysts-use-the-same-words-over-and-over.
53. CBS News, "Curious George Obama Shirt Causes Uproar," in *CBS News* (2008). Published online May 15, 2008, https://www.cbsnews.com/news/curious-george-obama-shirt-causes-uproar/.
54. S. Stein, "New York Post Chimp Cartoon Compares Stimulus Author to Dead Chimpanzee," *Huffington Post*, March 21, 2009.
55. ジョージ・W・ブッシュも「猿化」され、「ブッシュとサルを比較する」といったタイトルのさまざまなウェブサイトで、ブッシュの顔写真とチンパンジーの写真を並べられた。しかし、バラク・オバマとその家族のほうが広く「猿化」された。2016年には、クレイ郡の従業員がミシェル・オバマを「ヒールを履いた類人猿」と呼んだ(C. Narayan, 2016)。フォックス・ニュースの読者はオバマの娘、マリアを「類人猿」および「サル」と呼んだ(K. D'Onofrio, in Diversity Inc., 2016)。ケンタッキー州議会のダン・ジョンソン議員はオバマを「サル」と呼んだ(L. Smith, in WDRB, 2016)。オバマの写真にチンパンジーやゴリラの顔をフォトショップで合成した画像も、ソーシャルメディアで拡散した(K. B. Kahn, P. A. Goff, J. M. McMahon, "Intersections of Prejudice and Dehumanization," in *Simianization: Apes, Gender, Class, and Race*, [Zürich: LIT Verlag, 2015]vol.6, 223)。
56. J. D. Vance, *Hillbilly Elegy* (New York: HarperCollins, 2016).(J・D・ヴァンス『ヒルビリー・エレジー:アメリカの繁栄から取り残された白人たち』関根光宏・山田文訳、光文社、2017)
57. A. Jardina, S. Piston, "Dehumanization of Black People Motivates White Support for Punitive Criminal Justice Policies," paper presented at the Annual Meeting of the American Political Science Association, September 1, 2016; Ashley Jardina, *White Identity Politics*, (Cambridge: Cambridge University Press, 2019).
58. K. M. Hoffman, S. Trawalter, J. R. Axt, M. N. Oliver, "Racial Bias in Pain Assessment and Treatment Recommendations, and False Beliefs About Biological Differences Between

Sociological Review* December 1, 951–72 (1996).「人種的偏見を論じている多くの研究者は、現代社会では人種差別の表現がとらえにくいものになっているという点で同意している」N. Akrami, B. Ekehammar, T. Araya, "Classical and Modern Racial Prejudice: A Study of Attitudes Toward Immigrants in Sweden," *European Journal of Social Psychology* 30, 521–32 (2000)。ジェノサイドとは違い、この新たな偏見は「差別が続いていることの否定、マイノリティ集団の要求に対する反感、マイノリティ集団の特別待遇に対する怒り」という形で表れる（ibid.)。この新たな人種差別の一例として、犯罪学者のケリー・ウェルチは黒人犯罪者に関する固定観念を挙げている。K. Welch, "Black Criminal Stereotypes and Racial Profiling," *Journal of Contemporary Criminal Justice* 23, 276–88 (2007).『ロサンゼルス・タイムズ』紙の報道によると、クラック・コカイン（主に黒人が使う）に対する罰則は、粉末コカイン（主に白人が使う）に対する罰則よりも厳しいという（J. Katz, *Los Angeles Times*, 2000)。このモデルに従うと、新たな偏見は新しいタイプの文化であり、消滅した古いタイプの偏見とはまったく違う形で表現されていることになる。

41. A. McCarthy, "Our Dangerous Drift from Reason" in *National Review*. Published online September 24, 2016, https://www.nationalreview.com/2016/09/police-shootings-black-white-media-narrative-population-difference/.
42. 『ワシントン・タイムズ』紙は2014年、「問題は黒人の犯罪行動だ。それは黒人の病の一つの表れであり、結局のところ、黒人の家庭が崩壊していることに由来する」と報じている（J. Riley, "What the left wont tell you about black crime," *Washington Times*, July 21, 2014)。ほかの文献は、黒人コミュニティの問題の本当の原因は「社会的・経済的な孤立」だと反論している（"Criminal Justice Fact Sheet," NAACP, 2019, https://www.naacp.org/criminal-justice-fact-sheet/)。
43. Gordon W. Allport, *The Nature of Prejudice* (Basic Books, 1979).
44. S. E. Asch, "Studies of Independence and Conformity: I. A Minority of One Against a Unanimous Majority," *Psychological Monographs: General and Applied* 70, 1 (1956).
45. S. Milgram, "The Perils of Obedience," *Harper's* 12 (1973).
46. A. Bandura, B. Underwood, M. E. Fromson, "Disinhibition of Aggression Through Diffusion of Responsibility and Dehumanization of Victims," *Journal of Research in Personality* 9, 253–69 (1975).
47. N. S. Kteily, E. Bruneau, "Darker Demons of Our Nature: The Need to (Re) Focus Attention on Blatant Forms of Dehumanization," *Current Directions in Psychological Science* 26, 487–94 (2017).
48. Kteily, Bruneau, "Darker Demons of Our Nature."
49. P. A. Goff, J. L. Eberhardt, M. J. Williams, M. C. Jackson, "Not Yet Human: Implicit Knowledge, Historical Dehumanization, and Contemporary Consequences," *Journal of Personality and Social Psychology* 94, 292–306 (2008).

内政策が変化し、国際社会の動向によって（ドイツ系ロシア人に）多くの機会が与えられた」（E. J. Schmaltz, S. D. Sinner, " 'You Will Die Under Ruins and Snow': The Soviet Repression of Russian Germans as a Case Study of Successful Genocide," *Journal of Genocide Research* 4, 327–56 [2002]）。スウェーデンでは「第二次世界大戦以降の社会政治的な情勢の全般的な変化、具体的には、人々が社会的にも政治的にも自分を偏見のない人物だと見せる傾向が、露骨な人種的偏見の表出を防いでいるのかもしれない」。そして、イギリスでは「人種的偏見の度合いは下がり続けていて、おそらく今後もさらに下がるだろう」（R. Ford, "Is Racial Prejudice Declining in Britain?" *British Journal of Sociology* 59, 609–36 [2008]）。

28. Ford, "Is Racial Prejudice Declining in Britain?"
29. L. Huddy, S. Feldman, "On Assessing the Political Effects of Racial Prejudice," *Annual Review of Political Science* 12, 423–47 (2009).
30. A. T. Thernstrom and S. Thernstrom, "Taking Race out of the Race," in *Los Angeles Times*, March 2 (2008).
31. D. Horrocks, E. Kolinsky, *Turkish Culture in German Society Today* (Berghahn Books, 1996), vol. 1.
32. M. Augoustinos, C. Ahrens, J. M. Innes, "Stereotypes and Prejudice: The Australian Experience," *British Journal of Social Psychology* 33, 125–41 (1994).
33. U.S. Census Bureau (2017).
34. R. C. Hetey, J. L. Eberhardt, "Racial Disparities in Incarceration Increase Acceptance of Punitive Policies," *Psychological Science* 25, 1949–54 (2014).
35. K. Welch, "Black Criminal Stereotypes and Racial Profiling," *Journal of Contemporary Criminal Justice* 23, 276–88 (2007).
36. V. Hutchings, "Race, Punishment, and Public Opinion," *Perspectives on Politics* 13, 757 (2015).
37. K. T. Ponds, "The Trauma of Racism: America's Original Sin," *Reclaiming Children and Youth* 22, 22 (2013).
38. M. Clair, J. Denis, "Sociology of Racism," *International Encyclopedia of the Social and Behavioral Sciences*, 2nd ed. (Oxford: Elsevier, 2015).
39. N. Akrami, B. Ekehammar, T. Araya, "Classical and Modern Racial Prejudice: A Study of Attitudes Toward Immigrants in Sweden," *European Journal of Social Psychology* 30, 521–32 (2000).
40. この新たな人種差別には、黒人に関する否定的な固定観念や、黒人が人種的な階層における白人の地位を脅かすという不安感も含まれることがある。P. M. Sniderman, E. G. Carmines, "Reaching Beyond Race," *PS: Political Science & Politics* 30, 466–71 (1997); L. Bobo, V. L. Hutchings, "Perceptions of Racial Group Competition: Extending Blumer's Theory of Group Position to a Multiracial Social Context," *American*

Making the Irish American: History and Heritage of the Irish in the United States, 364–78 (New York: New York University Press, 2006); D. L. Smith, *Less than Human: Why We Demean, Enslave, and Exterminate* Others (New York: St. Martin's Press, 2011).
14. S. Affeldt, "Exterminating the Brute," in Hund et al., *Simianization*.
15. C. J. Williams, *Freedom & Justice: Four Decades of the Civil Rights Struggle as Seen by a Black Photographer of the Deep South* (Macon, GA: Mercer University Press, 1995).
16. David L. Smith, *Less than Human: Why We Demean, Enslave, and Exterminate Others* (New York: St. Martin's Press, 2011).
17. L. S. Newman, R. Erber, *Understanding Genocide: The Social Psychology of the Holocaust* (Oxford University Press, 2002).
18. D. J. Goldhagen, M. Wohlgelernter, "Hitler's Willing Executioners," *Society* 34, 32–37 (1997).
19. Hannah Arendt, *Eichmann in Jerusalem* (Penguin, 1963)（ハンナ・アーレント『エルサレムのアイヒマン：悪の陳腐さについての報告（新版）』大久保和郎訳、みすず書房、2017）.
20. R. J. Rummel, *Statistics of Democide: Genocide and Mass Murder Since 1900* (LIT Verlag Münster, 1998), vol. 2.
21. G. Clark, "The Human-Relations Society and the Ideological Society," *Japan Foundation Newsletter* (1978).
22. V. L. Hamilton, J. Sanders, S. J. McKearney, "Orientations Toward Authority in an Authoritarian State: Moscow in 1990," *Personality and Social Psychology Bulletin* 21, 356–65 (1995).
23. D. Johnson, "Red Army Troops Raped Even Russian Women as They Freed Them from Camps," *The Daily Telegraph*, January 25 (2002).
24. D. Roithmayr, *Reproducing Racism: How Everyday Choices Lock in White Advantage* (New York: New York University Press, 2014).
25. R. L. Fleegler, "Theodore G. Bilbo and the Decline of Public Racism, 1938–1947," *Journal of Mississippi History* 68, 1–27 (2006).
26. G. M. Fredrickson, *Racism: A Short History* (Princeton, NJ: Princeton University Press, 2015)（ジョージ・M・フレドリクソン『人種主義の歴史』李孝徳訳、みすず書房、2009）.
27. 戦後のヨーロッパでは「人種的偏見を示す直接的であからさまな表現は減少した」（N. Akrami, B. Ekehammar, T. Araya, "Classical and Modern Racial Prejudice: A Study of Attitudes Toward Immigrants in Sweden," *European Journal of Social Psychology* 30, 521–32 [2000]）。ドイツでは「戦後世代において偏見と権威主義的な態度は少なくなっているように見えた」（D. Horrocks, E. Kolinsky, *Turkish Culture in German Society Today* [Berghahn Books, 1996], vol. 1）。ロシアでは「ソビエトの国

tion Predicts Intergroup Conflict Via Reciprocal Dehumanization," *Journal of Personality and Social Psychology* 110, 343 (2016).

43. 複数の実験で、ヒトが誰かを非人間化するとき、脳は顔の各部位をバラバラに切り離して、一つの顔を構成する一部ではないかのように見る傾向があることがわかった。誰かの顔を物体のように見ることで、その人に危害を加えやすくなる。K. M. Fincher, P. E. Tetlock, M. W. Morris, "Interfacing with Faces: Perceptual Humanization and Dehumanization," *Current Directions in Psychological Science* 26, 288–93 (2017).
44. "Deception on Capitol Hill," *New York Times*, January 15, 1992.
45. J. R. MacArthur, "Remember Nayirah, Witness for Kuwait?," *New York Times* op-ed, January 6, 1992.

第 7 章

1. G. M. Lueong, *The Forest People Without a Forest: Development Paradoxes, Belonging and Participation of the Baka in East Cameroon* (Berghahn Books, 2016).
2. BBC News. Pygmy artists housed in Congo zoo in *BBC News*. (2007). Published online 13 July 2007, http://news.bbc.co.uk/2/hi/africa/6898241.stm.
3. F. E. Hoxie, "Red Man's Burden," *Antioch Review* 37, 326–42 (1979).
4. T. Buquet, paper presented at the International Medieval Congress, Leeds, 2011.
5. C. Niekerk, "Man and Orangutan in Eighteenth-Century Thinking: Retracing the Early History of Dutch and German Anthropology," *Monatshefte* 96, 477–502 (2004).
6. Tetsuro Matsuzawa, Tatyana Humle, Yamakoshi Sugiyama, *The Chimpanzees of Bossou and Nimba* (Springer Science & Business Media, 2011).
7. M. Mori, "The Uncanny Valley," *Energy* 7, 33–35 (1970).
8. J. van Wyhe, P. C. Kjærgaard, "Going the Whole Orang: Darwin, Wallace and the Natural History of Orangutans," *Studies in History and Philosophy of Science Part C: Studies in History and Philosophy of Biological and Biomedical Sciences* 51, 53–63 (2015), published online Epub 2015/06/01/, 10:1016/j.shpsc.2015:02.006.
9. D. Livingstone Smith, I. Panaitui, "Aping the Human Essence," in *Simianization: Apes, Gender, Class, and Race*, edited by W. D. Hund, C. W. Mills, S. Sebastiani (Zürich: LIT Verlag, 2015), vol. 6.
10. Wulf D. Hund, Charles W. Mills, Silvia Sebastiani, eds., *Simianization: Apes, Gender, Class, and Race* (Zürich: LIT Verlag, 2015), vol. 6.
11. J. Hunt, *On the Negro's Place in Nature* (Trübner, for the Anthropological Society, 1863).
12. Thomas Jefferson, "Notes on Virginia," in *The Life and Selected Writings of Thomas Jefferson* 187, 275 (New York: Modern Library, 1944).
13. K. Kenny, "Race, Violence, and Anti-Irish Sentiment in the Nineteenth Century," in

79, 165–73 (2016).
28. C. K. De Dreu, L. L. Greer, G. A. Van Kleef, S. Shalvi, M. J. Handgraaf, "Oxytocin Promotes Human Ethnocentrism," *Proceedings of the National Academy of Sciences* 108, 1262–66 (2011).
29. X. Xu, X. Zuo, X. Wang, S. Han, "Do You Feel My Pain? Racial Group Membership Modulates Empathic Neural Responses," *Journal of Neuroscience* 29, 8525–29 (2009).
30. F. Sheng, Y. Liu, B. Zhou, W. Zhou, S. Han, "Oxytocin Modulates the Racial Bias in Neural Responses to Others' Suffering," *Biological Psychology* 92, 380–86 (2013).
31. J. Levy, A. Goldstein, M. Influs, S. Masalha, O. Zagoory-Sharon, R. Feldman, "Adolescents Growing Up Amidst Intractable Conflict Attenuate Brain Response to Pain of Outgroup," *Proceedings of the National Academy of Sciences* 113, 13696–701 (2016).
32. R. W. Wrangham, "Two Types of Aggression in Human Evolution," *Proceedings of the National Academy of Sciences*, 201713611 (2017).
33. R. C. Oka, M. Kissel, M. Golitko, S. G. Sheridan, N. C. Kim, A. Fuentes, "Population Is the Main Driver of War Group Size and Conflict Casualties," *Proceedings of the National Academy of Sciences* 114, E11101–E11110 (2017).
34. D. Crowe, *War Crimes, Genocide, and Justice: A Global History* (New York: Springer, 2014).
35. David. L. Smith, *Less than Human: Why We Demean, Enslave, and Exterminate Others* (New York: St. Martin's Press, 2011).
36. D. Barringer, *Raining on Evolution's Parade* (New York: F&W Publications, 2006).
37. N. Kteily, E. Bruneau, A. Waytz, S. Cotterill, "The Ascent of Man: Theoretical and Empirical Evidence for Blatant Dehumanization," *Journal of Personality and Social Psychology* 109, 901 (2015).
38. この調査では、「イスラム教徒はボストンで爆弾テロ事件を起こした。彼らを一人残らず、この地球上から抹殺しなければならない」といった主張にどれくらい同意するかも尋ねられた。ほとんどの人は強く反対したが、その一方で、ボストンマラソン爆弾テロ事件の後には、同意する方向への顕著な変化も見られた。
39. E. Bruneau, N. Kteily, "The Enemy as Animal: Symmetric Dehumanization During Asymmetric Warfare," *PLoS One* 12, e0181422 (2017).
40. N. S. Kteily, E. Bruneau, "Darker Demons of Our Nature: The Need to (Re)Focus Attention on Blatant Forms of Dehumanization," *Current Directions in Psychological Science* 26, 487–94 (2017).
41. E. Bruneau, N. Jacoby, N. Kteily, R. Saxe, "Denying Humanity: The Distinct Neural Correlates of Blatant Dehumanization," *Journal of Experimental Psychology: General*, 147, 1078–1093 (2018).
42. N. Kteily, G. Hodson, E. Bruneau, "They See Us as Less Than Human: Metadehumaniza-

1452–69 (2012).

20. E. G. Bruneau, N. Jacoby, R. Saxe, "Empathic Control Through Coordinated Interaction of Amygdala, Theory of Mind and Extended Pain Matrix Brain Regions," *Neuroimage* 114, 105–19 (2015); E. Bruneau, N. Jacoby, N. Kteily, R. Saxe, "Denying Humanity: The Distinct Neural Correlates of Blatant Dehumanization," *Journal of Experimental Psychology: General* 147, 1078–1093 (2018).
21. M. L. Boccia, P. Petrusz, K. Suzuki, L. Marson, C. A. Pedersen, "Immunohistochemical Localization of Oxytocin Receptors in Human Brain," *Neuroscience* 253, 155–64 (2013).
22. C. S. Sripada, K. L. Phan, I. Labuschagne, R. Welsh, P. J. Nathan, A. G. Wood, "Oxytocin Enhances Resting-state Connectivity Between Amygdala and Medial Frontal Cortex," *International Journal of Neuropsychopharmacology* 16, 255–60 (2012).
23. M. Cikara, E. Bruneau, J. Van Bavel, R. Saxe, "Their Pain Gives Us Pleasure: How Intergroup Dynamics Shape Empathic Failures and Counter-empathic Responses," *Journal of Experimental Social Psychology* 55, 110–25 (2014).
24. Lasana Harris, Invisible Mind: Flexible Social Cognition and Dehumanization (Cambridge, MA: MIT Press, 2017); L. Harris, S. Fiske, "Social Neuroscience Evidence for Dehumanised Perception," *European Review of Social Psychology*, 20, 192–231 (2009).
25. H. Zhang, J. Gross, C. De Dreu, Y. Ma, "Oxytocin Promotes Coordinated Out-group Attack During Intergroup Conflict in Humans," *eLife* 8, e40698 (2019); この共感の欠如に対する一つの説明によると、鼻腔内のオキシトシンによって、よそ者の感情に対する被験者の反応は、サイコパス（精神病質者）に似たものになり、極端な利他主義者の反応とは似なくなるという。アビゲイル・マーシュによると、サイコパスは見知らぬ者の顔に浮かんだ恐怖を感じにくく、極端な利他主義者はこうした恐怖を感じやすいという。Abigail A. Marsh, *The Fear Factor: How One Emotion Connects Altruists, Psychopaths, and Everyone in Between* (New York: Hachette Book Group, 2017)（アビゲイル・マーシュ『恐怖を知らない人たち』江戸伸禎訳、KADOKAWA、2018）. ほかの研究では、ある民族集団の人にオキシトシンを投与すると、異なる民族集団の人が示す恐怖や痛みに気づきにくくなることがわかった。X. Xu, X. Zuo, X. Wang, S. Han, "Do You Feel My Pain? Racial Group Membership Modulates Empathic Neural Responses," *Journal of Neuroscience* 29, 8525–29 (2009); F. Sheng, Y. Liu, B. Zhou, W. Zhou, S. Han, "Oxytocin Modulates the Racial Bias in Neural Responses to Others' Suffering," *Biological Psychology* 92, 380–86 (2013).
26. C. K. De Dreu, L. L. Greer, M. J. Handgraaf, S. Shalvi, G. A. Van Kleef, M. Baas, F. S. Ten Velden, E. Van Dijk, S. W. Feith, "The Neuropeptide Oxytocin Regulates Parochial Altruism in Intergroup Conflict Among Humans," *Science* 328, 1408–11 (2010).
27. C. K. De Dreu, M. E. Kret, "Oxytocin Conditions Intergroup Relations Through Upregulated In-group Empathy, Cooperation, Conformity, and Defense," *Biological Psychiatry*

レベルが高まることが、よそ者の反発を招き、それが後に攻撃へとエスカレートするのか。この問題については、まだ議論が続いている。（C. K. De Dreu, "Oxytocin Modulates Cooperation Within and Competition Between Groups: An Integrative Review and Research Agenda," *Hormones and Behavior* 61, 419–28 [2012]）。
6. D. A. Baribeau, E. Anagnostou, "Oxytocin and Vasopressin: Linking Pituitary Neuropeptides and Their Receptors to Social Neurocircuits," *Frontiers in Neuroscience* 9, (2015).
7. K. M. Brethel-Haurwitz, K. O'Connell, E. M. Cardinale, M. Stoianova, S. A. Stoycos, L. M. Lozier, J. W. VanMeter, A. A. Marsh, "Amygdala–Midbrain Connectivity Indicates a Role for the Mammalian Parental Care System in Human Altruism," *Proceedings of the Royal Society B: Biological Sciences* 284, 20171731 (2017).
8. S. T. Fiske, L. T. Harris, A. J. Cuddy, "Why Ordinary People Torture Enemy Prisoners," *Science* 306, 1482–83 (2004).
9. L. W. Chang, A. R. Krosch, M. Cikara, "Effects of Intergroup Threat on Mind, Brain, and Behavior," *Current Opinion in Psychology* 11, 69–73 (2016).
10. M. Hewstone, M. Rubin, H. Willis, "Intergroup Bias," *Annual Review of Psychology* 53, 575–604 (2002).
11. G. Soley, N. Sebastián-Gallés, "Infants Prefer Tunes Previously Introduced by Speakers of Their Native Language," *Child Development* 86, 1685–92 (2015).
12. D. J. Kelly, P. C. Quinn, A. M. Slater, K. Lee, A. Gibson, M. Smith, L. Ge, O. Pascalis, "Three-Month-Olds, but Not Newborns, Prefer Own-Race Faces," *Developmental Science* 8, F31–F36 (2005).
13. J. K. Hamlin, N. Mahajan, Z. Liberman, K. Wynn, "Not Like Me = Bad: Infants Prefer Those Who Harm Dissimilar Others," *Psychological Science* 24, 589–94 (2013).
14. M. F. Schmidt, H. Rakoczy, M. Tomasello, "Young Children Enforce Social Norms Selectively Depending on the Violator's Group Affiliation," *Cognition* 124, 325–33 (2012).
15. J. J. Jordan, K. McAuliffe, F. Warneken, "Development of In-group Favoritism in Children's Third-party Punishment of Selfishness," *Proceedings of the National Academy of Sciences* 111, 12710–715 (2014).
16. E. L. Paluck, D. P. Green, "Prejudice Reduction: What Works? A Review and Assessment of Research and Practice," *Annual Review of Psychology* 60, 339–67 (2009).
17. A. Bandura, B. Underwood, M. E. Fromson, "Disinhibition of Aggression Through Diffusion of Responsibility and Dehumanization of Victims," *Journal of Research in Personality* 9, 253–69 (1975).
18. Brian Hare, "Survival of the Friendliest: *Homo sapiens* Evolved via Selection for Prosociality," *Annual Review of Psychology* 68, 155–86 (2017).
19. T. Baumgartner, L. Götte, R. Gügler, E. Fehr, "The Mentalizing Network Orchestrates the Impact of Parochial Altruism on Social Norm Enforcement," *Human Brain Mapping* 33,

57. M. Nagasawa, T. Kikusui, T. Onaka, M. Ohta, "Dog's Gaze at Its Owner Increases Owner's Urinary Oxytocin During Social Interaction," *Hormones and Behavior* 55, 434–41 (2009).
58. K. M. Brethel-Haurwitz, K. O'Connell, E. M. Cardinale, M. Stoianova, S. A. Stoycos, L. M. Lozier, J. W. VanMeter, A. A. Marsh, "Amygdala–midbrain Connectivity Indicates a Role for the Mammalian Parental Care System in Human Altruism," *Proceedings of the Royal Society B: Biological Sciences* 284, 20171731 (2017).
59. C. Theofanopoulou, A. Andirko, C. Boeckx, "Oxytocin and Vasopressin Receptor Variants as a Window onto the Evolution of Human Prosociality," bioRxiv, 460584 (2018).
60. K. R. Hill, B. M. Wood, J. Baggio, A. M. Hurtado, R. T. Boyd, "Hunter-gatherer Inter-band Interaction Rates: Implications for Cumulative Culture," *PLoS One* 9, e102806 (2014).
61. K. Hill, "Altruistic Cooperation During Foraging by the Ache, and the Evolved Human Predisposition to Cooperate," *Human Nature* 13, 105–28 (2002).
62. Steven Pinker, *The Better Angels of Our Nature: Why Violence Has Declined* (Penguin Books, 2012)（スティーブン・ピンカー『暴力の人類史』幾島幸子・塩原通緒訳、青土社、2015）.
63. Y. N. Harari, *Homo Deus: A Brief History of Tomorrow* (Random House, 2016)（ユヴァル・ノア・ハラリ『ホモ・デウス：テクノロジーとサピエンスの未来』柴田裕之訳、河出書房新社、2018）.
64. R. C. Oka, M. Kissel, M. Golitko, S. G. Sheridan, N. C. Kim, A. Fuentes, "Population Is the Main Driver of War Group Size and Conflict Casualties," *Proceedings of the National Academy of Sciences* 114, E11101–E11110 (2017).

第6章

1. "'Burundi: The Gatumba Massacre: War Crimes and Political Agendas,'" (Human Rights Watch, 2004).
2. Brian Hare, Shinya Yamamoto, *Bonobos: Unique in Mind, Brain, and Behavior* (Oxford University Press, 2017).
3. O. J. Bosch, S. A. Krömer, P. J. Brunton, I. D. Neumann, "Release of Oxytocin in the Hypothalamic Paraventricular Nucleus, but Not Central Amygdala or Lateral Septum in Lactating Residents and Virgin Intruders During Maternal Defence," *Neuroscience* 124, 439–48 (2004).
4. C. F. Ferris, K. B. Foote, H. M. Meltser, M. G. Plenby, K. L. Smith, T. R. Insel, "Oxytocin in the Amygdala Facilitates Maternal Aggression," *Annals of the New York Academy of Sciences* 652, 456–57 (1992).
5. ヒトの場合、オキシトシンのせいで同じ集団のメンバーに対して協力的になり、よそ者に対して攻撃的になるのか。それとも、オキシトシンはよそ者に対する攻撃性を直接引き起こすわけではなく、同じ集団のメンバーどうしの共感や協力の

44. M. J. Platow, M. Foddy, T. Yamagishi, L. Lim, A. Chow, "Two Experimental Tests of Trust in In-group Strangers: The Moderating Role of Common Knowledge of Group Membership," *European Journal of Social Psychology* 42, 30–35 (2012).
45. A. C. Pisor, M. Gurven, "Risk Buffering and Resource Access Shape Valuation of Out-group Strangers," *Scientific Reports* 6, 30435 (2016).
46. A. Romano, D. Balliet, T. Yamagishi, J. H. Liu, "Parochial Trust and Cooperation Across 17 Societies," *Proceedings of the National Academy of Sciences* 114, 12702–707 (2017).
47. J. K. Hamlin, N. Mahajan, Z. Liberman, K. Wynn, "Not Like Me = Bad: Infants Prefer Those Who Harm Dissimilar Others," *Psychological Science* 24, 589–94 (2013).
48. G. Soley, N. Sebastián-Gallés, "Infants Prefer Tunes Previously Introduced by Speakers of Their Native Language," *Child Development* 86, 1685–92 (2015).
49. N. McLoughlin, S. P. Tipper, H. Over, "Young Children Perceive Less Humanness in Outgroup Faces," *Developmental Science* 21, e12539 (2017).
50. L. M. Hackel, C. E. Looser, J. J. Van Bavel, "Group Membership Alters the Threshold for Mind Perception: The Role of Social Identity, Collective Identification, and Intergroup Threat," *Journal of Experimental Social Psychology* 52, 15–23 (2014), published online Epub 2014/05/01/, 10:1016/j.jesp.2013:12.001.
51. E. Sparks, M. G. Schinkel, C. Moore, "Affiliation Affects Generosity in Young Children: The Roles of Minimal Group Membership and Shared Interests," *Journal of Experimental Child Psychology* 159, 242–62 (2017).
52. J. S. McClung, S.D. Reicher, "Representing Other Minds: Mental State Reference Is Moderated by Group Membership," *Journal of Experimental Social Psychology* 76, 385–92 (2018).
53. Joseph Henrich, *The Secret of Our Success: How Culture Is Driving Human Evolution, Domesticating Our Species, and Making Us Smarter* (Princeton, NJ: Princeton University Press, 2015)（ジョセフ・ヘンリック『文化がヒトを進化させた：人類の繁栄と〈文化-遺伝子革命〉』今西康子訳、白揚社、2019）.
54. セロトニン神経はオキシトシンの効果を調整する。セロトニン受容体が活動すると、フィードバックループが生じ、セロトニンとオキシトシンがともに増加する。テストステロンはオキシトシンの結合を妨げるので、結果としてセロトニンの量を減らす。Brian Hare, "Survival of the Friendliest: *Homo sapiens* Evolved via Selection for Prosociality," *Annual Review of Psychology* 68, 155–86 (2017).
55. M. L. Boccia, P. Petrusz, K. Suzuki, L. Marson, C. A. Pedersen, "Immunohistochemical Localization of Oxytocin Receptors in Human Brain," *Neuroscience* 253, 155–64 (2013).
56. C. K. De Dreu, "Oxytocin Modulates Cooperation Within and Competition Between Groups: An Integrative Review and Research Agenda," *Hormones and Behavior* 61, 419–28 (2012).

31. J.-J. Hublin, S. Neubauer, P. Gunz, "Brain Ontogeny and Life History in Pleistocene Hominins," *Philosophical Transactions of the Royal Society B: Biological Sciences* 370, 20140062 (2015).
32. V. Wobber, E. Herrmann, B. Hare, R. Wrangham, M. Tomasello, "Differences in the Early Cognitive Development of Children and Great Apes," *Developmental Psychobiology* 56, 547–73 (2014).
33. P. Gunz, S. Neubauer, L. Golovanova, V. Doronichev, B. Maureille, J.-J. Hublin, "A Uniquely Modern Human Pattern of Endocranial Development: Insights from a New Cranial Reconstruction of the Neandertal Newborn from Mezmaiskaya," *Journal of Human Evolution* 62, 300–13 (2012).
34. C. W. Kuzawa, H. T. Chugani, L. I. Grossman, L. Lipovich, O. Muzik, P. R. Hof, D. E. Wildman, C. C. Sherwood, W. R. Leonard, N. Lange, "Metabolic Costs and Evolutionary Implications of Human Brain Development," *Proceedings of the National Academy of Sciences* 111, 13010–15 (2014).
35. E. Bruner, T. M. Preuss, X. Chen, J. K. Rilling, "Evidence for Expansion of the Precuneus in Human Evolution," *Brain Structure and Function* 222, 1053–60 (2017).
36. T. Grossmann, M. H. Johnson, S. Lloyd-Fox, A. Blasi, F. Deligianni, C. Elwell, G. Csibra, "Early Cortical Specialization for Face-to-face Communication in Human Infants," *Proceedings of the Royal Society of London B: Biological Sciences* 275, 2803–11 (2008).
37. P. H. Vlamings, B. Hare, J. Call, "Reaching Around Barriers: The Performance of the Great Apes and 3–5-Year-Old Children," *Animal Cognition* 13, 273–85 (2010).
38. E. Herrmann, A. Misch, V. Hernandez-Lloreda, M. Tomasello, "Uniquely Human Self-control Begins at School Age," *Developmental Science* 18, 979–93 (2015).
39. B. Casey, "Beyond Simple Models of Self-control to Circuit-Based Accounts of Adolescent Behavior," *Annual Review of Psychology* 66, 295–319 (2015).
40. R. B. Bird, D. W. Bird, B. F. Codding, C. H. Parker, J. H. Jones, "The 'Fire Stick Farming' Hypothesis: Australian Aboriginal Foraging Strategies, Biodiversity, and Anthropogenic Fire Mosaics," *Proceedings of the National Academy of Sciences* 105, 14796–801 (2008).
41. J. C. Berbesque, B. M. Wood, A. N. Crittenden, A. Mabulla, F. W. Marlowe, "Eat First, Share Later: Hadza Hunter-gatherer Men Consume More While Foraging than in Central Places," *Evolution and Human Behavior* 37, 281–86 (2016).
42. M. Gurven, W. Allen-Arave, K. Hill, M. Hurtado, " 'It's a Wonderful Life': Signaling Generosity Among the Ache of Paraguay," *Evolution and Human Behavior* 21, 263–82 (2000).
43. C. Boehm, H. B. Barclay, R. K. Dentan, M.-C. Dupre, J. D. Hill, S. Kent, B. M. Knauft, K. F. Otterbein, S. Rayner, "Egalitarian Behavior and Reverse Dominance Hierarchy" [and comments and reply], *Current Anthropology* 34, 227–54 (1993).

るにつれ、より多くのセロトニンを生成し、攻撃性の欠如および嗅覚と味覚の向上にかかわる脳の領域で、セロトニンを多く受容するようになる。同じプロセスが発達不全の目にも関与し、そのせいで洞窟魚は盲目になった。友好的になる淘汰によって、より早いうちから多くのセロトニンにさらされて発達した脳をもつ魚のほうが進化のうえで有利になった。こうした発生初期の変化が行動と形態の両方に変化を引き起こし、攻撃性の低い盲目の魚が繁栄した。これらすべての変化に関係するのが、発生・発達を制御する一つの司書役の遺伝子だ。S. Rétaux, Y. Elipot, "Feed or Fight: A Behavioral Shift in Blind Cavefish," *Communicative & Integrative Biology* 6(2) (2013), 1–10.

23. A. S. Wilkins, R. W. Wrangham, W. T. Fitch, "The 'Domestication Syndrome' in Mammals: A Unified Explanation Based on Neural Crest Cell Behavior and Genetics," *Genetics* 197, 795–808 (2014).
24. G. W. Calloni, N. M. Le Douarin, E. Dupin, "High Frequency of Cephalic Neural Crest Cells Shows Coexistence of Neurogenic, Melanogenic, and Osteogenic Differentiation Capacities," *Proceedings of the National Academy of Sciences* 106, 8947–52 (2009).
25. C. Vichier-Guerre, M. Parker, Y. Pomerantz, R. H. Finnell, R. M. Cabrera, "Impact of Selective Serotonin Reuptake Inhibitors on Neural Crest Stem Cell Formation," *Toxicology Letters* 281, 20–25 (2017).
26. この説の裏づけとして、オオカミとヴィレッジ・ドッグ（外見や行動の面で強い意図的な選択を受けていないイヌ）を比較すると、家畜化の過程で神経堤の遺伝子に淘汰が働いたことがわかる。今後さらに研究が進めば、ソメワケベラやボノボといった動物が同様に変化してきたことを確認できるだろう。A. R. Boyko, R. H. Boyko, C. M. Boyko, H. G. Parker, M. Castelhano, L. Corey, . . . R. J. Kityo, "Complex Population Structure in African Village Dogs and Its Implications for Inferring Dog Domestication History," *Proceedings of the National Academy of Sciences* 0902129106 (2009).
27. C. Theofanopoulou, S. Gastaldon, T. O'Rourke, B. D. Samuels, A. Messner, P. T. Martins, F. Delogu, S. Alamri, C. Boeckx, "Self-domestication in *Homo sapiens*: Insights from Comparative Genomics," *PLoS One* 12, e0185306 (2017).
28. M. Zanella, A. Vitriolo, A. Andirko, P. T. Martins, S. Sturm, T. O'Rourke, M. Laugsch, N. Malerba, A. Skaros, S. Trattaro, "Dosage Analysis of the 7q11. 23 Williams Region identifies BAZ1B as a Master Regulator of the Modern Human Face and Validate the Self-Domestication Hypothesis," *Science Advances* 5, 12 (2019).
29. Brian Hare, "Survival of the Friendliest: *Homo sapiens* Evolved via Selection for Prosociality," *Annual Review of Psychology* 68, 155–86 (2017).
30. Martin N. Muller, Richard Wrangham, David Pilbeam, *Chimpanzees and Human Evolution* (Cambridge, MA: Harvard University Press, 2017).

Social Situations with Humans," *Developmental Psychobiology: The Journal of the International Society for Developmental Psychobiology* 47, 111–22 (2005).

13. J. P. Scott, "The Process of Primary Socialization in Canine and Human Infants," *Monographs of the Society for Research in Child Development*, 1–47 (1963).
14. C. Hansen Wheat, W. van der Bijl, H. Temrin, "Dogs, but Not Wolves, Lose Their Sensitivity Toward Novelty with Age," *Frontiers in Psychology* 10, e2001–e2001 (2019).
15. Brian Hare, Vanessa Woods, *The Genius of Dogs* (Oneworld Publications, 2013)（ブライアン・ヘア、ヴァネッサ・ウッズ『あなたの犬は「天才」だ』古草秀子訳、早川書房、2013）.
16. D. Belyaev, I. Plyusnina, L. Trut, "Domestication in the Silver Fox (*Vulpes fulvus Desm*): Changes in Physiological Boundaries of the Sensitive Period of Primary Socialization," *Applied Animal Behaviour Science* 13, 359–70 (1985).
17. Lyudmila Trut, "Early Canid Domestication: The Farm-Fox Experiment; Foxes Bred for Tamability in a 40-year Experiment Exhibit Remarkable Transformations That Suggest an Interplay Between Behavioral Genetics and Development," *American Scientist* 87, 160– 69 (1999).
18. Vanessa Woods, Brian Hare, "Bonobo but Not Chimpanzee Infants Use Socio-Sexual Contact with Peers," *Primates* 52, 111–16 (2011).
19. V. Wobber, B. Hare, S. Lipson, R. Wrangham, P. Ellison, "Different Ontogenetic Patterns of Testosterone Production Reflect Divergent Male Reproductive Strategies in Chimpanzees and Bonobos," *Physiology and Behavior*, 116, 44–53 (2013).
20. ボノボの甲状腺ホルモンで同様のパターンが観察されている。V. Behringer, T. Deschner, R. Murtagh, J. M. Stevens, G. Hohmann, "Age-related Changes in Thyroid Hormone Levels of Bonobos and Chimpanzees Indicate Heterochrony in Development," *Journal of Human Evolution* 66, 83–88 (2014).
21. Brian Hare, Shinya Yamamoto, *Bonobos: Unique in Mind, Brain, and Behavior* (Oxford University Press, 2017).
22. 私たちのモデルから予測されるように、魚類の多くの種は自己家畜化の最有力候補である。発生・発達にかかわる司書役の遺伝子群の変化が原因となって、友好性および一見無関係な副産物が生じているからだ。Astyanaxと呼ばれる目の見えない洞窟魚を例にとろう。この洞窟魚は河川にすむ種から進化し、光がなく捕食者もいない小さな池で進化した。捕食者から身を守らなければならない河川の種は、洞窟魚より10倍も攻撃的だということが、実験からわかっている。一方、洞窟魚は目が見える近縁種よりも敏感な嗅覚と味蕾を備え、暗闇のなかで食物を入手する効率が4倍高い。驚くのは、これらの相違すべての元をたどると、「ソニック・ヘッジホッグ」と呼ばれる一つの司書役の遺伝子に行き着くことだ。この遺伝子は洞窟魚の胚の脳でセロトニンが利用される方法を変える。洞窟魚は成長すように見える。C. Kelsey, A. Vaish, T.J.H.N. Grossmann, "Eyes, More than Other Facial Features, Enhance Real-World Donation Behavior," *Human Nature* 29, 390–401 (2018).
74. S. J. Gould, "A Biological Homage to Mickey Mouse," *Ecotone* 4, 333–40 (2008).

第5章

1. Stephen Jay Gould, *Ontogeny and Phylogeny* (Cambridge, MA: Harvard University Press, 1977)（スティーヴン・J・グールド『個体発生と系統発生：進化の観念史と発生学の最前線』仁木帝都・渡辺政隆訳、工作舎、1987）.
2. Mary Jane West-Eberhard, *Developmental Plasticity and Evolution* (Oxford University Press, 2003).
3. C. A. Nalepa, C. Bandi, "Characterizing the Ancestors: Peadomorphosis and Termite Evolution," in *Termites: Evolution, Sociality, Symbioses, Ecology* (New York: Springer, 2000), 53–75.
4. M. F. Lawton, R. O. Lawton, "Heterochrony, Deferred Breeding, and Avian Sociality," in *Current Ornithology* 3 (New York: Plenum Press, 1986), 187–222.
5. J.-L. Gariépy, D. J. Bauer, R. B. Cairns, "Selective Breeding for Differential Aggression in Mice Provides Evidence for Heterochrony in Social Behaviours," *Animal Behaviour* 61, 933–47 (2001).
6. K. L. Cheney, R. Bshary, A.S.J.B.E. Grutter, "Cleaner Fish Cause Predators to Reduce Aggression Toward Bystanders at Cleaning Stations," *Behavioral Ecology* 19, 1063–67 (2008).
7. V. B. Baliga, R.S. Mehta, "Phylo-Allometric Analyses Showcase the Interplay Between Life-History Patterns and Phenotypic Convergence in Cleaner Wrasses," *The American Naturalist* 191, E129–43 (2018).
8. S. Gingins, R. Bshary, "The Cleaner Wrasse Outperforms Other Labrids in Ecologically Relevant Contexts, but Not in Spatial Discrimination," *Animal Behaviour* 115, 145–55 (2016).
9. A. Pinto, J. Oates, A. Grutter, R. Bshary, "Cleaner Wrasses *Labroides dimidiatus* Are More Cooperative in the Presence of an Audience," *Current Biology* 21, 1140–44 (2011).
10. Z. Triki, R. Bshary, A. S. Grutter, A. F. Ros, "The Arginine-vasotocin and Serotonergic Systems Affect Interspecific Social Behaviour of Client Fish in Marine Cleaning Mutualism," *Physiology & Behavior* 174, 136–43 (2017).
11. J. R. Paula, J. P. Messias, A. S. Grutter, R. Bshary, M.C.J.B.E. Soares, "The Role of Serotonin in the Modulation of Cooperative Behavior," *Behavioral Ecology* 26, 1005–12 (2015).
12. M. Gácsi, B. Győri, Á. Miklósi, Z. Virányi, E. Kubinyi, J. Topál, V. Csányi, "Species-specific Differences and Similarities in the Behavior of Hand-raised Dog and Wolf Pups in

Hominins," *Philosophical Transactions of the Royal Society B* 370, 20140062 (2015).
60. J. J. Negro, M. C. Blázquez, I. Galván, "Intraspecific Eye Color Variability in Birds and Mammals: A Recent Evolutionary Event Exclusive to Humans and Domestic Animals," *Frontiers in Zoology* 14, 53 (2017).
61. H. Kobayashi, S. Kohshima, "Unique Morphology of the Human Eye," *Nature* 387, 767 (1997).
62. T. Farroni, G. Csibra, F. Simion, M. H. Johnson, "Eye Contact Detection in Humans From Birth," *Proceedings of the National Academy of Sciences* 99, 9602–9605 (2002).
63. E. L. MacLean, B. Hare, "Dogs Hijack the Human Bonding Pathway," *Science* 348, 280–81 (2015).
64. T. Farroni, S. Massaccesi, D. Pividori, M. H. Johnson, "Gaze Following in Newborns," *Infancy* 5, 39–60 (2004).
65. M. Carpenter, K. Nagell, M. Tomasello, G. Butterworth, C. Moore, "Social Cognition, Joint Attention, and Communicative Competence from 9 to 15 Months of Age," *Monographs of the Society for Research in Child Development* 63, i-174 (1998), 10:2307/1166214.
66. Michael Tomasello, *Constructing a Language* (Cambridge, MA: Harvard University Press, 2009)（マイケル・トマセロ『ことばをつくる：言語習得の認知言語学的アプローチ』辻幸夫・野村益寛・出原健一・菅井三実・鍋島弘治朗・森吉直子訳、慶應義塾大学出版会、2008）.
67. N. L. Segal, A. T. Goetz, A. C. Maldonado, "Preferences for Visible White Sclera in Adults, Children, and Autism Spectrum Disorder Children: Implications of the Cooperative Eye Hypothesis," *Evolution and Human Behavior* 37, 35–39 (2016).
68. M. Tomasello, B. Hare, H. Lehmann, J. Call, "Reliance on Head Versus Eyes in the Gaze Following of Great Apes and Human Infants: The Cooperative Eye Hypothesis," *Journal of Human Evolution* 52, 314–20 (2007).
69. T. Grossmann, M. H. Johnson, S. Lloyd-Fox, A. Blasi, F. Deligianni, C. Elwell, G. Csibra, "Early Cortical Specialization for Faceto-face Communication in Human Infants," *Proceedings of the Royal Society of London B: Biological Sciences* 275, 2803–11 (2008).
70. T. C. Burnham, B. Hare, "Engineering Human Cooperation," *Human Nature* 18, 88–108 (2007).
71. P. J. Whalen, J. Kagan, R. G. Cook, F. C. Davis, H. Kim, S. Polis, D. G. McLaren, L. H. Somerville, A. A. McLean, J. S. Maxwell, "Human Amygdala Responsivity to Masked Fearful Eye Whites," *Science* 306, 2061–61 (2004).
72. この関連の強さに疑問を投げかけた研究がある。S. B. Northover, W. C. Pedersen, A. B. Cohen, P. W. Andrews, "Artificial Surveillance Cues Do Not Increase Generosity: Two Meta-analyses," *Evolution and Human Behavior* 38, 144–53 (2017).
73. 結局、この証拠はアイコンタクトが協力行動を促進するという説を支持している

46. D. Kruska, "Mammalian Domestication and its Effect on Brain Structure and Behavior" in *Intelligence and Evolutionary Biology* (New York: Springer, 1988), 211–50.
47. H. Leach, C. Groves, T. O'Connor, O. Pearson, M. Zeder, H. Leach, "Human Domestication Reconsidered," *Current Anthropology* 44, 349–68 (2003).
48. N. K. Popova, "From Genes to Aggressive Behavior: The Role of the Serotonergic System," *Bioessays* 28, 495–503 (2006).
49. H. V. Curran, H. Rees, T. Hoare, R. Hoshi, A. Bond, "Empathy and Aggression: Two Faces of Ecstasy? A Study of Interpretative Cognitive Bias and Mood Change in Ecstasy Users," *Psychopharmacology* 173, 425–33 (2004).
50. E. F. Coccaro, L. J. Siever, H. M. Klar, G. Maurer, K. Cochrane, T. B. Cooper, R. C. Mohs, K. L. Davis, "Serotonergic Studies in Patients with Affective and Personality Disorders: Correlates with Suicidal and Impulsive Aggressive Behavior," *Archives of General Psychiatry* 46, 587–99 (1989).
51. M. J. Crockett, L. Clark, M. D. Hauser, T. W. Robbins, "Serotonin Selectively Influences Moral Judgment and Behavior Through Effects on Harm Aversion," *Proceedings of the National Academy of Sciences* 107, 17433–38 (2010).
52. A. Brumm, F. Aziz, G. D. Van den Bergh, M. J. Morwood, M. W. Moore, I. Kurniawan, D. R. Hobbs, R. Fullagar, "Early Stone Technology on Flores and Its Implications for *Homo floresiensis*," *Nature* 441, 624–28 (2006).
53. S. Alwan, J. Reefhuis, S. A. Rasmussen, R. S. Olney, J. M. Friedman, "Use of Selective Serotonin-Reuptake Inhibitors in Pregnancy and the Risk of Birth Defects," *New England Journal of Medicine* 356, 2684–92 (2007).
54. J. J. Cray, S. M. Weinberg, T. E. Parsons, R. N. Howie, M. Elsalanty, J. C. Yu, "Selective Serotonin Reuptake Inhibitor Exposure Alters Osteoblast Gene Expression and Craniofacial Development in Mice," *Birth Defects Research Part A: Clinical and Molecular Teratology* 100, 912–23 (2014).
55. C. Vichier-Guerre, M. Parker, Y. Pomerantz, R. H. Finnell, R. M. Cabrera, "Impact of Selective Serotonin Reuptake Inhibitors on Neural Crest Stem Cell Formation," *Toxicology Letters* 281, 20–25 (2017).
56. S. Neubauer, J. J. Hublin, P. Gunz, "The Evolution of Modern Human Brain Shape," *Science Advances* 4, eaao5961 (2018), published online Epub Jan, 10:1126/sciadv.aao5961.
57. P. Gunz, A. K. Tilot, K. Wittfeld, A. Teumer, C. Y. Shapland, T. G. Van Erp, M. Dannemann, B. Vernot, S. Neubauer, T. Guadalupe, "Neandertal Introgression Sheds Light on Modern Human Endocranial Globularity," *Current Biology* 29, 120–27. e125 (2019).
58. A. Benítez-Burraco, C. Theofanopoulou, C. Boeckx, "Globularization and Domestication," *Topoi* 37, 265–278 (2016).
59. J.-J. Hublin, S. Neubauer, P. Gunz, "Brain Ontogeny and Life History in Pleistocene

版、2020). 人口密度が上昇するにつれ、このプロセスは進化の期間を通じて加速していった可能性がある。私が構築したこの仮説で大きな問題となるのは、私たちは現代人的な行動が現れた5万〜2万5000年前以降の自己家畜化の証拠しか見ていないのではないかという点だ。これに関連する問題がもう一つ、遺伝子の新たな比較研究によって提示されている。それは、ヒトが30万〜28万年前にはすでに異なる集団に分かれていたということだ。とはいえ、ある程度の遺伝子流動は残っていたかもしれない。David Reich, *Who We Are and How We Got Here: Ancient DNA and the New Science of the Human Past* (New York: Pantheon, 2018)（デイヴィッド・ライク『交雑する人類：古代DNAが解き明かす新サピエンス史』日向やよい訳、NHK出版、2018).
36. S. W. Gangestad, R. Thornhill, "Facial Masculinity and Fluctuating Asymmetry," *Evolution and Human Behavior* 24, 231–41 (2003).
37. B. Fink, K. Grammer, P. Mitteroecker, P. Gunz, K. Schaefer, F. L. Bookstein, J. T. Manning, "Second to Fourth Digit Ratio and Face Shape," *Proceedings of the Royal Society of London B: Biological Sciences* 272, 1995–2001 (2005).
38. J. C. Wingfield, "The Challenge Hypothesis: Where It Began and Relevance to Humans," *Hormones and Behavior* 92, 9–12 (2016).
39. P. B. Gray, J. F. Chapman, T. C. Burnham, M. H. McIntyre, S. F. Lipson, P. T. Ellison, "Human Male Pair Bonding and Testosterone," *Human Nature* 15, 119–31 (2004).
40. G. Rhodes, G. Morley, L. W. Simmons, "Women Can Judge Sexual Unfaithfulness from Unfamiliar Men's Faces," *Biology Letters* 9, 20120908 (2013).
41. L. M. DeBruine, B. C. Jones, J. R. Crawford, L. L. M. Welling, A. C. Little, "The Health of a Nation Predicts Their Mate Preferences: Cross-cultural Variation in Women's Preferences for Masculinized Male Faces," *Proceedings of the Royal Society of London B: Biological Sciences* 277, 2405–10 (2010).
42. A. Sell, L. Cosmides, J. Tooby, D. Sznycer, C. von Rueden, M. Gurven, "Human Adaptations for the Visual Assessment of Strength and Fighting Ability from the Body and Face," *Proceedings of the Royal Society of London B: Biological Sciences* 276, 575–84 (2009).
43. B.T. Gleeson, "Masculinity and the Mechanisms of Human Self-domestication," bioRxiv 143875 (2018).
44. B. T. Gleeson, G.J.A. Kushnick, "Female Status, Food Security, and Stature Sexual Dimorphism: Testing Mate Choice as a Mechanism in Human Self-domestication," *American Journal of Physical Anthropology* 167, 458–469 (2018).
45. E. Nelson, C. Rolian, L. Cashmore, S. Shultz, "Digit Ratios Predict Polygyny in Early Apes, Ardipithecus, Neanderthals and Early Modern Humans but Not in Australopithecus," *Proceedings of the Royal Society B* (2011), vol. 278, 1556–63.

23. E. L. MacLean, B. Hare, C. L. Nunn, E. Addessi, F. Amici, R. C. Anderson, F. Aureli, J. M. Baker, A. E. Bania, A. M. Barnard, "The Evolution of Self-control," *Proceedings of the National Academy of Sciences* 111, E2140–48 (2014).

24. Suzana Herculano-Houzel, *The Human Advantage: A New Understanding of How Our Brain Became Remarkable* (Cambridge, MA: MIT Press, 2016).

25. M. Grabowski, B. Costa, D. Rossoni, G. Marroig, J. DeSilva, S. Herculano-Houzel, S. Neubauer, M. Grabowski, "From Bigger Brains to Bigger Bodies: The Correlated Evolution of Human Brain and Body Size," *Current Anthropology* 57, (2016).

26. S. Herculano-Houzel, "The Remarkable, yet Not Extraordinary, Human Brain as a Scaled-up Primate Brain and Its Associated Cost," *Proceedings of the National Academy of Sciences* 109, 10661–68 (2012), 10:1073/pnas.1201895109.

27. R. Holloway, "The Evolution of the Hominid Brain" in *Handbook of Paleoanthropology*, edited by W. Henke, I. Tattersall (Springer-Verlag, 2015), 1961–87.

28. Michael Tomasello, *Becoming Human: A Theory of Ontogeny* (Cambridge, MA: Belknap Press of Harvard University Press, 2019).

29. Joseph Henrich, *The Secret of Our Success: How Culture Is Driving Human Evolution, Domesticating Our Species, and Making Us Smarter* (Princeton, NJ: Princeton University Press, 2015)（ジョセフ・ヘンリック『文化がヒトを進化させた：人類の繁栄と〈文化-遺伝子革命〉』今西康子訳、白揚社、2019）.

30. M. Muthukrishna, B. W. Shulman, V. Vasilescu, J. Henrich, "Sociality Influences Cultural Complexity," *Proceedings of the Royal Society of London B: Biological Sciences* 281, 20132511 (2014).

31. D. W. Bird, R. B. Bird, B. F. Codding, D. W. Zeanah, "Variability in the Organization and Size of Hunter-gatherer Groups: Foragers Do Not Live in Small-Scale Societies," *Journal of Human Evolution* 131, 96–108 (2019).

32. K. R. Hill, B. M. Wood, J. Baggio, A. M. Hurtado, R. T. Boyd, "Hunter-gatherer Inter-band Interaction Rates: Implications for Cumulative Culture," *PLoS One* 9, e102806 (2014).

33. A. Powell, S. Shennan, M. G. Thomas, "Late Pleistocene Demography and the Appearance of Modern Human Behavior," *Science* 324, 1298–1301 (2009).

34. R. L. Cieri, S. E. Churchill, R. G. Franciscus, J. Tan, B. Hare, "Craniofacial Feminization, Social Tolerance, and the Origins of Behavioral Modernity," *Current Anthropology* 55, 419–43 (2014).

35. リチャード・ランガムは、ヒトの自己家畜化がこれよりはるかに早く、ホモ・サピエンスが出現した約30万年前に起きていた証拠があると主張している。Richard Wrangham, *The Goodness Paradox: The Strange Relationship Between Virtue and Violence in Human Evolution* (New York: Pantheon, 2019)（リチャード・ランガム『善と悪のパラドックス：ヒトの進化と〈自己家畜化〉の歴史』依田卓巳訳、NTT出

10. R. M. Carter, S. A. Huettel, "A Nexus Model of the Temporal-Parietal Junction," *Trends in Cognitive Sciences* 17, 328–36 (2013).
11. H. Gweon, D. Dodell-Feder, M. Bedny, R. Saxe, "Theory of Mind Performance in Children Correlates with Functional Specialization of a Brain Region for Thinking About Thoughts," *Child Development* 83, 1853–68 (2012).
12. R. Saxe, S. Carey, N. Kanwisher, "Understanding Other Minds: Linking Developmental Psychology and Functional Neuroimaging," *Annual Review of Psychology* 55, 87–124 (2004).
13. E. G. Bruneau, N. Jacoby, R. Saxe, "Empathic Control Through Coordinated Interaction of Amygdala, Theory of Mind and Extended Pain Matrix Brain Regions," *Neuroimage* 114, 105–19 (2015).
14. F. Beyer, T. F. Münte, C. Erdmann, U. M. Krämer, "Emotional Reactivity to Threat Modulates Activity in Mentalizing Network During Aggression," *Social Cognitive and Affective Neuroscience* 9, 1552–60 (2013).
15. B. Hare, "Survival of the Friendliest: *Homo sapiens* Evolved via Selection for Prosociality," *Annual Review of Psychology* 68, 155–86 (2017).
16. R. W. Wrangham, "Two Types of Aggression in Human Evolution," *Proceedings of the National Academy of Sciences* 201713611 (2017).
17. Richard Wrangham, *The Goodness Paradox: The Strange Relationship Between Virtue and Violence in Human Evolution* (New York: Pantheon, 2019)（リチャード・ランガム『善と悪のパラドックス：ヒトの進化と〈自己家畜化〉の歴史』依田卓巳訳、NTT出版、2020）.
18. T. A. Hare, C. F. Camerer, A. Rangel, "Self-control in Decisionmaking Involves Modulation of the vmPFC Valuation System," *Science* 324, 646–48 (2009).
19. W. Mischel, Y. Shoda, P. K. Peake, "The Nature of Adolescent Competencies Predicted by Preschool Delay of Gratification," *Journal of Personality and Social Psychology* 54, 687 (1988).
20. T. W. Watts, G. J. Duncan, H. Quan, "Revisiting the Marshmallow Test: A Conceptual Replication Investigating Links Between Early Delay of Gratification and Later Outcomes," *Psychological Science* 29, 1159–77 (2018).
21. L. Michaelson, Y. Munakata, "Same Dataset, Different Conclusions: Preschool Delay of Gratification Predicts Later Behavioral Outcomes in a Preregistered Study," *Psychological Science* (in press).
22. T. E. Moffitt, L. Arseneault, D. Belsky, N. Dickson, R. J. Hancox, H. Harrington, R. Houts, R. Poulton, B. W. Roberts, S. Ross, "A Gradient of Childhood Self-control Predicts Health, Wealth, and Public Safety," *Proceedings of the National Academy of Sciences* 108, 2693–98 (2011).

37. A. P. Melis, B. Hare, M. Tomasello, "Chimpanzees Coordinate in a Negotiation Game," *Evolution and Human Behavior* 30, 381–92 (2009).
38. A. P. Melis, B. Hare, M. Tomasello, "Engineering Cooperation in Chimpanzees: Tolerance Constraints on Cooperation," *Animal Behaviour* 72, 275–86 (2006); B. Hare, A. P. Melis, V. Woods, S. Hastings, R. Wrangham, "Tolerance Allows Bonobos to Outperform Chimpanzees on a Cooperative Task," *Current Biology* 17, 619–23 (2007).
39. V. Wobber, R. Wrangham, B. Hare, "Bonobos Exhibit Delayed Development of Social Behavior and Cognition Relative to Chimpanzees," *Current Biology* 20, 226–30 (2010).
40. B. Hare, A. P. Melis, V. Woods, S. Hastings, R. Wrangham, "Tolerance Allows Bonobos to Outperform Chimpanzees on a Cooperative Task," *Current Biology* 17, 619–23 (2007).

第 4 章

1. Jerome Kagan, Nancy Snidman, *The Long Shadow of Temperament* (Cambridge, MA: Harvard University Press, 2004).
2. C. E. Schwartz, C. I. Wright, L. M. Shin, J. Kagan, S. L. Rauch, "Inhibited and Uninhibited Infants 'Grown Up': Adult Amygdalar Response to Novelty," *Science* 300, 1952–53 (2003).
3. H. M. Wellman, J. D. Lane, J. LaBounty, S. L. Olson, "Observant, Nonaggressive Temperament Predicts Theory-of-mind Development," *Developmental Science* 14, 319–26 (2011).
4. Y.-T. Matsuda, K. Okanoya, M. Myowa-Yamakoshi, "Shyness in Early Infancy: Approach-Avoidance Conflicts in Temperament and Hypersensitivity to Eyes During Initial Gazes to Faces," *PLoS One* 8, e65476 (2013).
5. J. D. Lane, H. M. Wellman, S. L. Olson, A. L. Miller, L. Wang, T. Tardif, "Relations Between Temperament and Theory of Mind Development in the United States and China: Biological and Behavioral Correlates of Preschoolers' False-Belief Understanding," *Developmental Psychology* 49, 825–36 (2013).
6. Ibid., 825.
7. E. Longobardi, P. Spataro, M. D'Alessandro, R. Cerutti, "Temperament Dimensions in Preschool Children: Links with Cognitive and Affective Theory of Mind," *Early Education and Development* 28, 377–95 (2017).
8. J. LaBounty, L. Bosse, S. Savicki, J. King, S. Eisenstat, "Relationship Between Social Cognition and Temperament in Preschool-Aged Children," *Infant and Child Development* 26, e1981 (2017).
9. A. V. Utevsky, D. V. Smith, S. A. Huettel, "Precuneus Is a Functional Core of the Default-Mode Network," *Journal of Neuroscience* 34, 932–40 (2014), 10:1523/JNEUROSCI.4227-13:2014.

Groups," *Scientific Reports* 7, 14733 (2017).

27. V. Wobber, B. Hare, J. Maboto, S. Lipson, R. Wrangham, P. T. Ellison, "Differential Changes in Steroid Hormones Before Competition in Bonobos and Chimpanzees," *Proceedings of the National Academy of Sciences* 107, 12457–62 (2010).
28. M. H. McIntyre, E. Herrmann, V. Wobber, M. Halbwax, C. Mohamba, N. de Sousa, R. Atencia, D. Cox, B. Hare, "Bonobos Have a More Human-like Second-to-Fourth Finger Length Ratio (2D:4D) than Chimpanzees: A Hypothesized Indication of Lower Prenatal Androgens," *Journal of Human Evolution* 56, 361–65 (2009).
29. C. D. Stimpson, N. Barger, J. P. Taglialatela, A. Gendron-Fitzpatrick, P. R. Hof, W. D. Hopkins, C. C. Sherwood, "Differential Serotonergic Innervation of the Amygdala in Bonobos and Chimpanzees," *Social Cognitive and Affective Neuroscience* 11, 413–22 (2015).
30. C. H. Lew, K. L. Hanson, K. M. Groeniger, D. Greiner, D. Cuevas, B. Hrvoj-Mihic, C. M. Schumann, K. Semendeferi, "Serotonergic Innervation of the Human Amygdala and Evolutionary Implications," *American Journal of Physical Anthropology* 170, 351–360 (2019).
31. Lyudmila Trut, "Early Canid Domestication: The Farm-Fox Experiment; Foxes Bred for Tamability in a 40-year Experiment Exhibit Remarkable Transformations That Suggest an Interplay Between Behavioral Genetics and Development," *American Scientist* 87, 160–69 (1999).
32. B. Agnvall, J. Bélteky, R. Katajamaa, P. Jensen, "Is Evolution of Domestication Driven by Tameness? A Selective Review with Focus on Chickens," *Applied Animal Behaviour Science* (2017).
33. E. Herrmann, B. Hare, J. Call, M. Tomasello, "Differences in the Cognitive Skills of Bonobos and Chimpanzees," *PLoS One* 5, e12438 (2010).
34. 研究者たちがコンピューターで視線を追跡して、ボノボとチンパンジーがヒトの顔にどのような反応を示すかを比較したところ、チンパンジーはたいていヒトの口に注目し、目は見ていないことがわかった。ボノボは主に他者の目に注目し、その度合いはチンパンジーよりも高い。F. Kano, J. Call, "Great Apes Generate Goal-Based Action Predictions: An Eye-Tracking Study," *Psychological Science* 25, 1691–98 (2014).
35. 人類学者のザナ・クレイは、ボノボのピーピーという声は大半の動物の鳴き声とは違って、肯定的な場合も否定的な場合もあり、さまざまなことを意味しうることを発見した。Z. Clay, A. Jahmaira, and K. Zuberbühler, "Functional Flexibility in Wild Bonobo Vocal Behavior," *PeerJ* 3, e1124 (2015).
36. A. P. Melis, B. Hare, M. Tomasello, "Chimpanzees Recruit the Best Collaborators," *Science* 311, 1297–1300 (2006).

14. N. Tokuyama, T. Furuichi, "Do Friends Help Each Other? Patterns of Female Coalition Formation in Wild Bonobos at Wamba," *Animal Behaviour* 119, 27–35 (2016).
15. L. R. Moscovice, M. Surbeck, B. Fruth, G. Hohmann, A. V. Jaeggi, T. Deschner, "The Cooperative Sex: Sexual Interactions Among Female Bonobos Are Linked to Increases in Oxytocin, Proximity and Coalitions," *Hormones and Behavior* 116, 104581 (2019).
16. Richard Wrangham, *The Goodness Paradox: The Strange Relationship Between Virtue and Violence in Human Evolution* (New York: Pantheon, 2019)（リチャード・ランガム『善と悪のパラドックス：ヒトの進化と〈自己家畜化〉の歴史』依田卓巳訳、NTT出版、2020）.
17. 疑わしい事例が一つある。ある雄のボノボが多くのボノボに襲われて重傷を負い、それ以降姿を消した。しかし、その後どうなったかは確認されておらず、その雄が生き延びた可能性はある。M. L. Wilson, C. Boesch, B. Fruth, T. Furuichi, I. C. Gilby, C. Hashimoto, C. L. Hobaiter, G. Hohmann, N. Itoh, K.J.N. Koops, "Lethal Aggression in Pan Is Better Explained by Adaptive Strategies than Human Impacts," *Nature* 513, 414 (2014).
18. T. Sakamaki, H. Ryu, K. Toda, N. Tokuyama, T. Furuichi, "Increased Frequency of Intergroup Encounters in Wild Bonobos (*Pan Paniscus*) Around the Yearly Peak in Fruit Abundance at Wamba," *International Journal of Primatology* 3, 685–704 (2018); Brian Hare, Shinya Yamamoto, *Bonobos: Unique in Mind, Brain, and Behavior* (Oxford University Press, 2017).
19. M. Surbeck, R. Mundry, G. Hohmann, "Mothers Matter! Maternal Support, Dominance Status and Mating Success in Male Bonobos (*Pan paniscus*)," *Proceedings of the Royal Society of London B: Biological Sciences* 278, 590–98 (2011).
20. M. Surbeck, T. Deschner, G. Schubert, A. Weltring, G. Hohmann, "Mate Competition, Testosterone and Intersexual Relationships in Bonobos, *Pan paniscus*," *Animal Behaviour* 83(3), 659–69 (2012).
21. M. Surbeck, K. E. Langergraber, B. Fruth, L. Vigilant, G. Hohmann, "Male Reproductive Skew Is Higher in Bonobos than Chimpanzees," *Current Biology* 27, R640–R641 (2017).
22. S. Ishizuka, Y. Kawamoto, T. Sakamaki, N. Tokuyama, K. Toda, H. Okamura, T. Furuichi, "Paternity and Kin Structure Among Neighbouring Groups in Wild Bonobos at Wamba," *Royal Society Open Science* 5, 171006 (2018).
23. C. B. Stanford, "The Social Behavior of Chimpanzees and Bonobos: Empirical Evidence and Shifting Assumptions," *Current Anthropology* 39, 399–420 (1998).
24. B. Hare, S. Kwetuenda, "Bonobos Voluntarily Share Their Own Food with Others," *Current Biology* 20, R230–R231 (2010).
25. J. Tan, B. Hare, "Bonobos Share with Strangers," *PLoS One* 8, e51922 (2013).
26. J. Tan, D. Ariely, B. Hare, "Bonobos Respond Prosocially Toward Members of Other

52. R.T.T. Forman, "The Urban Region: Natural Systems in Our Place, Our Nourishment, Our Home Range, Our Future," *Landscape Ecology* 23, 251–53 (2008).

第3章

1. B. Hare, V. Wobber, R. Wrangham, "The Self-Domestication Hypothesis: Evolution of Bonobo Psychology Is Due to Selection Against Aggression," *Animal Behaviour* 83, 573–85 (2012).
2. R. Wrangham, D. Pilbeam, "Apes as Time Machines," in *All Apes Great and Small* (New York: Springer, 2002), 5–17.
3. Richard W. Wrangham, Dale Peterson, *Demonic Males: Apes and the Origins of Human Violence* (Houghton Mifflin Harcourt, 1996)（リチャード・ランガム、デイル・ピーターソン『男の凶暴性はどこからきたか』山下篤子訳、三田出版会、1998).
4. M. L. Wilson, M. D. Hauser, R. W. Wrangham, "Does Participation in Intergroup Conflict Depend on Numerical Assessment, Range Location, or Rank for Wild Chimpanzees?" *Animal Behaviour* 61, 1203–16 (2001).
5. M. L. Wilson, C. Boesch, B. Fruth, T. Furuichi, I. C. Gilby, C. Hashimoto, C. L. Hobaiter, G. Hohmann, N. Itoh, K. Koops, "Lethal Aggression in Pan Is Better Explained by Adaptive Strategies than Human Impacts," *Nature* 513, 414–17 (2014).
6. J. C. Mitani, D. P. Watts, S. J. Amsler, "Lethal Intergroup Aggression Leads to Territorial Expansion in Wild Chimpanzees," *Current Biology* 20, R507–R8 (2010).
7. R. W. Wrangham, M. L. Wilson, "Collective Violence: Comparisons Between Youths and Chimpanzees," *Annals of the New York Academy of Sciences* 1036, 233–56 (2004).
8. S. M. Kahlenberg, M. E. Thompson, M. N. Muller, R. W. Wrangham, "Immigration Costs for Female Chimpanzees and Male Protection as an Immigrant Counterstrategy to Intrasexual Aggression," *Animal Behaviour* 76, 1497–1509 (2008).
9. Frans B. de Waal, F. Lanting, *Bonobo: The Forgotten Ape* (University of California Press, 1997)（フランス・ドゥ・ヴァール、フランス・ランティング（写真）『ヒトに最も近い類人猿ボノボ』加納隆至監修、藤井留美訳、TBSブリタニカ、2000).
10. K. Walker, B. Hare, in *Bonobos: Unique in Mind, Brain and Behavior*, edited by B. Hare and S. Yamamoto (Oxford University Press, 2017), chapter 4, 49–64.
11. Brian Hare, Shinya Yamamoto, *Bonobos: Unique in Mind, Brain, and Behavior* (Oxford University Press, 2017).
12. P. H. Douglas, G. Hohmann, R. Murtagh, R. Thiessen-Bock, T. Deschner, "Mixed Messages: Wild Female Bonobos Show High Variability in the Timing of Ovulation in Relation to Sexual Swelling Patterns," *BMC Evolutionary Biology* 16, 140 (2016).
13. T. Furuichi, "Female Contributions to the Peaceful Nature of Bonobo Society," *Evolutionary Anthropology: Issues, News, and Reviews* 20, 131–42 (2011).

Behavior and Evolution (Chicago: University of Chicago Press, 2002).

39. J. R. Butler, W. Y. Brown, J. T. du Toit, "Anthropogenic Food Subsidy to a Commensal Carnivore: The Value and Supply of Human Faeces in the Diet of Free-Ranging Dogs," *Animals* 8 (2018).
40. K. D. Lupo, "When and Where Do Dogs Improve Hunting Productivity? The Empirical Record and Some Implications for Early Upper Paleolithic Prey Acquisition," *Journal of Anthropological Archaeology* 47, 139–51 (2017).
41. B. P. Smith, C. A. Litchfield, "A Review of the Relationship Between Indigenous Australians, Dingoes (*Canis dingo*) and Domestic Dogs (*Canis familiaris*)," *Anthrozoös* 22, 111–28 (2009).
42. Stanley D. Gehrt, Seth P. D. Riley, and Brian L. Cypher, eds., *Urban Carnivores: Ecology, Conflict, and Conservation* (Baltimore: Johns Hopkins University Press, 2010) 79–95.
43. これはノースカロライナ自然科学博物館のローランド・ケイズと私たちの共同研究だ。キャンディッド・クリッターズ（素顔の動物たち）・プロジェクトを進めている彼は、市民科学者たちを取りまとめて、野生動物の行動を記録するカメラを州全域に設置した。その論文は現在審査中だ。
44. E. L. MacLean, B. Hare, C. L. Nunn, E. Addessi, F. Amici, R. C. Anderson, F. Aureli, J. M. Baker, A. E. Bania, A. M. Barnard, "The Evolution of Self-control," *Proceedings of the National Academy of Sciences* 111, E2140–E2148 (2014).
45. Gehrt et al., eds., *Urban Carnivores*.
46. J. Partecke, E. Gwinner, S. Bensch, "Is Urbanisation of European Blackbirds (*Turdus merula*) Associated with Genetic Differentiation?" *Journal of Ornithology* 147, 549–52 (2006).
47. J. Partecke, I. Schwabl, E. Gwinner, "Stress and the City: Urbanization and Its Effects on the Stress Physiology in European Blackbirds," *Ecology* 87, 1945–52 (2006).
48. P. M. Harveson, R. R. Lopez, B. A. Collier, N. J. Silvy, "Impacts of Urbanization on Florida Key Deer Behavior and Population Dynamics," *Biological Conservation* 134, 321–31 (2007).
49. R. McCoy, S. Murphie, "Factors Affecting the Survival of Blacktailed Deer Fawns on the Northwestern Olympic Peninsula, Washington," *Makah Tribal Forestry Final Report*, Neah Bay, Washington (2011).
50. A. Hernádi, A. Kis, B. Turcsán, J. Topál, "Man's Underground Best Friend: Domestic Ferrets, Unlike the Wild Forms, Show Evidence of Dog-like Social-Cognitive Skills," *PLoS One* 7, e43267 (2012).
51. K. Okanoya, "Sexual Communication and Domestication May Give Rise to the Signal Complexity Necessary for the Emergence of Language: An Indication from Songbird Studies," *Psychonomic Bulletin & Review* 24, 106–10 (2017).

Differences in Utilizing Human Pointing Gestures: Selection for Synergistic Shifts in the Development of Some Social Skills," *PLoS One* 4(8), e6584 (2009); Juliane Kaminski, Sarah Marshall-Pescini, *The Social Dog: Behavior and Cognition* (Elsevier, 2014); M. Lampe, J. Bräuer, J. Kaminski, Z. Virányi, "The Effects of Domestication and Ontogeny on Cognition in Dogs and Wolves," *Scientific Reports* 7(1), 11690 (2017); S. Marshall-Pescini, A. Rao, Z. Virányi, F. Range, "The Role of Domestication and Experience in 'Looking Back' Towards Humans in an Unsolvable Task," *Scientific Reports* 7 (2017); Á. Miklósi, E. Kubinyi, J. Topál, M. Gácsi, Z. Virányi, V. Csányi, "A Simple Reason for a Big Difference: Wolves Do Not Look Back at Humans, but Dogs Do," *Current Biology* 13(9), 763–66 (2003), 10:1016/S0960-9822(03)00263-X; J. Topál, G. Gergely, Á.Erdőhegyi, G. Csibra, Á. Miklósi, "Differential Sensitivity to Human Communication in Dogs, Wolves, and Human Infants," *Science* 325 (5945), 1269–72 (2009); M.A.R. Udell, J. M. Spencer, N. R. Dorey, C.D.L. Wynne, "Human-Socialized Wolves Follow Diverse Human Gestures . . . and They May Not Be Alone," *International Journal of Comparative Psychology* 25(2) (2012).

29. M.A.R. Udell, J. M. Spencer, N. R. Dorey, C.D.L. Wynne, "Human-Socialized Wolves Follow Diverse Human Gestures . . . and They May Not Be Alone," *International Journal of Comparative Psychology* 25(2) (2012).
30. M. Lampe, J. Bräuer, J. Kaminski, Z. Virányi, "The Effects of Domestication and Ontogeny on Cognition in Dogs and Wolves," *Scientific Reports* 7, 11690 (2017).
31. S. Marshall-Pescini, A. Rao, Z. Virányi, F. Range, "The Role of Domestication and Experience in 'Looking Back' Towards Humans in an Unsolvable Task," *Scientific Reports* 7 (2017).
32. Juliane Kaminski, Sarah Marshall-Pescini, *The Social Dog: Behavior and Cognition* (Elsevier, 2014).
33. S. Marshall-Pescini, J. Kaminski, "The Social Dog: History and Evolution," in The *Social Dog: Behavior and Cognition* (Elsevier, 2014), 3–33.
34. Google Trends (2015).
35. J. Butler, W. Brown, J. du Toit, "Anthropogenic Food Subsidy to a Commensal Carnivore: The Value and Supply of Human Faeces in the Diet of Free-Ranging Dogs," *Animals* 8, 67 (2018).
36. Steven E. Churchill, *Thin on the Ground: Neandertal Biology, Archeology, and Ecology* (Hoboken, NJ: John Wiley & Sons, 2014), vol. 10.
37. Pat Shipman, *The Invaders* (Cambridge, MA: Harvard University Press, 2015)（パット・シップマン『ヒトとイヌがネアンデルタール人を絶滅させた』河合信和・柴田譲治訳、原書房、2015）.
38. Raymond Coppinger, Lorna Coppinger, *Dogs: A New Understanding of Canine Origin,*

24. F. Rossano, M. Nitzschner, M. Tomasello, "Domestic Dogs and Puppies Can Use Human Voice Direction Referentially," *Proceedings of the Royal Society of London B: Biological Sciences* 281 (2014).
25. B. Hare, M. Tomasello, "Domestic Dogs (*Canis familiaris*) Use Human and Conspecific Social Cues to Locate Hidden Food," *Journal of Comparative Psychology* 113, 173 (1999).
26. G. Werhahn, Z. Virányi, G. Barrera, A. Sommese, F. Range, "Wolves (*Canis lupus*) and Dogs (*Canis familiaris*) Differ in Following Human Gaze into Distant Space but Respond Similarly to Their Packmates' Gaze," *Journal of Comparative Psychology* 130, 288 (2016).
27. F. Range, Z. Virányi, "Tracking the Evolutionary Origins of Dog-human Cooperation: The 'Canine Cooperation Hypothesis,' " *Frontiers in Psychology* 5, 1582 (2015).
28. ほかの研究者たちはもっと幅広いテストを行なっている（Kaminski and Marshall-Pescini, 2014; Lampe, Bräuer, Kaminski, and Virányi, 2017; Marshall-Pescini, Rao, Virányi, and Range, 2017; Udell, Spencer, Dorey, and Wynne, 2012）。生物学者のアダム・ミクロシは、同じ方法で育てたオオカミとイヌのグループを比較した。彼がすぐに気づいた相違はいくつかある。イヌは子イヌであっても、オオカミより多くのコミュニケーション上の合図を使って、世話人とやり取りしてかかわり合おうとするのだ。子イヌはくんくん鳴くし、尻尾を振るし、世話人やほかの人とアイコンタクトをとるが、オオカミの子は人間に対して臆病で、攻撃的で、世話人に攻撃的な行動をとることさえある（Gácsi et al., 2009）。子イヌはオオカミよりも多くアイコンタクトをとった（Bentosela, Wynne, D'Orazio, Elgier, and Udell, 2016; Gácsi et al., 2009）。たとえば、イヌとオオカミに開封不可能な食べ物の容器を与えると、イヌは助けを求めるように世話人のほうを振り返るが、オオカミは自力で問題を解決しようとし続けただけだった（Miklósi et al., 2003; Topál, Gergely, Erdőhegyi, Csibra, and Miklósi, 2009）。アダムが指さしジェスチャーを読み取る能力を調べるためにオオカミをテストしたところ、それ以前に世話人が何度も物を指し示すジェスチャーを見せたにもかかわらず、オオカミは同じ世話人が腕を伸ばすジェスチャーを無視した。オオカミは長く訓練を受けても、人間のジェスチャーを利用する訓練を受けていないイヌと同じレベルにしかならないのだ。私たちの研究グループが最近、20匹以上のオオカミの子と、同年齢の20数匹の子イヌを比較したところ、イヌは人間と協力的コミュニケーションをとるときにはオオカミよりもよい成績を上げたが、社会性が求められない作業ではそうではなかった。これらすべての研究から、イヌがいかに人間の親友になり、人間のような協力的コミュニケーションの名手になったのかに関する妥当な説明が導き出された。M. Bentosela, C.D.L. Wynne, M. D'Orazio, A. Elgier, M.A.R. Udell, "Sociability and Gazing Toward Humans in Dogs and Wolves: Simple Behaviors with Broad Implications," *Journal of the Experimental Analysis of Behavior* 105(1), 68–75 (2016); M. Gácsi, B. Gyoöri, Z. Virányi, E. Kubinyi, F. Range, B. Belényi, Á. Miklósi, "Explaining Dog Wolf

(1999).

11. M. Geiger, A. Evin, M. R. Sánchez-Villagra, D. Gascho, C. Mainini, C. P. Zollikofer, "Neomorphosis and Heterochrony of Skull Shape in Dog Domestication," *Scientific Reports* 7, 13443 (2017).
12. L. Trut, I. Oskina, A. Kharlamova, "Animal Evolution During Domestication: The Domesticated Fox as a Model," *Bioessays* 31, 349–60 (2009).
13. A. V. Kukekova, L. N. Trut, K. Chase, A. V. Kharlamova, J. L. Johnson, S. V. Temnykh, I. N. Oskina, R. G. Gulevich, A. V. Vladimirova, S. Klebanov, "Mapping Loci for Fox Domestication: Deconstruction/Reconstruction of a Behavioral Phenotype," *Behavior Genetics* 41, 593–606 (2011).
14. A. V. Kukekova, J. L. Johnson, X. Xiang, S. Feng, S. Liu, H. M. Rando, A. V. Kharlamova, Y. Herbeck, N. A. Serdyukova, Z.J.N. Xiong, "Red Fox Genome Assembly Identifies Genomic Regions Associated with Tame and Aggressive Behaviours," *Evolution* 2, 1479 (2018).
15. E. Shuldiner, I. J. Koch, R. Y. Kartzinel, A. Hogan, L. Brubaker, S. Wanser, D. Stahler, C. D. Wynne, E. A. Ostrander, J. S. Sinsheimer, "Structural Variants in Genes Associated with Human Williams-Beuren Syndrome Underlie Stereotypical Hypersociability in Domestic Dogs," *Science Advances* 3 (2017).
16. L. A. Dugatkin, "The Silver Fox Domestication Experiment," *Evolution: Education and Outreach* 11, 16 (2018), published online Epub 2018/12/07, 10:1186/s12052-018-0090-x.
17. B. Agnvall, J. Bélteky, R. Katajamaa, P. Jensen, "Is Evolution of Domestication Driven by Tameness? A Selective Review with Focus on Chickens," *Applied Animal Behaviour Science* (2017).
18. B. Hare, I. Plyusnina, N. Ignacio, O. Schepina, A. Stepika, R. Wrangham, L. Trut, "Social Cognitive Evolution in Captive Foxes Is a Correlated By-product of Experimental Domestication," *Current Biology* 15, 226–30 (2005).
19. B. Hare, M. Tomasello, "Human-like Social Skills in Dogs?" *Trends in Cognitive Sciences* 9, 439–44 (2005).
20. J. Riedel, K. Schumann, J. Kaminski, J. Call, M. Tomasello, "The Early Ontogeny of Human-Dog Communication," *Animal Behaviour* 75, 1003–14 (2008).
21. M. Gácsi, E. Kara, B. Belényi, J. Topál, Á. Miklósi, "The Effect of Development and Individual Differences in Pointing Comprehension of Dogs," *Animal Cognition* 12, 471–79 (2009).
22. B. Hare, M. Brown, C. Williamson, M. Tomasello, "The Domestication of Social Cognition in Dogs," *Science* 298, 1634–36 (2002).
23. J. Kaminski, L. Schulz, M. Tomasello, "How Dogs Know When Communication Is Intended for Them," *Developmental Science* 15, 222–32 (2012).

19. G.-d. Wang, W. Zhai, H.-c. Yang, R.-x. Fan, X. Cao, L. Zhong, L. Wang, F. Liu, H. Wu, L.-g. Cheng, "The Genomics of Selection in Dogs and the Parallel Evolution Between Dogs and Humans," *Nature Communications* 4, 1860 (2013).
20. Y.-H. Liu, L. Wang, T. Xu, X. Guo, Y. Li, T.-T. Yin, H.-C. Yang, H. Yang, A. C. Adeola, O. J. Sanke, "Whole-Genome Sequencing of African Dogs Provides Insights into Adaptations Against Tropical Parasites," *Molecular Biology and Evolution* (2017).

第 2 章

1. S. Argutinskaya, in memory of D. K. Belyaev, "Dmitrii Konstantinovich Belyaev: A Book of Reminescences," edited by V. K. Shumnyi, P. M. Borodin, A. L. Markel, and S. V. Argutinskaya (Novosibirsk: Sib. Otd. Ros. Akad. Nauk, 2002), *Russian Journal of Genetics* 39, 842–43 (2003).
2. Brian Hare, Vanessa Woods, *The Genius of Dogs* (Oneworld Publications, 2013)（ブライアン・ヘア、ヴァネッサ・ウッズ『あなたの犬は「天才」だ』古草秀子訳、早川書房、2013）.
3. Lee A. Dugatkin, L. Trut, *How to Tame a Fox (and Build a Dog): Visionary Scientists and a Siberian Tale of Jump-Started Evolution* (Chicago: University of Chicago Press, 2017).
4. Darcy Morey, *Dogs: Domestication and the Development of a Social Bond* (Cambridge University Press, 2010); M. Geiger, A. Evin, M. R. Sánchez-Villagra, D. Gascho, C. Mainini, C. P. Zollikofer, "Neomorphosis and Heterochrony of Skull Shape in Dog Domestication," *Scientific Reports* 7, 13443 (2017).
5. E. Tchernov, L. K. Horwitz, "Body Size Diminution Under Domestication: Unconscious Selection in Primeval Domesticates," *Journal of Anthropological Archaeology* 10, 54–75 (1991).
6. L. Andersson, "Studying Phenotypic Evolution in Domestic Animals: A Walk in the Footsteps of Charles Darwin" in *Cold Spring Harbor Symposia on Quantitative Biology* (2010).
7. Helmut Hemmer, *Domestication: The Decline of Environmental Appreciation* (Cambridge: Cambridge University Press, 1990).
8. Jared Diamond, "Evolution, Consequences and Future of Plant and Animal Domestication," *Nature* 418, 700–707 (2002).
9. Jared Diamond, *Guns, Germs, and Steel: The Fates of Human Societies* (New York: W. W. Norton, 1999)（ジャレド・ダイアモンド『銃・病原菌・鉄 : 一万三〇〇〇年にわたる人類史の謎』倉骨彰訳、草思社、2000）.
10. Lyudmila Trut, "Early Canid Domestication: The Farm-Fox Experiment; Foxes Bred for Tamability in a 40-year Experiment Exhibit Remarkable Transformations That Suggest an Interplay Between Behavioral Genetics and Development," *American Scientist* 87, 160–69

2010)（マイケル・トマセロ『コミュニケーションの起源を探る』松井智子・岩田彩志訳、勁草書房、2013）.
5. E. Herrmann, J. Call, M. V. Hernández-Lloreda, B. Hare, M. Tomasello, "Humans Have Evolved Specialized Skills of Social Cognition: The Cultural Intelligence Hypothesis," *Science* 317, 1360–66 (2007).
6. A. P. Melis, M. Tomasello, "Chimpanzees (*Pan troglodytes*) Coordinate by Communicating in a Collaborative Problem-Solving Task," *Proceedings of the Royal Society B* 286, 20190408 (2019).
7. J. P. Scott, "The Social Behavior of Dogs and Wolves: An Illustration of Sociobiological Systematics," *Annals of the New York Academy of Sciences* 51, 1009–21 (1950).
8. Brian Hare and Vanessa Woods, *The Genius of Dogs* (Oneworld Publications, 2013)（ブライアン・ヘア、ヴァネッサ・ウッズ『あなたの犬は「天才」だ』古草秀子訳、早川書房、2013）.
9. B. Hare, M. Brown, C. Williamson, M. Tomasello, "The Domestication of Social Cognition in Dogs," *Science* 298, 1634–36 (2002).
10. B. Hare, M. Tomasello, "Human-like Social Skills in Dogs?" *Trends in Cognitive Sciences* 9, 439–44 (2005).
11. B. Agnetta, B. Hare, M. Tomasello, "Cues to Food Location That Domestic Dogs (*Canis familiaris*) of Different Ages Do and Do Not Use," *Animal Cognition* 3, 107–12 (2000).
12. J. W. Pilley, "Border Collie Comprehends Sentences Containing a Prepositional Object, Verb, and Direct Object," *Learning and Motivation* 44, 229–40 (2013).
13. J. Kaminski, J. Call, J. Fischer, "Word Learning in a Domestic Dog: Evidence for 'Fast Mapping,' " *Science* 304, 1682–83 (2004).
14. K. C. Kirchhofer, F. Zimmermann, J. Kaminski, M. Tomasello, "Dogs (*Canis familiaris*), but Not Chimpanzees (*Pan troglodytes*), Understand Imperative Pointing," *PLoS One* 7, e30913 (2012).
15. F. Kano, J. Call, "Great Apes Generate Goal-Based Action Predictions: An Eye-Tracking Study," *Psychological Science* 25, 1691–98 (2014).
16. E. L. MacLean, E. Herrmann, S. Suchindran, B. Hare, "Individual Differences in Cooperative Communicative Skills Are More Similar Between Dogs and Humans than Chimpanzees," *Animal Behaviour* 126, 41–51 (2017).
17. Jonathan B. Losos, *Improbable Destinies: Fate, Chance, and the Future of Evolution* (Penguin, 2017)（ジョナサン・B・ロソス『生命の歴史は繰り返すのか？: 進化の偶然と必然のナゾに実験で挑む』的場知之訳、化学同人、2019）.
18. E. Axelsson, A. Ratnakumar, M.-L. Arendt, K. Maqbool, M. T. Webster, M. Perloski, O. Liberg, J. M. Arnemo, Å. Hedhammar, K. Lindblad-Toh, "The Genomic Signature of Dog Domestication Reveals Adaptation to a Starch-Rich Diet," *Nature* 495, 360–64 (2013).

私たちの民主主義に変化をもたらしたいという、理想を胸に抱いた20代の若者であることはほとんど知られていない。議員の実行力は彼らのスタッフの質に結びついている（J. McCrain, "Legislative Staff and Policymaking," Emory University, 2018）。議員に情報や論点を提供し、ブリーフィングするのはスタッフたちだ。議員に電話したりオフィスを訪問したりすると、若いスタッフが対応してくれる。政治家が記者会見を開くとき、彼らに要点を伝えるのもスタッフだ。スタッフたちはアメリカ有数の高級地区に暮らしながら、報酬は年間2万ドルほどしかもらっていない。私の研究室にいた学生の一人が、アメリカの上院議員のスタッフをしている。彼に話を聞くと、共和党と民主党のスタッフどうしが何らかの関係を築ける機会はほとんどないそうだ。他党のスタッフとランチに行ったこともないという。上の世代が現状の二極化にこだわりすぎているとしても、より偏見にとらわれない若者たちを結びつけるのはそれほど難しくないだろう。そうした若者の多くはこの先数十年にわたって政治にかかわってゆく。たとえちょっとした知り合いでしかなくても、交友関係を通じて、彼らは経験豊富な年長者ができなかったことを成し遂げられるだろう。しかし、彼らにチャンスを与えなければ、将来さらに二極化が進むことになる。

48. N. Gingrich, "Language: A Key Mechanism of Control," *Information Clearing House* (1996).
49. D. Corn, T. Murphy, "A Very Long List of Dumb and Awful Things Newt Gingrich Has Said and Done," in *Mother Jones* (2016).
50. S. M. Theriault, D.W.J.T.J.o.P. Rohde, "The Gingrich Senators and Party Polarization in the U.S. Senate," *The Journal of Politics* 73, 1011–24 (2011).
51. J. Biden, "Remarks: Joe Biden," National Constitution Center, 16 October 2017 (2017), published online https://constitutioncenter.org/liberty-medal/media-info/remarks-joe-biden.
52. S. A. Frisch, S. Q. Kelly, *Cheese Factories on the Moon: Why Earmarks Are Good for American Democracy* (Routledge, 2015).
53. Cass R. Sunstein, ed., *Can It Happen Here?: Authoritarianism in America* (New York: Dey Street Books, 2018).

第 1 章

1. M. Tomasello, M. Carpenter, U. Liszkowski, "A New Look at Infant Pointing," *Child Development* 78, 705–22 (2007).
2. Brian Hare, "From Hominoid to Hominid Mind: What Changed and Why?" *Annual Review of Anthropology* 40, 293–309 (2011).
3. Michael Tomasello, *Becoming Human: A Theory of Ontogeny* (Cambridge, MA: Belknap Press of Harvard University Press, 2019).
4. Michael Tomasello, *Origins of Human Communication* (Cambridge, MA: MIT Press,

Northern Eurasia," *Evolutionary Anthropology: Issues, News, and Reviews* 14, 186–98 (2005).

36. O. Bar-Yosef, "The Upper Paleolithic Revolution," *Annual Review of Anthropology* 31, 363–93 (2002).
37. S. McBrearty, A. S. Brooks, "The Revolution That Wasn't: A New Interpretation of the Origin of Modern Human Behavior," *Journal of Human Evolution* 39, 453–563 (2000).
38. M. Vanhaeren, F. d'Errico, C. Stringer, S. L. James, J. A. Todd, H. K. Mienis, "Middle Paleolithic Shell Beads in Israel and Algeria," *Science* 312, 1785–88 (2006).
39. G. Curtis, *The Cave Painters: Probing the Mysteries of the World's First Artists* (New York: Anchor, 2007).
40. H. Valladas, J. Clottes, J.-M. Geneste, M. A. Garcia, M. Arnold, H. Cachier, N. Tisnérat-Laborde, "Palaeolithic Paintings: Evolution of Prehistoric Cave Art," *Nature* 413, 479 (2001).
41. N. McCarty, K. T. Poole, H. Rosenthal, *Polarized America: The Dance of Ideology and Unequal Riches* (Cambridge, MA: MIT Press, 2016).
42. Charles Gibson, "Restoring Comity to Congress," paper presented at the Shorenstein Center on Media, Politics and Public Policy, Harvard Kennedy School, January 1, 2011, https://shorensteincenter.org/restoring-comity-to-congress/.
43. C. News, in CBS News (2010).
44. John. A. Farrell. *Tip O'Neill and the Democratic Century: A Biography*. (New York: Little Brown, 2001).
45. R. Strahan, *Leading Representatives: The Agency of Leaders in the Politics of the U.S. House* (Baltimore: Johns Hopkins University Press, 2007).
46. J. Haidt, *The Righteous Mind: Why Good People are Divided by Politics and Religion* (New York: Vintage, 2012)（ジョナサン・ハイト『社会はなぜ左と右にわかれるのか：対立を超えるための道徳心理学』高橋洋訳、紀伊國屋書店、2014）.
47. ワシントンに暮らしている政治家たちは「カーペットバッガー」(C. Raasch, "Where do U.S. Senators 'live,' and does it matter?," *St. Louis Post-Dispatch*, September 2, 2016）と非難されたり、選挙区民と「断絶している」（A. Delaney, "Living Large of Capital Hill," *Huffington Post*, July 31, 2012）として批判されている。しかし、連邦議会の議員が同じ場所に暮らせば、彼らのあいだにつながりが築かれるだろう。オーンスタインが言うように「サッカーの試合で他党の議員とその配偶者といっしょにサイドラインに立つという経験をしていたら、議会でその議員を悪魔の化身などと中傷しづらくなる」(Gibson, "Restoring Comity to Congress")。同じコミュニティに属することにより、議員たちが失った共有体験と共通目的の感覚を取り戻せるかもしれない。議員どうしの接触が不可能ならば、少なくともスタッフどうしが接触する機会ぐらいはもつべきだ。アメリカ政府の運営を主に担っているのは、

21. B. Wood, E. K. Boyle, "Hominin Taxic Diversity: Fact or Fantasy?" *American Journal of Physical Anthropology* 159, 37–78 (2016).
22. A. Powell, S. Shennan, M. G. Thomas, "Late Pleistocene Demography and the Appearance of Modern Human Behavior," *Science* 324, 1298–1301 (2009).
23. Steven E. Churchill, *Thin on the Ground: Neandertal Biology, Archeology, and Ecology* (Hoboken, NJ: John Wiley & Sons, 2014), vol. 10.
24. A. S. Brooks, J. E. Yellen, R. Potts, A. K. Behrensmeyer, A. L. Deino, D. E. Leslie, S. H. Ambrose, J. R. Ferguson, F. d'Errico, A.M.J.S. Zipkin, "Long-Distance Stone Transport and Pigment Use in the Earliest Middle Stone Age," *Science* 360, 90–94 (2018).
25. N. T. Boaz, *Dragon Bone Hill: An Ice-Age Saga of Homo Erectus*, edited by R. L. Ciochon (Oxford and New York: Oxford University Press, 2004)（ノエル・T. ボアズ、ラッセル・L. ショホーン『北京原人物語』長野敬・林大訳、青土社、2005）.
26. C. Shipton, M. D. Petraglia, "Inter-continental Variation in Acheulean Bifaces," in *Asian Paleoanthropology* (New York: Springer, 2011), 49–55.
27. W. Amos, J. I. Hoffman, "Evidence That Two Main Bottleneck Events Shaped Modern Human Genetic Diversity," *Proceedings of the Royal Society B: Biological Sciences* (2009).
28. A. Manica, W. Amos, F. Balloux, T. Hanihara, "The Effect of Ancient Population Bottlenecks on Human Phenotypic Variation," *Nature* 448, 346–48 (2007).
29. S. H. Ambrose, "Late Pleistocene Human Population Bottlenecks, Volcanic Winter, and Differentiation of Modern Humans," *Journal of Human Evolution* 34, 623–51 (1998), published online Epub 1998/06/01/.
30. J. Krause, C. Lalueza-Fox, L. Orlando, W. Enard, R. E. Green, H. A. Burbano, J.-J. Hublin, C. Hänni, J. Fortea, M. De La Rasilla, "The Derived FOXP2 Variant of Modern Humans Was Shared with Neandertals," *Current Biology* 17, 1908–12 (2007).
31. F. Schrenk, S. Müller, C. Hemm, P. G. Jestice, *The Neanderthals* (Routledge, 2009).
32. S. E. Churchill, J. A. Rhodes, "The Evolution of the Human Capacity for 'Killing at a Distance': The Human Fossil Evidence for the Evolution of Projectile Weaponry," in *The Evolution of Hominin Diets* (New York: Springer, 2009), 201–10.
33. B. Davies, S. H. Bickler, "Sailing the Simulated Seas: A New Simulation for Evaluating Prehistoric Seafaring" in *Across Space and Time: Papers from the 41st Conference on Computer Applications and Quantitative Methods in Archaeology, Perth, 25–8 March 2013* (Amsterdam: Amsterdam University Press, 2015), 215–23.
34. O. Soffer, "Recovering Perishable Technologies Through Use Wear on Tools: Preliminary Evidence for Upper Paleolithic Weaving and Net Making," *Current Anthropology* 45, 407–13 (2004).
35. J. F. Hoffecker, "Innovation and Technological Knowledge in the Upper Paleolithic of

と身体は、家畜化されていないあまり友好的でない原種とは異なる発達の仕方をするのだ。遊びなど、社会的な結びつきを促進する行動は、家畜化された種ではほかの近縁種よりも早く現れ、長く（しばしば成体になっても）維持される。

ほかの種における家畜化を研究することで、ヒトの並外れた認知能力が進化した過程を推定することができた。

8. R. Kurzban, M. N. Burton-Chellew, S. A. West, “The Evolution of Altruism in Humans,” *Annual Review of Psychology* 66, 575–99 (2015).
9. Frans de Waal, *Peacemaking Among Primates* (Cambridge, MA: Harvard University Press, 1989)（フランス・ドゥ・ヴァール『仲直り戦術：霊長類は平和な暮らしをどのように実現しているか』西田利貞・榎本知郎訳、どうぶつ社、1993）.
10. R. M. Sapolsky, “The Influence of Social Hierarchy on Primate Health,” *Science* 308, 648–52 (2005).
11. N. Snyder-Mackler, J. Sanz, J. N. Kohn, J. F. Brinkworth, S. Morrow, A. O. Shaver, J.-C. Grenier, R. Pique-Regi, Z. P. Johnson, M. E. Wilson, “Social Status Alters Immune Regulation and Response to Infection in Macaques,” *Science* 354, 1041–45 (2016).
12. C. Drews, “Contexts and Patterns of Injuries in Free-Ranging Male Baboons (*Papio cynocephalus*),” *Behaviour* 133, 443–74 (1996).
13. M. L. Wilson, C. Boesch, B. Fruth, T. Furuichi, I. C. Gilby, C. Hashimoto, C. L. Hobaiter, G. Hohmann, N. Itoh, K.J.N. Koops, “Lethal Aggression in Pan Is Better Explained by Adaptive Strategies than Human Impacts,” *Nature* 513, 414 (2014).
14. Thomas Hobbes, *Leviathan* (London: A&C Black, 2006)（ホッブズ『リヴァイアサン』（水田洋訳、岩波書店、1992 など）.
15. Frans de Waal, *Chimpanzee Politics: Power and Sex Among Apes* (Baltimore: Johns Hopkins University Press, 2007)（フランス・ドゥ・ヴァール『チンパンジーの政治学：猿の権力と性』西田利貞訳、産経新聞出版、2006）.
16. L. R. Gesquiere, N. H. Learn, M. C. M. Simao, P. O. Onyango, S. C. Alberts, J. Altmann, “Life at the Top: Rank and Stress in Wild Male Baboons,” *Science* 333, 357–60 (2011).
17. M. W. Gray, “Mitochondrial Evolution,” *Cold Spring Harbor Perspectives in Biology* 4, a011403 (2012), published online September 1, 10:1101/cshperspect.a011403.
18. L. A. David, C. F. Maurice, R. N. Carmody, D. B. Gootenberg, J. E. Button, B. E. Wolfe, A. V. Ling, A. S. Devlin, Y. Varma, M. A. Fischbach, S. B. Biddinger, R. J. Dutton, P. J. Turnbaugh, “Diet Rapidly and Reproducibly Alters the Human Gut Microbiome,” *Nature* 505, 559–63 (2014), published online Epub Jan 23, 10:1038/nature12820.
19. S. Hu, D. L. Dilcher, D. M. Jarzen, “Early Steps of Angiosperm-Pollinator Coevolution,” *Proceedings of the National Academy of Sciences* 105, 240–45 (2008).
20. B. Hölldobler, E. O. Wilson, *The Superorganism: The Beauty, Elegance, and Strangeness of Insect Societies* (New York: W. W. Norton, 2009).

原注

はじめに

1. Elliot Aronson, Shelley Patnoe, *Cooperation in the Classroom: The Jigsaw Method* (London: Pinter & Martin, 2011)（エリオット・アロンソン、シェリー・パトノー『ジグソー法ってなに？：みんなが協同する授業』昭和女子大学教育研究会訳、丸善プラネット、2016）.
2. D. W. Johnson, G. Maruyama, R. Johnson, D. Nelson, L. Skon, "Effects of Cooperative, Competitive, and Individualistic Goal Structures on Achievement: A Meta-Analysis," *Psychological Bulletin* 89, 47 (1981).
3. D. W. Johnson, R. T. Johnson, "An Educational Psychology Success Story: Social Interdependence Theory and Cooperative Learning," *Educational Researcher* 38, 365–79 (2009).
4. M. J. Van Ryzin, C. J. Roseth, "Effects of Cooperative Learning on Peer Relations, Empathy, and Bullying in Middle School," *Aggressive Behavior* (2019).
5. C. J. Roseth, Y.-k. Lee, W. A. Saltarelli, "Reconsidering Jigsaw Social Psychology: Longitudinal Effects on Social Interdependence, Sociocognitive Conflict Regulation, Motivation, and Achievement," *Journal of Educational Psychology* 111, 149 (2019).
6. Charles Darwin, *Descent of Man, and Selection in Relation to Sex*, new edition, revised and augmented (Princeton, New Jersey: Princeton University Press 1981; Photocopy of original London: Murray Publishing 1871)（チャールズ・ダーウィン『人間の由来』長谷川眞理子訳、講談社、2016 など）.
7. Brian Hare, "Survival of the Friendliest: *Homo sapiens* Evolved via Selection for Prosociality," *Annual Review of Psychology* 68, 155–86 (2017).

   何世代にもわたる家畜化によって知能が低下するとかつて考えられていたが、実際にはそうではなく、友好性が高まる。動物の一つの種を家畜化すると、一見互いにまったく関係なさそうな多くの変化が起きる。こうした変化は「家畜化症候群」と呼ばれ、顔の形や、歯の大きさ、さまざまな体の部位や毛の色が変わることがあるほか、ホルモンや繁殖周期、神経系が変わることもある。私たちが研究で発見したのは、家畜化によってその動物が他個体と協力する能力や、コミュニケーションをとる能力が高まるということだ。

   こうした一見ランダムな変化は発生・発達と関係がある。家畜化された種の脳

図版の出典

119 頁　Da Vinci, Leonardo. *Mona Lisa*. 1503–1506, Louvre; Creative Commons

136 頁　Pearson, Karl. *A monograph on albinism in man*. Vol. 6. Dulau, 1913. Plate BB; Creative Commons

181 頁　Photographer unknown, Ota Benga. 1905–1906, Library of Congress; Creative Commons

187 頁（左）*King Kong* movie poster, RKO Radio Pictures, 1933; Creative Commons

187 頁（右）Khan, Lin Shi, and Tony Perez, *Scottsboro, Alabama: A Story in Linoleum Cuts*, NYU Press, 2003; Creative Commons

198 頁　Kimball, Linda, porch monkey rant, Facebook, http://41af3k34gprx4f6bg12df75i.wpengine.netdna-cdn.com/wp-content/uploads/sites/19/2017/10/ORIG-POST-ALONE.jpeg; Facebook

241 頁　Unknown, Eisenhower at Ordurf, 1945; National Archives and Records Administration, College Park

245 頁　Mobilus In Mobili., Women's March, 2017; Wikimedia Commons

〈ヤ行〉

〈ラ行〉

〈ハ行〉

〈タ行〉

〈ナ行〉

〈サ行〉

索引

〈ア行〉

〈カ行〉

ブライアン・ヘア（Brian Hare）
デューク大学進化人類学教授、同大学の認知神経科学センター教授。同大学にデューク・イヌ認知センターを創設。イヌ、オオカミ、ボノボ、チンパンジー、ヒトを含めた数十種に及ぶ動物の研究で世界各地を訪れ、その研究は米国内外で注目されている。『サイエンス』誌や『ネイチャー』誌などに100本を超える科学論文を発表。

ヴァネッサ・ウッズ（Vanessa Woods）
デューク大学のデューク・イヌ認知センターのリサーチ・サイエンティスト。受賞歴のあるジャーナリストでもあり、大人向けと子ども向けのノンフィクションの著書多数。

ヘアとウッズは夫婦で、ふたりの共著書『あなたの犬は「天才」だ』（早川書房）は『ニューヨーク・タイムズ』紙ベストセラー。

藤原多伽夫（ふじわら・たかお）
翻訳家、編集者。静岡大学理学部卒業。自然科学、考古学、探検、環境など幅広い分野の翻訳と編集に携わる。訳書に『スポーツを変えたテクノロジー』『７つの人類化石の物語』『酒の起源』『戦争の物理学』（以上、白揚社）、『生命進化の物理法則』（河出書房新社）、『幸せをつかむ数式』（化学同人）、『ヒマラヤ探検史』（東洋書林）など多数。

SURVIVAL OF THE FRIENDLIEST
by **Brian Hare** and **Vanessa Woods**

ISBN 978-4-8269-0239-7

ヒトは〈家畜化〉して進化した
私たちはなぜ寛容で残酷な生き物になったのか

二〇二二年 六 月三十日 第一版第一刷発行
二〇二二年 十 月三十日 第一版第二刷発行

著　者　ブライアン・ヘア／ヴァネッサ・ウッズ
訳　者　藤原多伽夫
発行者　中村幸慈
発行所　株式会社 白揚社 ©2022 in Japan by Hakuyosha
〒101-0062 東京都千代田区神田駿河台1-7
電話03-5281-9772 振替00130-1-25400
装　幀　bicamo designs
印刷・製本　中央精版印刷株式会社